基礎風力能源

（風力エネルギーの基礎）

牛山泉　著

林輝政審定

國立澎湖科技大學出版

■作者介紹
牛山　泉 工學博士
日本足利工業大學校長

■審定者介紹
林輝政 博士
國立台灣大學工程科學及海洋工程學系教授
國立澎湖科技大學校長

翻譯編輯群成員：
蔡宜澂、林冠緯、林　潔、曾雅秀

譯　序

2007~2008 全球油價的大起大落，讓許多人驚覺到地球資源有限，大量開發、大量製造、大量消費與大量廢棄的現代生活模式是否得當，是該被檢討了。尤其是缺乏天然資源的台灣，石油價格的大幅波動，除了深深影響台灣工商業的發展外，令人驚訝的是，也重傷了我們的漁業，有漁人之島稱號的－澎湖(Pescadores)，許多漁船因為油價太貴而不能出海，漁夫生計深受影響。此外，大量石化燃料的使用，地球暖化的後果，恐怕大部份的澎湖群島終將消失在海平面下。

2005 年本人有幸從台灣大學借調回故鄉澎湖，擔任澎湖科技大學校長。冬天的澎湖，除了強風之外，百業蕭條。回憶小時候，冬天頂著寒風走路，身軀必須往前傾斜約 15° 的角度才能前進。小學時，前方的小山坡上矗立一座應是台灣最早的風力發電機（見附圖），每天看著它轉啊轉的，只是覺得好玩。今天，全球各地卻以驚人速度矗立了許多大型風機。因此腦中常常思考，澎湖除了海產與觀光之外，可不可能開創第三項產業－風能。從台電的相關資料來看，答案是相當肯定的。因此接受工研院能環所的建議，參酌日本足利工業大學，在澎湖科技大學設立全國唯一的風力公園(Wind park)，作為師生教學、研究、實作場地，目前已有十幾座小型風機運轉，且都與市電並聯，將風機所發的電力併入學校使用，未來尚待繼續擴充，期能培養更多風能專業人才，並帶動澎湖未來風能產業的發展。

因時間久遠，照片來源已不可考
謹在此向當年拍攝者致謝

2008 年 10 月與同仁拜訪日本足利工業大學，牛山 泉校長熱情接待，除了派專人介紹該校的「風和光的廣場」、「迷你、迷你博物館」外，也介紹多本風能著作，並贈送其著作「風車工學入門」(見附圖)。這本書相當適合初學者選讀、或者當教科書使用，經徵求其同意，已翻譯完成，預定於 2009 年 5 月在台灣並出版。這本「基礎風力能源」係其多本著作中之一（見附圖)，也是澎湖科技大學預定翻譯四本風能著作中的第二本書，內容雖有部份與風車工學入門相同，但也增加不少章節，尤其是風能的經濟面、政策面與未來發展的展望等，補充不少內容資料。因此，如果「風車工學入門」係一本不錯的教科書，則「基礎風力能源」係一本不錯的補充教材。

本書能夠順利翻譯完成並出版，除了感謝牛山泉校長與日本歐姆出版社同意授權外，在此也要感謝翻譯編輯群的辛苦翻譯、校稿與編輯，同仁吳元康教授、曾建璋教授與高國元教授在翻譯內容上的協助。翻譯內容，雖經多次校對與潤稿，錯誤在所難免，尚祈讀者先進隨時指正。

林　輝政

2009.5.3

前 言

在地球環境問題關注度高升的大環境之下，不使用化石燃料，也幾乎不會產生溫室氣體的太陽能及風力等再生能源備受矚目。尤其是風力發電在 1990 年代以後在世界各地盛行，可望在此世紀中發展為最有力的能源之一。

在這樣的背景之下，風力發電的先進國家出版了許多優異的風能參考書。日本在近年來也有數本有關風能的著作出版，但是想將風力發電相關的工學知識實際運用在設計或發電產業上時，未必能得到足夠的情報。本書將風能相關的基礎知識全盤收入，歸納成簡單明瞭的入門等級，同時，也希望成為從事風車設計及風力發電設備、產業的相關人士們的橋梁。因此，加上風、風能、風車設計、風力發電、風力抽水、控制等技術層面的解說，進一步討論到經濟層面及環境層面的問題。

本書共 11 章，第 1 章從解決環境問題的風力發電貢獻談起，第 2 章則講述古典風車的構造，並以風力發電王國－丹麥的歷史為中心，闡明以往大家所不知道的風力發電史。第 3 章及第 4 章介紹現今日本風力發電實務者的基礎－新能源產業技術綜合開發機構（NEDO）參考手冊的相關部分內容。第 5 章到第 7 章則是介紹風車的基礎及風車的空氣力學、構造力學，以及發電機的設計，更進一步詳細敘述關於控制技術的想法。第 8 章介紹風力發電的聯繫系統、獨立電源的小型風車系統，以及風力抽水系統。另外，第 10 章則以影響鳥類生態問題切入風力利用所帶來的環境問題及檢討。最後在第 11 章探討風能的未來展望，如使用海上風力發電或適切的技術觀點，利用風力去援助開發中國家，並闡述領導世界風力概念的" Wind Force 12"。

因此本書以能源相關領域的高專生、大學生、研究生為始，至企業及研究機關等年輕研究者、技術者，經營、管理部門的實務者，進一步至自治團體的企劃、政策負責人等，將讀者群的範圍設定的相當廣泛。

再者，執筆此書時，筆者曾向 NEDO 的委員長或委員，參加新能源財團（NEF）風力委員會的大學、企業、行政領域等多名委員請益。

特別是第 3 章及第 4 章，筆者經由 NEDO 的「導入風力發電參考手冊（2005 年版）」及 NEF 的「促進導入風力發電檢討指南（2005 年版）」的提供協助，兼具介紹引用許多內容。關於第 6 章的構造設計，仰賴筆者在足利工業大學的同事，構造力學的專家－中條祐一教授的協力。日本式風力發電系統則是引用富士重工業股份有限公司風力發電工程的永尾徹部長的論文。關於第 9 章風力發電的經濟面，則承蒙綠色電力認證機構的環境政策研究所擔任認證委員的飯田哲也所長的指教。

本書仰仗各方人士與參考文獻中所提及許多書籍和論文的作者們，筆者可說只是統整者或介紹人。在此再次向提供協力的各位致上最深的謝意。另外，也衷心感謝筆者於足利工業大學綜合研究中心的同事－西澤良史先生協助繪製本書圖表、以及 Ohmsha 出版社的各位鼓勵出版此書。

若本書能夠帶給對風力發電有興趣的各位讀者任何幫助是我的榮幸。

2005 年 6 月

牛山　泉

目 次

第 1 章　為何需要風力發電？

1.1　地球環境問題

世界的人口持續以每年 9400 萬人的速率增加，其中人口增加數最顯著的為開發中國家。根據聯合國的人口推算，2004 年，地球上人口數為 64 億人，2025 年人口數將會成長至 85 億人，並預測在 2050 年人口會達到 100 億人。預測一般社會現象時因有多種困難，故無法期待其精確度，但是人口的預測常與現實一致。人口增加同時代表糧食與能源的需求增加，並且在人們追求豐饒及舒適的生活時，更加速了能源的消耗。

能源是無限的所以不用擔心。但是，資源是有限的，總有一天會枯竭。尤其是供給 90%世界能源需求的化石燃料，其中像是石油或天然氣等優質化石燃料的蘊藏量絕非豐厚。再者，大量消費化石燃料的結果，造成了地球暖化及酸雨，或是破壞生態系等環境問題漸漸浮上檯面。這樣下去只會加重問題的嚴重性。未來必須創造一個適度的能源消耗，便可持續發展的社會，而不是像現今必須消耗大量能源才能發展的社會。

圖 1.1 是表示 20 世紀最後的 450 年間，世界人口、總生產額(GDP)，糧食生產，能源消費的變遷，可看出所有數據都向右上急遽攀升。這段期間世界的 GDP 增加了 7 成，糧食生產增加了五成，能源消費不受 1970 年代兩次石油危機的影響，其增加比例與人口數幾乎一樣接近 4 成。每個人都看得出來，這種向右上方擴大的基本模式是不可能持續到永遠[1)]。

另外，人類的經濟活動與能源消費之間有密不可分的關係，為了達到一定程度的經濟成長，能源消費的增加是不可或缺的。現今的一次性能源大部分都依賴化石燃料產生，而燃燒化石燃料所產生的二氧化碳，因為能源消費的增加，排放量也增加，助長地球暖化。全球化石燃料消費量的增加趨勢如圖 1.2(a)所示，大氣中的二氧化碳濃度的變化則如圖 1.2(b)所示，可由此看出化石燃料消費量的增加與大氣中二氧化碳濃度的增加之間有極強烈的相關性。

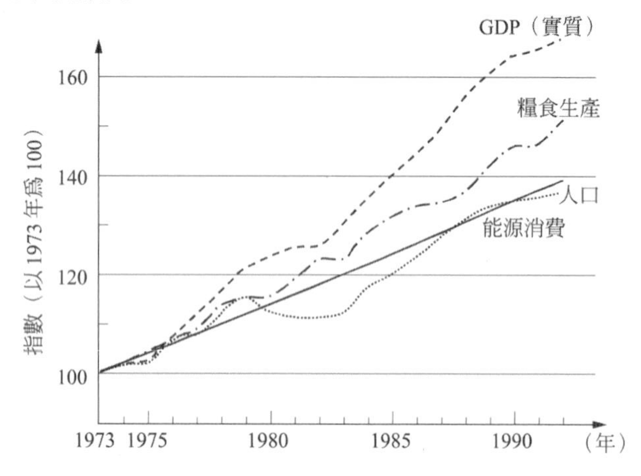

圖 1.1 世界人口，經濟成長，糧食生產，能源消費量的變遷（資料來源：聯合國統計等。）

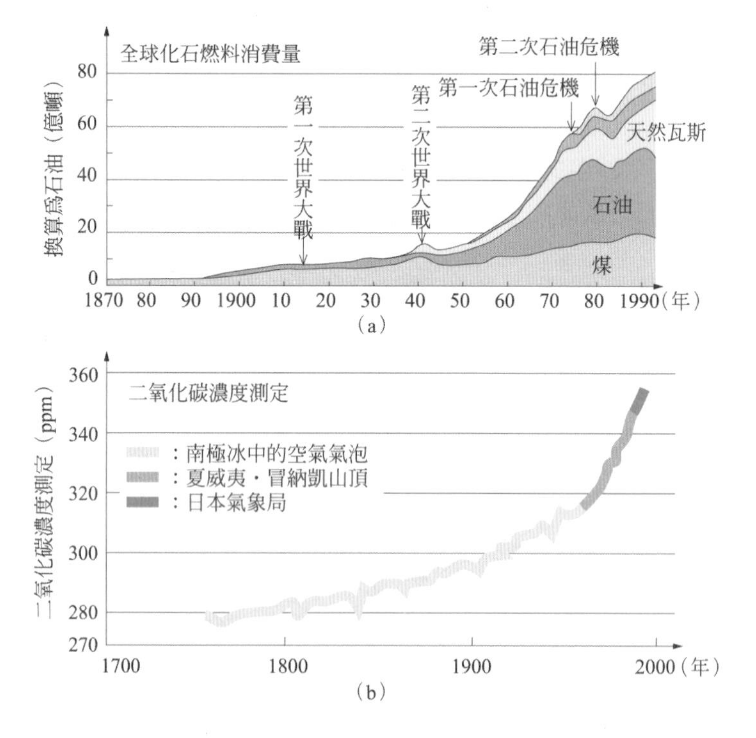

圖 1.2 化石燃料消費與二氧化碳濃度的相關

1.2　化石燃料的枯竭

1970 年代的兩次石油危機之後，人們強烈感受到世界經濟是多麼的仰賴石油這種能源。另外在 1990 年的波斯灣戰爭及 2003 年以後的伊拉克紛爭，也再次認知石油資源多位於中東地帶。

人類最初為了調理食物及取暖，使用木柴、木炭等取得熱能。農耕、灌溉、去糠、製造麵粉、搬運等的動力能最初則是由人力開始，牛與馬等的畜力、風力及水力等的自然力也使用了很長一段時間。真正開始使用化石燃料是在 18 世紀後半，因蒸汽機的發明所引發的第一次工業革命，此時開始大量使用煤。進入 19 世紀後，因發電機及馬達的發明，才開始廣為使用電能。

雖然石油的存在早已為人所知曉，但是實際上到照明用的石油燈發明以後才開始使用。尤其是在 19 世紀末，汽油引擎發明以後，因汽車的普及而加速石油的消費量。包含飛機的燃料，在 20 世紀沒有其他燃料可以真正代替石油。

人類至今所消費的能源量，估算約為石油 5600 億桶，天然氣 40 兆 m^3。從人類誕生，到工業革命前的西元 1850 年前為止所消費的能源，僅為 1850 年到 1950 年 100 年間的能源消費量的 2 倍。再者，緊接在後的 20 世紀後半的能源使用量一昧的向右上方持續攀升，使化石燃料能源的枯竭及燃燒化石燃料所造成的環境問題成為 21 世紀有待探討的最大課題之一。

那麼，現在全球的能源到底還剩多少呢？要實際調查地底的能源蘊藏量，在物理上、經濟上都有很大的限制，只能以礦脈探勘所得到的資料為基礎，以統計的方法得到數據，在技術條件、經濟條件上都有多項不確定的因素。因此所求得數據範圍相當大，表 1.1 為日本能源廳所略估的全球能源蘊藏量[2)]。

另外，世界上的老字號石油公司，殼牌石油發表了如圖 1.3 的能源預測。依據此圖，不僅是煤，石油也進入了衰退期，現在逐漸成長的為天然氣及可再生能源。但是在 2003 年天然氣也進入了衰退期，還繼續發展的只剩風力或太陽能等可再生能源。這是由石油公司本身所發表的數據，必須思考順利的從化石燃料轉移至可再生能源的方法。

表 1.1　全球能源蘊藏量

	石油	天然氣	煤	鈾
最大蘊藏量	2 兆桶	204 兆 m^3	8.4 兆噸 (5.5 兆噸)	不詳
確認蘊藏量(R)	9074 億桶	112 兆 m^3	1 兆 3113 億噸 (1 兆 755 億噸)	230 萬噸 (162 萬噸)
	(1988 年末)	(1988 年末)	(1987 年末)	(1988 年 1 月)
年生產量(P)	211 億桶 (1988)	2 兆 100 億 m^3 (1988)	32.8 億噸 (1987)	3.7 萬噸
可生產年數(R/P)	43 年	56 年	328 年	63 年

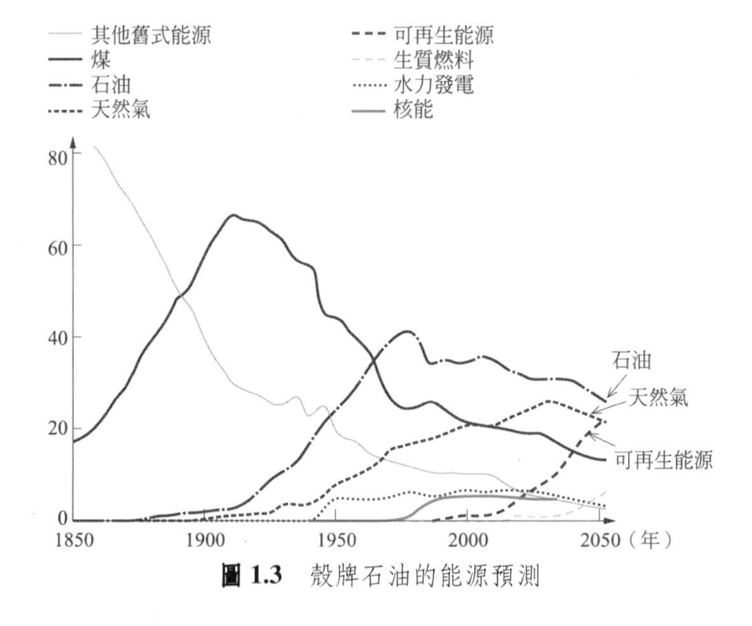

圖 1.3　殼牌石油的能源預測

1.3　三元悖論的解決

支持未來的全球人口成長，經濟（Economy）的發展是不可或缺的，但是伴隨能源（Energy）的消費量擴大，必定會引發環境問題（Environment）。也就是說，經濟成長勢必會消耗大量能源與資源，而能源、資源的大量消費會引起地球環境的惡化，這三者呈現複雜的因果循環。

「經濟發展」、「資源、能源的確保」、「地球環境的維護」三者相互制約的情況非為兩難局面，而是三元悖論關係。圖 1.4 說明這三個「E」的關聯性，但是人類就只能這樣陷入危機當中嗎？只能枯坐著等待死亡嗎？其解決之道，關鍵在於引起地球環境問題的能源消費，只要將會引起環境問題的化石燃料資源，替換成不會造成環境問題的風力或太陽能等可再生能源即可。換言之，若不能作到這種轉變，人類就不會有可持續發展的未來。在 21 世紀，利用可再生能源克服三元悖論是我們共同的最重要課題[1]。

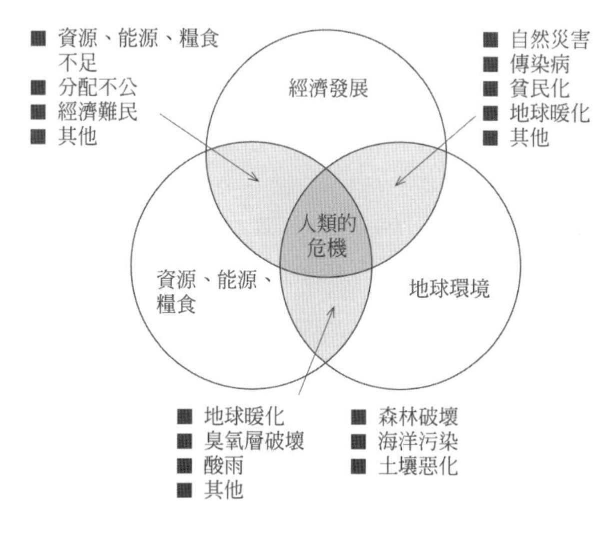

圖 1.4　三元悖論的構造

1.4　風力發電的貢獻

與以往的火力發電相比，風力發電和太陽能發電等可再生能源的發電系統對環境的負擔較小，尤其是僅有少量的二氧化碳排出量。圖 1.5 為比較各種發電系統的二氧化碳排放量，從此圖可清楚看出，風力發電等可再生能源只有在設備運用上產生少量的二氧化碳，其最大的特徵在於不會像火力發電，使用化石燃料時會產生大量的二氧化碳。

另一方面，核能發電在發電時不會產生二氧化碳，但是核能燃料的製造與核廢料的長期保管，因需要持續冷卻而有二氧化碳產生，更不用說核廢料的產生還會造成比二氧化碳還要嚴重許多的環境負荷。表 1.2 是日本政府估算若於 2010 年應用 300 萬 kW 的風力發電時所削減的二氧化碳排出量目標值。在此假設將 600kW 的風車設置在年平均風速 6m/s 的地區時，年發電量為 1090MWh。

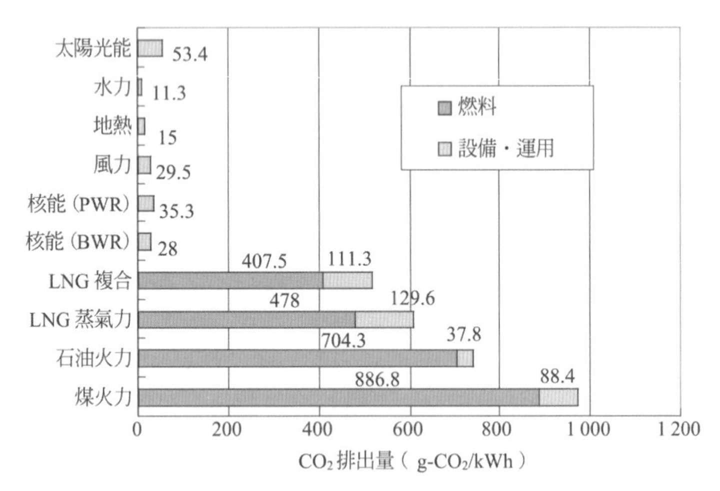

圖 1.5　各種發電系統的二氧化碳排出量

表 1.2　二氧化碳削減量的估算

風力發電系統應用目標	代替火力發電 (2010 年目標比例)	風力發電量 (百萬 kWh/年)	CO_2 削減量 (g-CO_2/kWh)	CO_2 削減量 (千 t-CO_2/年)
300 萬 kW (2010 年目標)	煤　（25%）	1362.5	945.7	1289
	石油（32%）	1774.0	712.6	1243
	LNG（43%）	2343.5	533.7	1251
	合計（100%）	5480.0	－	3783

另外，能源收支這個觀點也是評量一個能源系統是否健全的重要評價基準。除了燃料等直接的必要能源，其他還有許多情況需要能源，這些能源總稱「間接能源」。而我們必須思考在這間接能源的背後到底有多大的潛力，就是所謂的能源分析。

這個想法是在 1930 年代，以美國所盛行的技術主義社會經濟思想為背景，由霍華德提出。但是，這想法不為當時的社會所接受，直到 1970 年代，英國的柴普曼教授提出「直到可以實際上使用商品與服務為止，所投入的所有能源」就代表「能源成本」，這個概念才確定下來[3)]。

能源收支分析大致可區分為產業相關表與程序法兩種。一般而言，產業部門使用產業相關表，單獨的產品或技術的評估則使用程序法。至於發電系統的基礎建設與一般商品不同，評估範圍相當複雜。評估對象不僅於發電設備，也包含燃料的採掘、轉換、運輸、發電，再來是供電、變電、配電等電力運輸設備。

發電系統的能源收支分析，計算方法分為能源收支比與實質能源收支 2 種。能源收支比是表示發電量是設備的建造或運輸等自己所消耗能源幾倍的指標。比值愈大代表愈有效率的能源生產系統。舉例來說，從圖 1.6 中可看出，水力發電最為優秀，風力發電為其次，往常的火力發電和核能發電的能源收支比僅為 5 而已[4)]。

從能源收支比也可看出風力發電為健全又有效率的能源生產系統，未來應該更積極的推動。

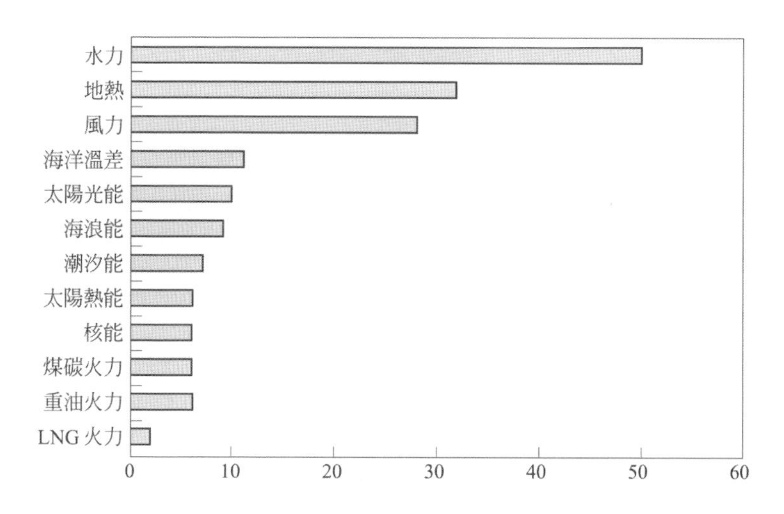

圖 1.6　各種能源系統的能源收支比

第 2 章　從古典風車到風力渦輪

近年來，風能利用備受矚目。最近的風力利用主流為風力發電，歐洲諸國利用風力的歷史已 700 年，利用方法十分多元。在風車國的荷蘭，19 世紀末的最興盛時期使用了 1 萬座以上的風車，現在仍保存了 300 座在使用，作為教育及觀光為目的的示範運作。英國也保存了數百座的古典風車。希臘等地中海沿岸國家、荷蘭等國也有比英國還古老的風車遺跡。

利用這些風車的各種機械十分的精巧，對後人的動力工學與機械工學有重大的影響，古典風車機械裝置可說是古人智慧的精華。

2.1　古典風車的構造

2.1.1　荷蘭型風車的葉片

以荷蘭風車為始的歐洲風車，以 4 片葉片數為絕對多數。葉片數與風車的轉速有關，葉片數愈少轉速愈快。葉片數愈多的愈好啟動，但無法得到很高的轉速。也有少數葉片數為 2 片、5 片及 6 片的風車存在，但目的在製造麵粉及抽水的風車以 4 片葉片的旋轉速度最為恰當，建造容易，也比較好取得平衡。另外，也有歐洲人潛在意識中的基督教十字架使他們選擇 4 片葉片的說法。

這 4 片葉片是將兩葉片桁前後直角交叉於鐵製輪軸，為了支持風車轉子的離心負荷，謹慎的設計讓楔子與螺絲不會鬆脫。將許多橫棒直角貫穿葉片桁，沿著前緣及後緣加上框架。前緣與葉片桁距離較遠，故多在葉片桁及框架中間置入兩根平行縱長型木材。在像是格子窗的葉片骨架上架上布製的帆（Sail）便可完成。運轉時如圖 2.1 所示，風車木屋的管理人為了架上帆布將葉片骨架作為梯子一樣攀爬。風車的帆與帆船的帆一樣固定在前緣及葉片橫木上。張帆的時候將捲起的帆敞開，用拉繩將帆張至橫棒上打結。強風時為了抑制風車的轉速，會如圖 2.2 般縮帆，僅留下葉片前緣的部份，將其他部份捲至前緣的為第一縮帆(first leaf)，葉片縮帆一半，因形狀稱為劍形(sword point)，葉片縮帆至 4 分之 1 處為短劍形(dagger point)，而帆全開則稱為滿帆。張帆、縮帆的操作，對於有經驗的人來說並非難事。

圖 2.1　風車張帆的模樣（作者於荷蘭．桑斯安斯攝影）

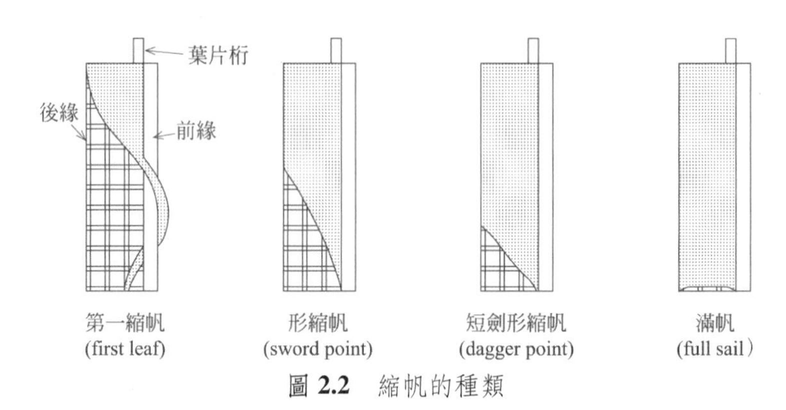

圖 2.2　縮帆的種類

最早的風車葉片設定角一定為 20°，沒有「扭轉」。之後，為了提高效率而根據經驗，將葉片設定角在葉片根部設為 20°，在葉尖設為 5°。圖 2.3 的風車可看出葉片的扭轉。另外，古老的葉片在葉片前緣會使用角材，隨著時代進步也考慮了空氣力學上的改良，19 世紀後半已使用翼形的前緣木板(Leaderboard)。

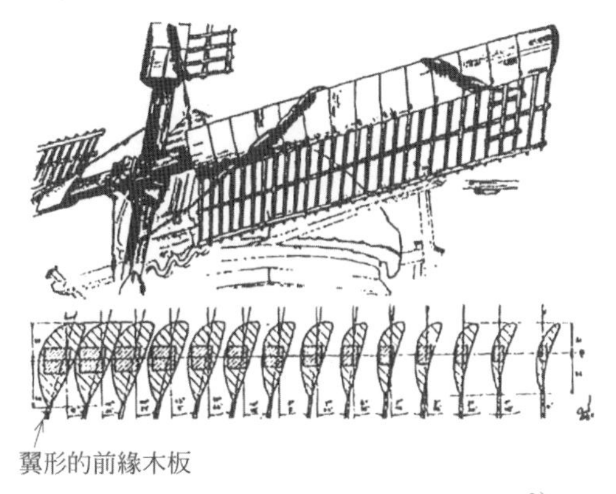

圖 2.3　採用翼形前端木板的例子[2)]

2.1.2　風車的控制機構

風除了速度之外，方向也會改變。使風車的旋轉面能正對風向最簡單的方法，是讓支撐風車的頂部或是風車木屋整體一起旋轉。前者為大型的磚瓦造和石造的塔上頂部裝置可以旋轉的塔型風車(tower mill)或是木屋上裝置可迴轉頂部的屋型風車(smock mill)。後者則有小型的木屋全體可在柱狀基座上迴轉的柱形風車(box mill)。這些風車的迴轉，最初仰賴人力去推動裝置在下風處的尾竿(tail pole)，後來演變為使用絞盤(capstan)及錨機(windlass)轉動。圖 2.4 為塔型風車絞盤的方向控制機制。相對於此，英國多在風車木屋的迴轉頂部裝設尾部風車(tail fan)控制方向。為了讓尾部風車容易轉動、產生較大的扭矩，以 6 片至 10 片多片葉片組成，直到主風車正向風向為止。尾部風車的旋轉經由齒輪大幅減速，使木屋頂部能緩慢旋轉。當主風車正向風向時，尾部風車的旋轉會自動停止，迴轉頂部也呈靜止狀態，是非常精巧的機械裝置。

另一方面，為了讓風車能夠製造顆粒大小剛好的麵粉而利用調速器(governor)。圖 2.5 為風車輪軸的從動齒輪於下方驅動旋轉石塊磨粉的機械結構。旋轉石塊有開個略大的中心洞（Eye, 稱為眼），以鐵製的結橋（bridge）固定，置於旋轉支撐軸(spindle)的上方旋轉。小麥由中心洞放入，旋轉石塊的旋轉支撐軸用皮帶如圖 2.6 所示連結調速器。圖 2.7 為倫敦的威姆柏敦風車博物館所展示的調速器。

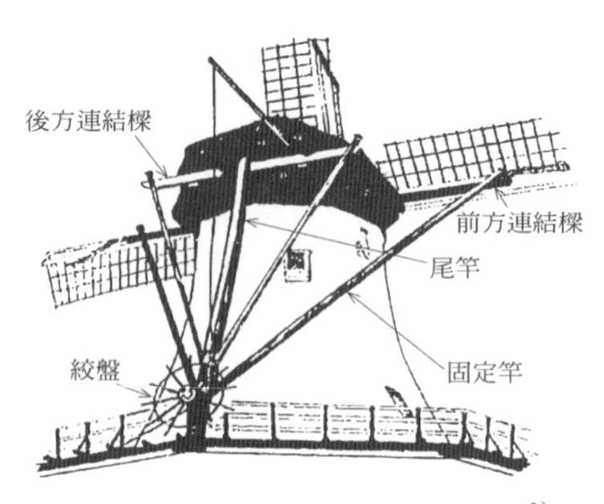

圖 2.4　使用絞盤的風車方向控制 [2)]

風車啟動時，圖 2.6 中的調速器的離心錘處閉合狀態，下方桿秤（Steel-yard）的右端也朝下。桿秤的左端因鎖鏈支點將橫木提起。當橫木提起時，由縱木所驅動的支撐軸也向上提昇，旋轉石塊與固定石塊間的距離增加。這兩塊石頭之間因為有小麥堆積，當間距增加時，旋轉石塊便容易轉動。

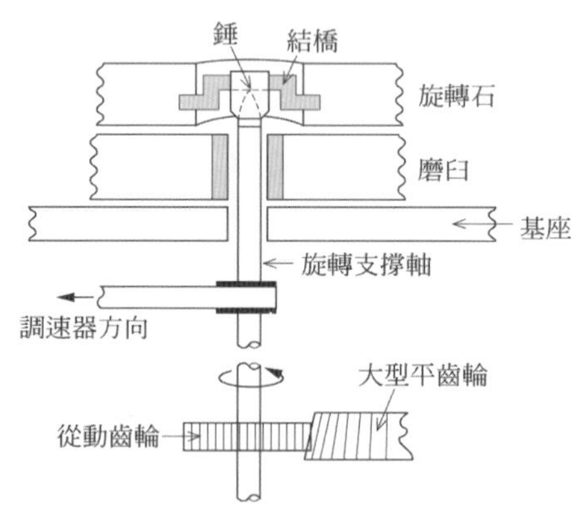

圖 2.5　磨粉用的機械裝置

再者，當旋轉速度加快時，調速器的離心錘便會張開將桿秤右端提高，橫木下降，縱木降下旋轉支撐軸也隨之降低，將旋轉石塊貼近固定石塊。經由這種操作過程回歸原訂速度。

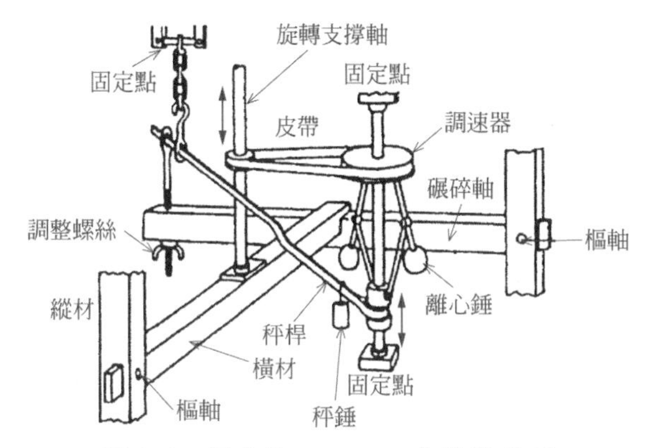

圖 2.6　調速器(governor)的機械裝置

圖 2.7　風車用調速器（governor）
(作者於英國．威姆柏敦風車博物館攝影)

風車因某種理由要停止時，制動器是必要的。因為迴轉中的風車有很大的迴轉力，所以制動器必須巨大又堅固。圖 2.8 為制動器的架構，圖 2.9 表示其詳細構造。風車制動器是將彎曲的木製制動片與鐵製的條狀鋼板連結製成，將此安裝至制動輪周圍。開啟制動器後沈重的控制樑以自己的重量拉扯制動片，使迴轉停止。要解除制動器，拉緊繩索讓制動樑抬起並掛上鐵鉤。也有以滑輪系統代替制動桿的制動器。

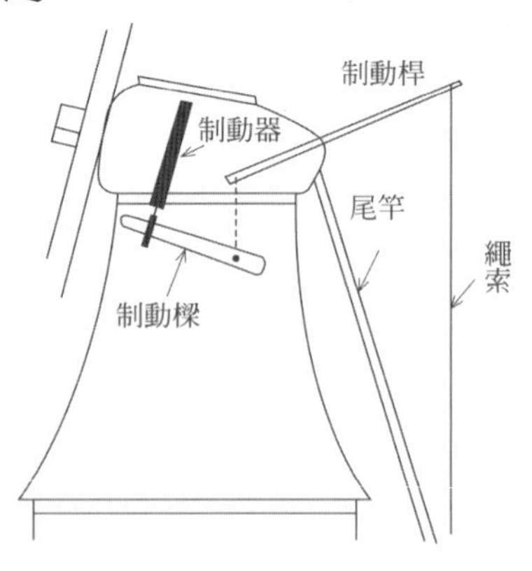

圖 2.8　制動器的架構

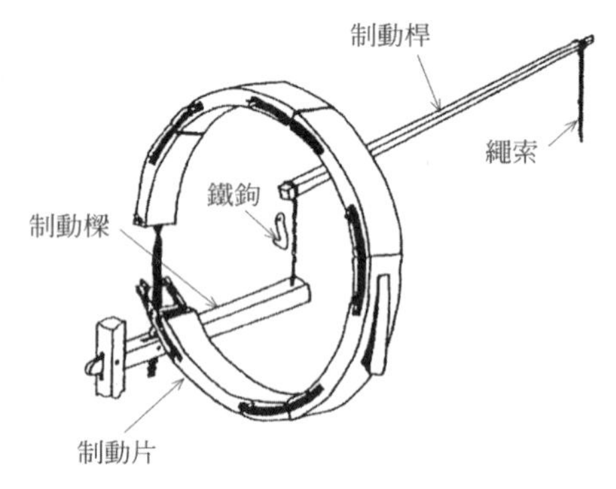

圖 2.9　制動器的詳細結構

2.1.3　風車的用途與構造

古典風車有許多用途，但是其中多為製作麵粉及抽水。特別是低地國的荷蘭在填海造地時必須持續不斷的排水。荷蘭面向北海，白天的風向是由海洋吹向陸地，夜晚則是由陸地吹向海洋，雖然日夜風向相反，但是不間斷的海陸風，正好符合設置風車的條件。

風車抽水的機制是，風車轉軸的風車齒輪驅動從動齒輪，進而轉動垂直軸將動力傳至下方的驅動齒輪，轉動水平軸的齒輪及汲水的水車達到抽水的目的。汲水水車與水流驅動的一般水車的作用相反。圖 2.10 是稱作威普．風車的荷蘭抽水風車，為中空的筒形風車，支撐風車全體的中央柱是中空的，在其內部架設垂直的驅動軸。風車的基底為角錐狀，並與筒形風車的基座有著相同的作用。另外，荷蘭的菲士蘭州則多使用與威普．風車相似的史賓克夫．風車（蛛形風車）。史賓克夫．風車如圖 2.11 所示，將阿基米德螺旋應用在抽水風車上，雖然效能較威普．風車低，但足以應付農民的抽水需求。另外，英國的約克夏地區則使用如圖 2.12 的活塞式抽水風車。此風車的迴轉根據彎曲結構來變換成往返運動，進而驅動幫浦。將此種方式更加單純、小型化的布製葉片風車幫浦，現在地中海的克里特島有 3000 座以上廣為所用。

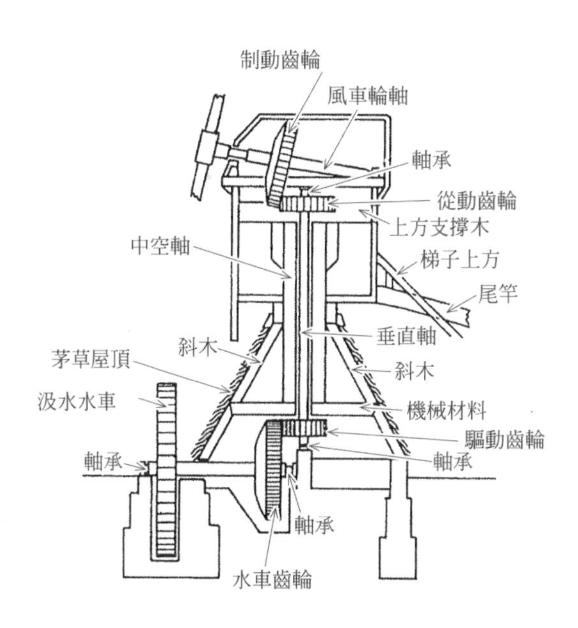

圖 2.10　抽水風車（威普．風車）[3)]

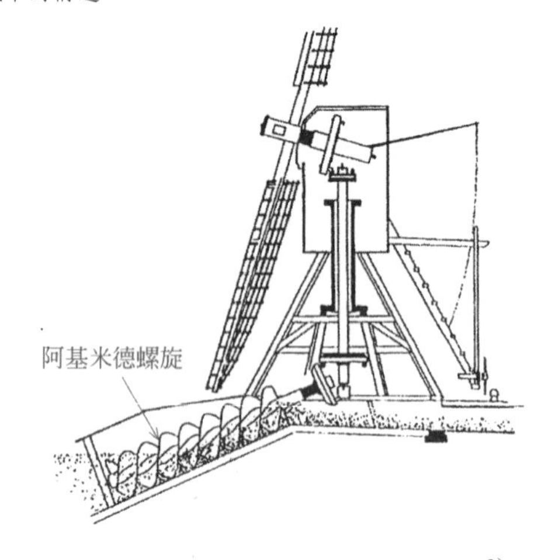

圖 2.11　抽水風車（蛛形風車）[3)]

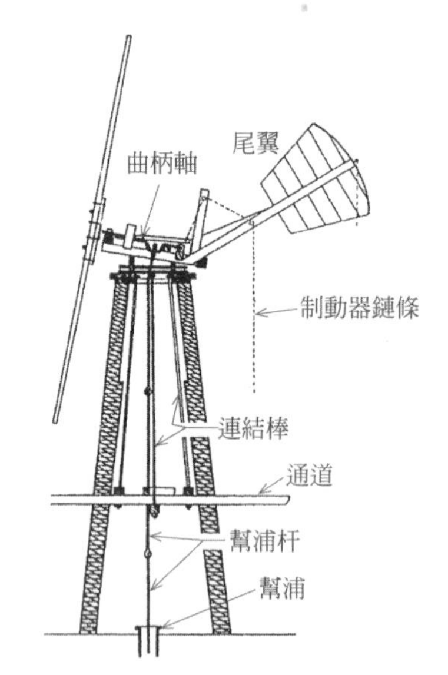

圖 2.12　抽水風車（活塞幫浦方式）[4)]

16 世紀末荷蘭出現了木材加工用風車（帕爾多洛克 · 風車），藉由風力運轉圓鋸，小型的風車廣泛使用於當時世界最大的木船造船廠的中心地－贊丹（阿姆斯特丹近郊）附近。大型風車則為圖 2.13 所示利用彎曲結構將頂輪的迴轉運動轉換為往復運動，透過連桿運作沈重的框鋸。框鋸的刀刃（blade）間隔對應木材的厚度妥當設置，便可同時製造多片木板。

關於風車製造麵粉的機制已經論述過了，但是染料、可可豆、香料、石墨、石灰等的輾碾以及從植物種子中榨油等的前處理也是使用旋轉石塊與石磨進行。使用圖 2.14 中盤狀石磨與旋轉石塊組合而成的輪輾機，將放入石磨盤狀處的材料以木製引導器導向旋轉石塊，經過充分的輾碾過後，閘門會打開，存放入下方的儲藏室。另外，若是為了榨油，將事先以輪輾機碾碎的種子加熱，裝入麻袋中，放入絞模中加壓榨油。這種榨油用風車如圖 2.15 所示，藉由頂部齒輪傳達垂直軸的迴轉動力至水平軸的凸輪軸，利用凸輪使槌（Ram）重複上升與下降的運動，從袋中榨取油。

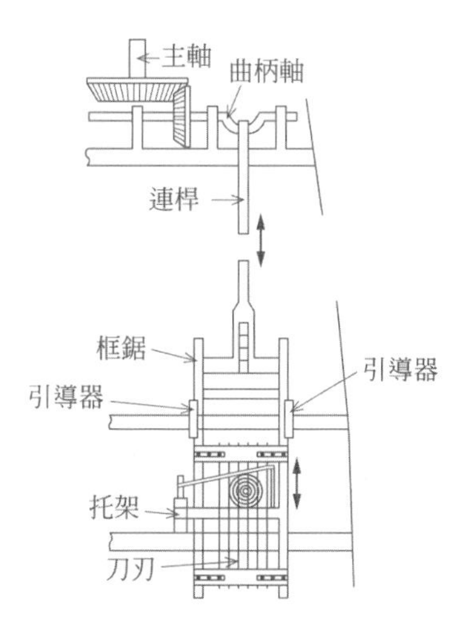

圖 2.13　木材加工用風車的機械裝置 3)

最後，在古典風車與現代風車的過渡期裡，也出現了如圖 2.16 中的風力多功能利用。使用垂直軸將水平軸多翼型風車的迴轉力傳達至塔的下方，再進一步以水平旋轉軸將迴轉力傳送至斜齒輪，藉由連結軸，透過滑輪及皮帶，驅動平切刨床、旋轉刨床、鏈鋸、圓鋸，甚至是刨削磨刀石。相對於蒸汽機或馬達，轉速不甚安定的風力可得到什麼程度的成果不得而知，但可說是有趣的結構。

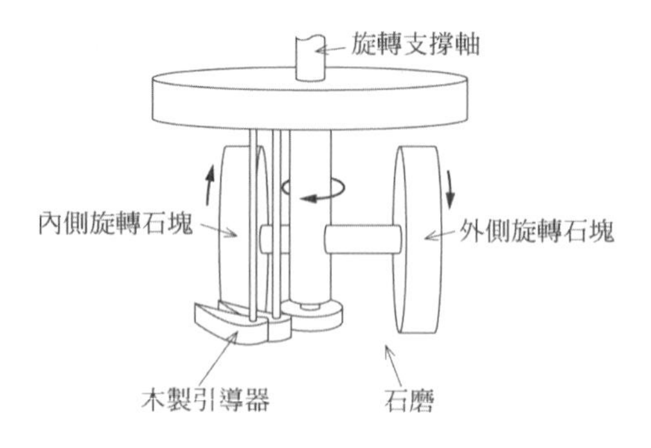

圖 2.14　輪輾機的結構

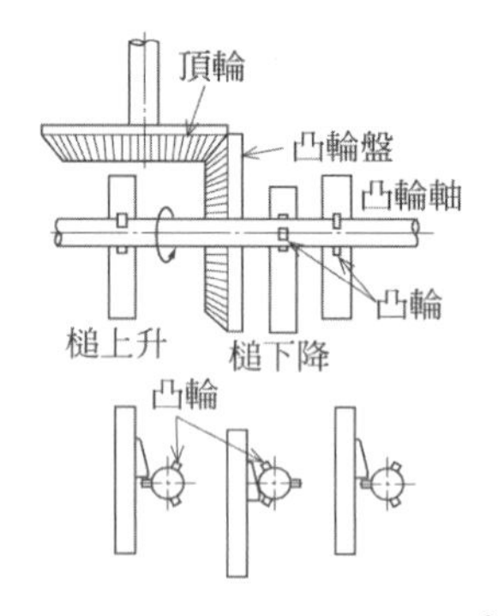

圖 2.15　榨油風車的結構 3)

2.1.4　從過去預測未來

介紹了荷蘭及英國風車的古典風車機械裝置，技術與人類之間的關係也能具體想像並引人入勝。另外站在作者與友人推行給予開發中國家適當技術的技術支援，對古典技術的再次評估也可得到有用的靈感，甚至有突發的奇想。

從今日我們所面對的能源、環境問題得知，技術與人類的生活有密切的關係。若弄錯未來的方向，影響會十分的嚴重。因此，技術人員有向過去歷史學習的責任。「歷史是解讀當下的基本資料，預測未來的唯一指標。」，因此進入 21 世紀後，技術文明的未來雖然充滿不確定性，但是從技術史的觀點瞭解過去，便可有效預測未來。

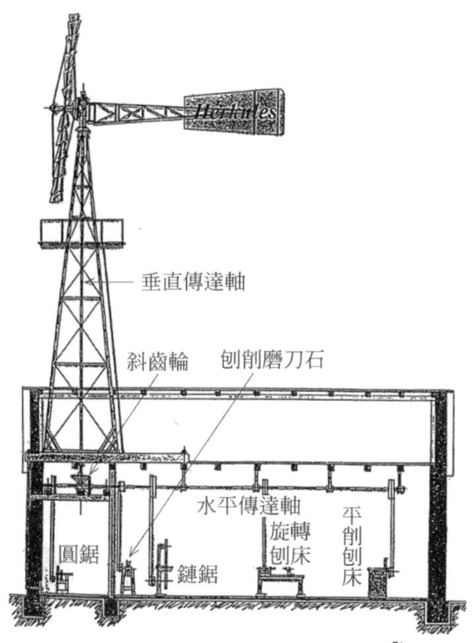

圖 2.16　風力的多功能利用 5)

2.2　向丹麥的風力發電學習

20 世紀末時世界各地的風力發電開發量急速擴張，2005 年初全球的風力發電總設備容量已超過 4800 萬 kW（相當於 48 座大型火力發電廠或核能發電廠），開發量世界第一的為德國，其次是西班牙、美國及丹麥，但就風力發電佔國家電力需求的比例而論，丹麥為世界第一。2004 年末丹麥的風力發電機總數為 6500 座，總設備容量為 300 萬 kW，供給全國總電量需求的 18%。另外，500 多萬人口當中受雇於風力發電相關產業者在 2003 年已超過 2 萬人，以日本的人口比例來說，等同於有 50 萬人受雇。並且，全球的風力發電機 65%由丹麥所製造。

2.2.1　風力發電的先鋒們

19 世紀末，集空氣力學大成所設計出的傳統荷蘭風車實現風力發電，取代利用阻力的低速旋轉高扭矩風車(windmill)，完成利用升力的高速風車(wind turbine)，另外，根據法拉第的電力工學成果得以使風車驅動的發電機實用化，滿足當時社會背景對電力的需求。

一般來說，風力發電的先鋒是丹麥的 P. 拉科爾教授。但是，根據英國文獻的記述，1887 年格拉斯哥的 J. 布萊斯以垂直軸式風車的輸出功率得到 3kW 的發電量，並將所產生的電力儲蓄到電池中，運用在照明上，這座風車使用至 1914 年共 25 年[6)]。除此之外，根據美國的文獻，1888 年在俄亥俄州克里夫蘭的 C.F. 布拉希使用直徑 17m、144 片葉片的巨大多翼型風車，以風力發電產生 12kW 的電力點亮 350 個電燈泡，使用至 1908 年共 20 年。控制這個風車方向的尾翼也是 18m×6m 的龐然巨物，轉子以 50:1 的比率增加速度[7)]。另外，當時的技術先進國－法國也在 1887 年由查爾斯.D.葛懷優公爵於勒阿弗爾近郊的拉・伊弗岬進行一直徑 12m 的多翼型風車啟動 2 台發電機的系統實驗，最後以失敗告終[8)]。

圖 2.17 為除了拉科爾以外其他三人的風力發電機。這些風力發電機都是利用阻力的低速風車啟動發電機，是古典風車到風力渦輪過渡期的產物。相對於此，丹麥的 P. 拉科爾為了風力發電而研發高速風車。

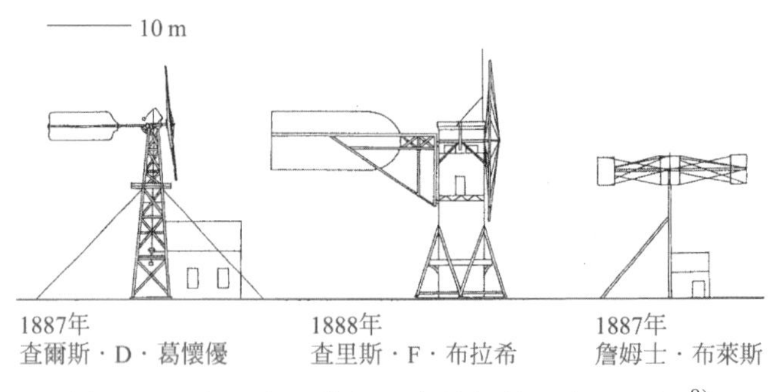

圖 2.17　法、美、英各國先鋒們的風力發電機[8)]

2.2.2　風力發電的創始者 P. 拉科爾與其功績

風力發電的真正創始者 P. 拉科爾在 1878 年赴任於丹麥日德蘭半島南部的阿斯科夫國民高等學校。當時他身為物理學家，在氣象研究上有顯著的成果，另外在複式電信技術領域中的發明也相當著名，有「丹麥的愛迪生」之稱。1891 年得到國家補助金在阿斯科夫建立風力發電研究所，並設置如圖 2.18 的發電實驗用的風車。是座擁有 4 片葉片、半徑 5.8m、弦長 2m 的風車。並且在 1897 年設置直徑 22.8m，葉片弦長 2.5m 的大型風力發電機。風車的變動輸出功率使用拉科爾所設計的調速裝置驅動兩台 9kW 直流發電機，一台是 150V×50A 並運用在替蓄電池充電，另一台為 30V×250A，使用於以電力分解水產生氫。

圖 2.18　1980 年代的阿斯科夫風力發電所全景
（取自丹麥電力博物館的明信片）

1882 年，鐸威斯基發表飛機用螺旋槳的葉片元素理論，但是拉科爾早一步將此理論應用在風車葉片的設計上。風壓是風車設計的必要條件，為了取得正確的風壓資料，也設計了特別的風壓測量器，這個裝置為了得到實驗用氣流的資料，使用了直徑 0.5m、長 2.2m 的圓筒狀自製風洞。拉科爾為了設計發電用的高速風車轉子，在美國的萊特兄弟進行第一次飛行的五年之前，於 1896 ~ 1899 重複進行平板翼、曲板翼、屈折翼等各種翼型的風洞實驗，以及使用同一直徑 16、8、6、4 片葉片，僅改變葉片數的風洞實驗，並將其成果發表於專門雜誌上。拉科爾為了進行風力發電，發明了弱風時防止電力從蓄電池逆流，被稱作「拉科爾的鑰匙」的繼電器，以及圖 2.19 所示，從不安定的風力得到一定輸出功率的調速裝置（滑輪調和器）。由風車軸傳達動力至滑輪 A，達到平衡後傳到至附有秤錘 L 的滑輪 C，並在這裡增加速度使發電機啟動。此時若風速增加，轉速也跟著增加時，秤錘 L 會稍稍浮起，滑輪開始滑動，藉由此機關可使發電機自動調整轉速。當時的直流發電方式只要電力的傳輸距離超過 3km，電壓便會大幅滑落，因此發電規模僅限於地區。

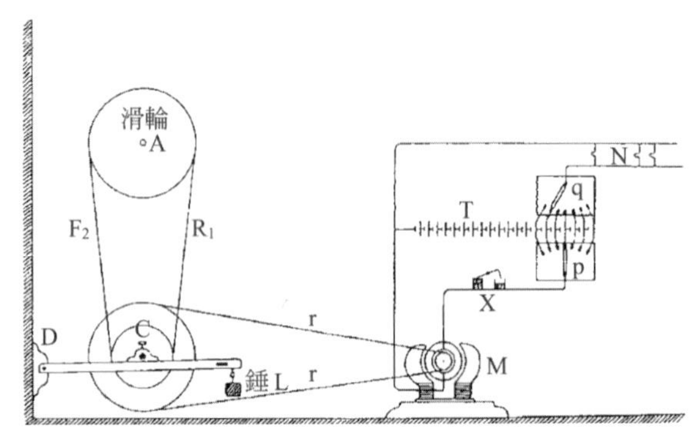

圖 2.19 P. 拉科爾的調速裝置（滑輪調和器）

另一方面，要如何儲藏電力也是現今重要的課題，拉科爾為了儲蓄電力，尋求高價蓄電池的替代品，將水電解產生氫與氧。阿斯科夫國民高等學校設置以氫氣啟動的照明系統從 1895 年起使用了 7 年，這期間因為嚴格的安全管理，並未發生爆炸事故。這個系統的最大優點是低成本，相對於電力分解裝置與氫氣儲藏容器的費用僅需 4000 克朗，同樣能力的蓄電池需花費 3 萬克朗以上。這是氫氣登上能源經濟舞台的第一個實例。

由拉科爾奠定基礎的丹麥風力發電以 DVES（丹麥風力發電協會）的設立獲得成果，在 1907 年拉科爾去世後，傳統的風車工匠及農業機械器具廠商等，將風力發電與柴油引擎發電並用，成立了多家小規模風力發電公司。丹麥．菲英島上的律加哥爾公司在那之後的 50 年間，使用拉科爾的原型製造了葉片板式的的風車。1908 年，10kW ~ 20kW 級的風力發電裝置達到 72 座，1918 年達到 120 座。

2.2.3 20 世紀前半丹麥的風力發電

與德國相鄰的丹麥，因第一次世界大戰而發生能源問題，開始迫切需求連接交流電力網的風車，1918 年，P.溫汀格及 J.葉先兩人挪用飛機的螺旋槳翼開發亞格力克風力渦輪。這種風車葉片的螺距控制能夠確保低風速時的高效率及高風速時的安全性。根據丹麥國立機械研究所 1921 年以來 24 年之間所進行的實驗證明，得到螺旋槳型效率 43%、拉科爾式 23％、多翼型 17.5％，傳統荷蘭型 6%。由此可知亞格力克風力渦輪比原始的拉科爾風車高出 20％以上的效率。但是以當時丹麥的風力市場，最主要是以去糠機、割稻機、磨粉機、圓鋸、抽水、灌溉幫浦、壓榨機等以農業為重心，因此即使亞格力克風車在發電技術層面來說是成功的，但是在生產台數上是被侷限的。

第二次世界大戰開始後，產生大型發電用風車的需求。1940 年 4 月以後，丹麥被納粹德國所支配，因為燃料的輸入被限制，風力發電再次盛行，1940 年 20kW 級有 16 座，1944 年春天更達到 90 座。其他由 F.L.舒密特公司所製造的 40～70kW 級的 F.L.S. 亞葉羅發動機也有 18 座在運轉。這些風車為木製葉片，轉子有直徑 17.5m 的兩片式葉片與直徑 24m 的三片式葉片，葉尖速比為 7～8 的高速渦輪機。使用裝置在葉片後緣的輔助襟翼控制轉子的轉數。這是 F.L. 舒密特公司與丹麥唯一的飛機製造商－斯堪地那維亞.亞葉羅企業股份有限公司共同研發，與現今的風力渦輪有非常相似的概念。齒輪箱、旋轉軸及橫搖系統改為小型化的一體構造，並直接在上面裝設直流發電機，機艙部份設置在水泥塔上。順帶一提，F.L.舒密特公司是廣為世界所知的水泥製造機的製造商。圖 2.20 是丹麥技術博館的 F.L.舒密特公司風力發電機的大型模型。圖 2.21 為丹麥風力發電總發電量的變遷示意圖，對應燃料狀況惡化的第一次及第二次世界大戰期間出現顯著的尖峰。另外，1944 年的發電量，設置在格德塞的風車為 13 萬 kWh，弗雷德里克沙瓦高的為 12.9 萬 kWh。1940 年開始到 47 年為止的總發電量為 1800 萬 kWh[11) 12)]。

另一方面，從 1940 年至 1945 年，以"Aerodyn"、"King"、"Swing"、"Richmond" 為名製造販賣家庭用的小型風力發電裝置，這些發電機是由汽車用的直流電發電機改造而成，輸出功率為 200W 到 1500W 等級。

圖 2.20 F.L.舒密特公司風力發電機的模型
（丹麥技術博物館）

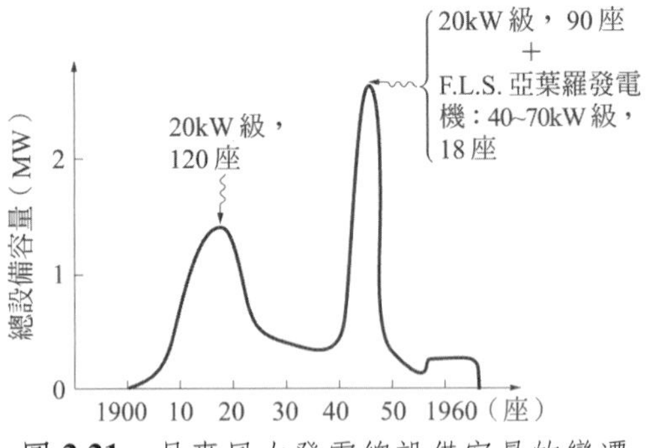

圖 2.21 丹麥風力發電總設備容量的變遷

2.2.4 J.尤爾的系統互連方式風力發電[13)]

第二次世界大戰後，因燃料狀況的好轉風力發電的發展再次衰退，但與拉科爾有相當貢獻的拉科爾的弟子－J．尤爾（1887～1969）出現了。尤爾是電力公司 SEAS 的技師，1947 年提出以輸出交流電的風力發電來接續已鋪設好的電力網的系統互連方式，以一座 2 片葉片、直徑 7.6m、輸出功率 13kW

和一座三片葉片、直徑 13m 的 45kW 的實驗用風車進行驗證實驗，尤爾的風力渦輪是以固定螺距的葉片失速特性控制風車的輸出功率，之後此種失速控制方式成為丹麥風車的主流。1957 年建設了極致的標準風車－格德塞風力發電機（直徑 24m、額定輸出功率 200kW），此風車以尤爾的風洞實驗與 SEAS 的實驗用風車經驗為根基，並考慮風車與發電機的整合性。格德賽風車的三片葉片的材質不是當時新發明的玻璃纖維，而是長形鋼條及木製的外框，並使用包附鋁皮的扇形拱。葉片尖端扭轉 3°，葉片根部扭轉 16°。格德塞風力發電機的外觀如圖 2.22，機艙剖面及葉片剖面如圖 2.23 與圖 2.24 所示。此風車的驗證實驗，有當時歐洲的風力發電權威－英國的 ERA（電力研究協會）中負責開發風力的 E.W.戈爾汀以及西德司徒加工科大學的 U.修特參與。風車完成後的數年之間，有 23 國的風力相關人員造訪此地。此風車實際運作至 1967 年共 10 年的時間，一年平均發電 35 萬 kWh。在石油危機後的 1977 年，給予此風車高度評價的有美國的 ERDA（能源部 DOE 的前身）與 DEFU（丹麥電力事業研究所），並對放置 10 年的給斯爾風車進行調查，確認它依舊為可動狀態。這提供了現今失速控制方式風力渦輪的基礎資料，對 1970 年代後半丹麥所成立的風車產業概念有極大的影響。

現在丹麥的大規模風力發電計畫從 1977 年開始，至今每年的設置容量仍在增加。圖 2.25 為丹麥最大的風車製造商－維斯塔斯（Vestas）公司的風力發電機大型化的演變。

2.2.5　向丹麥所學之事

現今丹麥的風力發電會如此盛行，與丹麥政府推動可再生能源政策有很大的關係。其源頭可回碩至 1860 年代普丹戰爭戰敗後，最廣闊、最肥沃的什勒斯威格與荷爾斯泰因兩州割讓給德國，在丹麥國民陷入絕望的深淵時，給予他們希望與勇氣的是尼可萊．葛隆維，他是一位聖職者，同時也是教育家、政治家。他所設立的國民高等學校（Folkehoejskole）的精神賦予了丹麥國民不屈不撓的靈魂與活力。雖然這個教育制度是從農閒期間的農民教育開始，但成為國家制度後，因為生動的語言、真正的教育而造就了高民生水平。因此孕育出今日世界第一的社會福利制度，打造出世界第一的風力發電王國。

圖 **2.22** 格德賽風力發電機的外觀

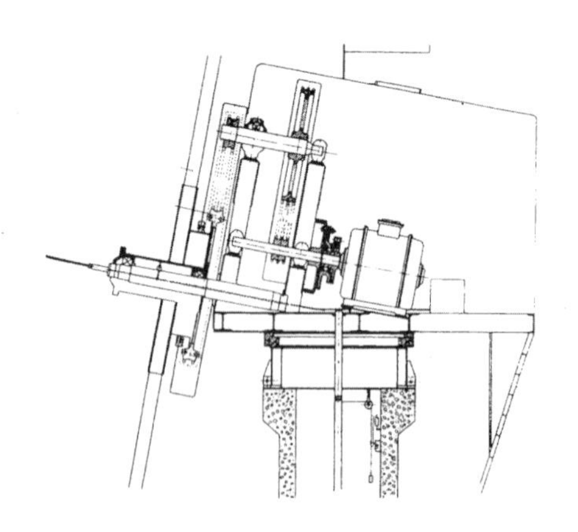

圖 **2.23** 格德賽風力發電機的機艙剖面

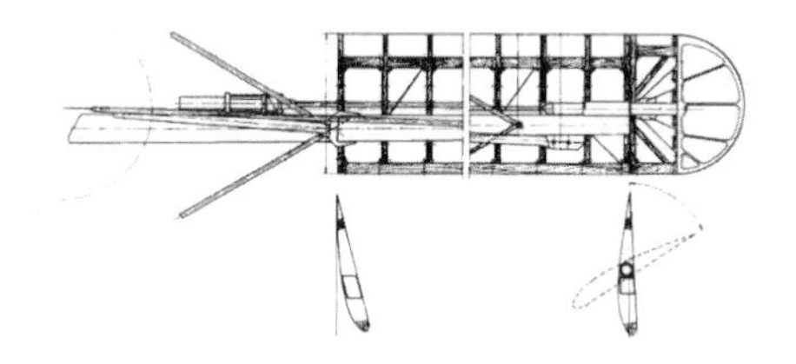

圖 **2.24**　格德賽風力發電機的葉片剖面

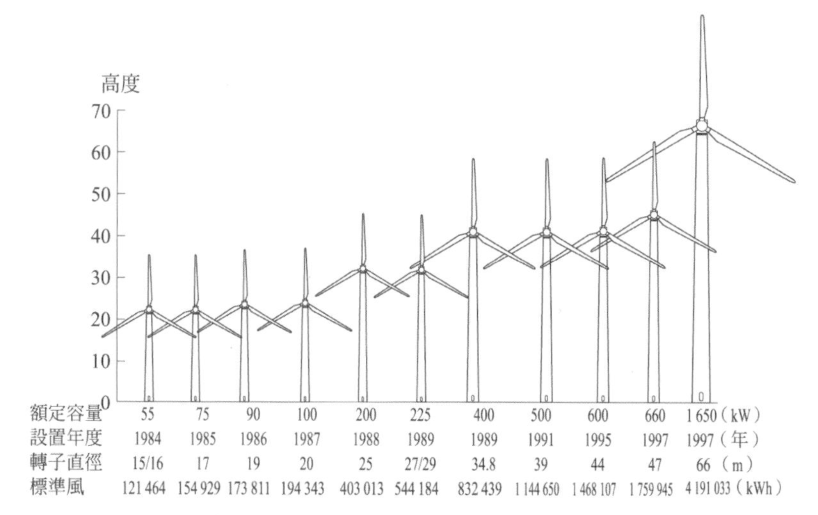

圖 **2.25**　Vestas 公司風車大型化的演變

P.拉科爾的想法與葛隆維相近，拋開得天獨厚的地位，離開學術文化中心的哥本哈根，來到日德蘭半島南部的貧寒村莊－阿斯科夫的國民高等學校，接受如此教誨的 J.尤爾在第二次世界大戰後，立下現今丹麥式風力發電的基礎。丹麥的風力發電藉由葛隆維所建立的國民高等學校的精神脈脈相傳。

丹麥是世界唯一風力發電佔總電力需求 10%以上的國家，並可望在 2005 年達到 20%。丹麥風車製造工會所定下的風車設計基準、安全基準、測定法、噪音管制等，幾乎都是以 IEC（國際電力標準會議）的基準為根基。這些管制在經 JIS 化後，日本也開始使用。

在明治末期經內村鑑三的介紹之下，日本開始向丹麥學習教育、社會福利、酪農業、聯合工會、造船產業及內燃機等各種產業。直到現在，也可以學到很多風力發電的可再生能源的知識。但是，重要的不是風力發電或其系統互連方式等硬體設備，而是丹麥這個國家在歷史洪流之中傳承下來的精神[14)]。

2.3 日本的風力發電

在日本，雖有紀錄顯示平安時代有從中國傳入作為玩具的風車，但除了北前船等帆船之外，明治維新以前，沒有利用風車取得風力作為動力使用的紀錄。日本人注意到風車的動力利用，是以明治初期的外國人居留地等處所使用的抽水用風車為始。

也可說是因為日本水車興盛，沒有使用風車的必要性。日本大小河川有3萬條，除了地形因素，再加上降雨量豐沛的關係，全國各地皆有使用水車。因此，即使到了明治以後，使用如圖2.26的風車進行抽水作業的地區也僅集中在大阪府堺市近郊、長野縣諏訪湖南方地區、知多半島東浦鎮、渥美半島伊良湖岬附近、房總半島丸山鎮 · 館山附近。但是除了這些簡單的農業用抽水風車以外，直到近年來為止都沒有進行任何正式的風力利用。

近幾年，茨城縣正著手進行以影像方式將傳統產業流傳於後世的工程，其中一環是以茨城縣筑波市金田地區的抽水風車為主，作者在1999年參與其修復工程。筑波市金田地區附近的櫻川流域的水田地帶，從明治36年(1903)到昭和30年代之間建設了許多座風車。這些風車是這個地區的曾山清四郎先生在明治36年到三峰山參拜時，素描了在路途中深谷所見的風車，回到家鄉時以那素描為藍本自力建造了一台，並在廣受好評之後馬上拓展至全金田地區。

當地的地下水雖然豐沛，但因為田地土壤的保水力弱，長年飽受用水不足的困擾。在應用風車之前，田地的灌溉皆仰賴汲取井水進行，不但費時又費力。使用抽水風車後汲水工作大幅減輕，也振興了此地區的農業發展。從春天開始吹拂的強風可使風車運轉，即使到現在也都還可以看到此地區的農家設有防風堤。這個地區的風車最興盛的時期是在1930年代中期，根據茨城縣在1936年所進行的調查，全縣約有1000座的風車，最興盛時期，各個水田都有如圖 2.27 的抽水風車林立，蔚為壯觀。主要部份為木製，風車的旋轉運動藉由頂部結構改變為往返運動以驅動往返運動式的手動幫浦。圖 2.28 為其性能曲線，可知每分鐘得 30l 的抽水量[16]。

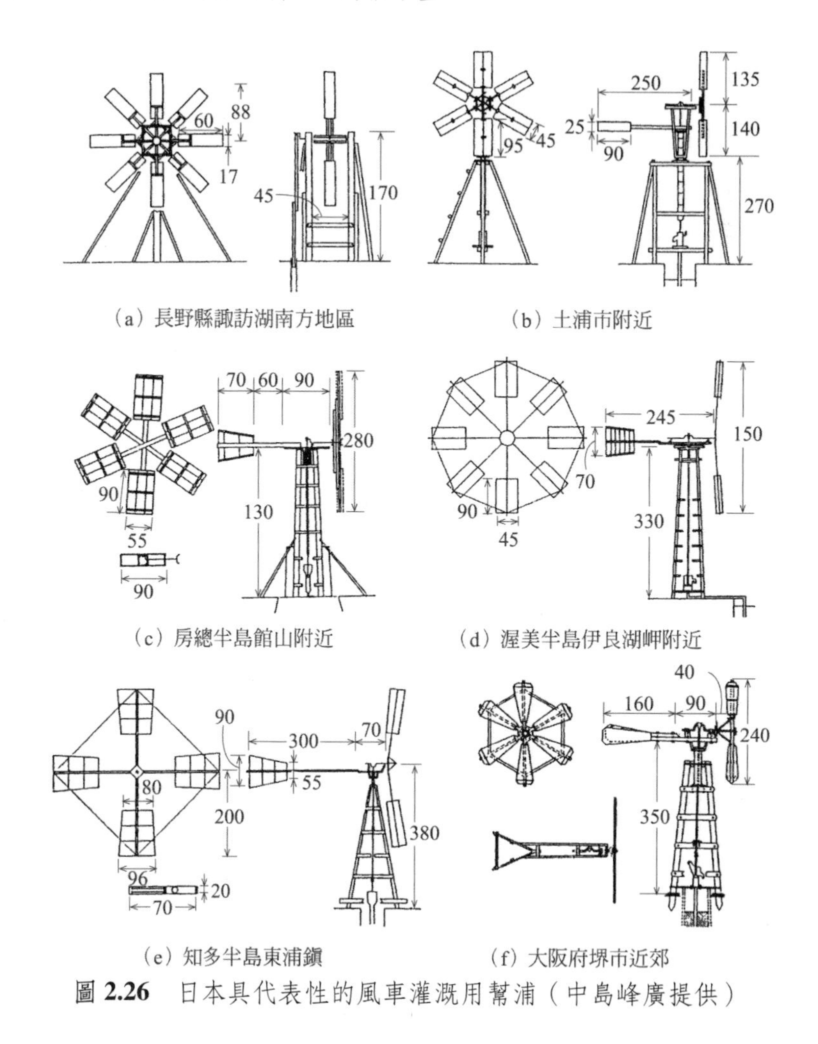

(a) 長野縣諏訪湖南方地區　(b) 土浦市附近

(c) 房總半島館山附近　(d) 渥美半島伊良湖岬附近

(e) 知多半島東浦鎮　(f) 大阪府堺市近郊

圖 2.26　日本具代表性的風車灌溉用幫浦（中島峰廣提供）

除了這種僅局限於地方的風力抽水以外，日本幾乎沒有風力利用的歷史。致力於風力開發有兩位大人物，分別為公家機關的本岡玉樹和民間的山田基博。

（a）筑波的抽水風車

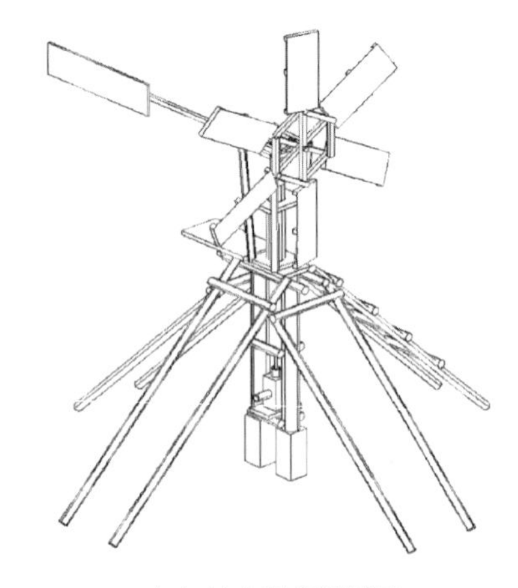

（b）抽水風車概要圖

圖 2.27 抽水風車結構圖

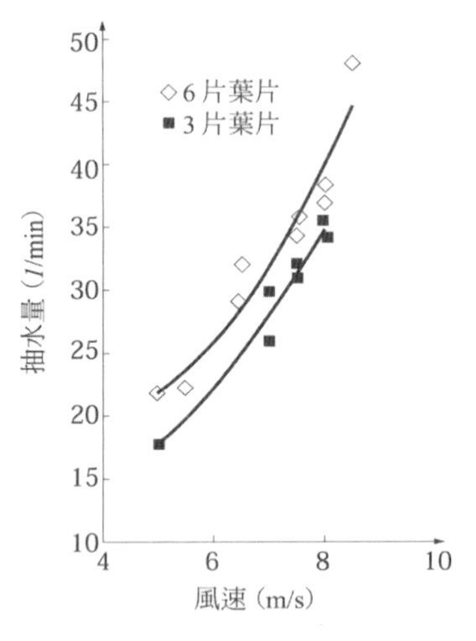

圖 2.28 抽水風車性能曲線

2.3.1 本岡玉樹的功績

本岡是在明治 37 年於東京高等工業（現今東京工業大學）電力科畢業，大正 10 年就職於海軍技工，以電力部一員的身份兼職研究動力資源的風力利用。大正 14 年退休以後，便專心研究作為農村動力的風力利用。之後，在昭和 10 年以動力研究室負責人的身份赴任於滿州國大陸科學院，至昭和 20 年 8 月為止持續進行以風車為主的動力研究及開發。

大陸科學院的風力研究與開發是在昭和 10 年，幾乎與本岡赴任同時開始，當初主要是應用在農業用的抽水、灌溉、排水上，並打算將來使用在農產品加工、木材加工、發電等動力利用的發展上。因此，首先在各地設置數座的實驗風車進行驗證實驗，大陸科學院建設了風力實驗場，以便進行各種不同用途的風車結構及性能的基礎實驗。另外，也實際進行了滿州國的風況調查，報告中顯示「滿州國的風況以大陸性強風為多，尤其以冬季至春季的風力最為強盛，風向大多是西或西北。由風速分佈可看出西部面往中央的地區為最強風地帶，其他地區為中級風。最強風出現在四平街附近，年平均風速 13 ~ 14m/s，最大風速 23 ~ 25m/s 也不稀奇。」[17)]

根據兩年後的報告，大陸科學院的風力研究與開發進行得相當順利，在滿州的風況調查，尤其是在新京附近的風力觀測結果，風速計的設計、大陸科學院風車調速設備、大陸科學院調速葉片的風洞實驗報告、大陸科學院標準型風力機及調速離合機、利用風力抽水、風力灌溉、應用風力調節農作物的機械等方面得到豐厚的成果[18)]。

同一份報告中也紀錄了大陸科學院風車實驗室旁所設置的四片葉片標準型風車，以及利用風力運作的農業用機器的配置。風洞實驗報告是由旅順工科大學的栖原豐太郎製成。另外，旅順工科大學從大正 10 年左右開始進行風力發電的研究，而小川久門將其成果編寫成一本著作，作品當中也給予了本岡的成就很高的評價[19)]。

另一方面，本岡除了將風力利用在農業上以外，為了讓開拓偏僻鄉村的居民有廣播與照明的電源，也仰賴滿州電信電話股份有限公司廣播總局的支持，訂立了直徑 4m 的小型風車、直徑 12m 的大型風車共約 50 多座風力發電裝置的建設計畫，但傳聞實際上只有建造數座。作者在 2001 年於長野縣南佐久郡南牧村設置風車時，認識了在舊滿州因為與本岡一同進行偏僻地區電力化而踏入風力建設領域的岡本竹雄先生而得到許多相關資料，他的小說當中仔細的紀錄下當時發生的事情，相當值得深究[20)]。

在昭和 12 年的報告中，如圖 2.29 所示，描述了大陸科學院標準型風力機將風能作為一般動力使用的設計。說明中表示「關於滿州各地的產業皆可利用的風車結構，必須符合各種條件，因此其設計可說是相當困難，風車構造需要能夠承受每年 4、5 月的最強風，並且即使是沒有機械知識的人也可使用。除了加潤滑油以外沒有其他的注意事項，也不需要維修及特別的照顧。」

本岡從滿州歸國後，在東京的電力實驗所（後來的電子技術綜合研究所）進行風車研究，並擔任日本學術振興會中研究風車作為農村動力的特別委員，昭和 24 年以自己在日本及滿州超過 20 年以上的風力開發經驗為基礎，開始動手寫作。

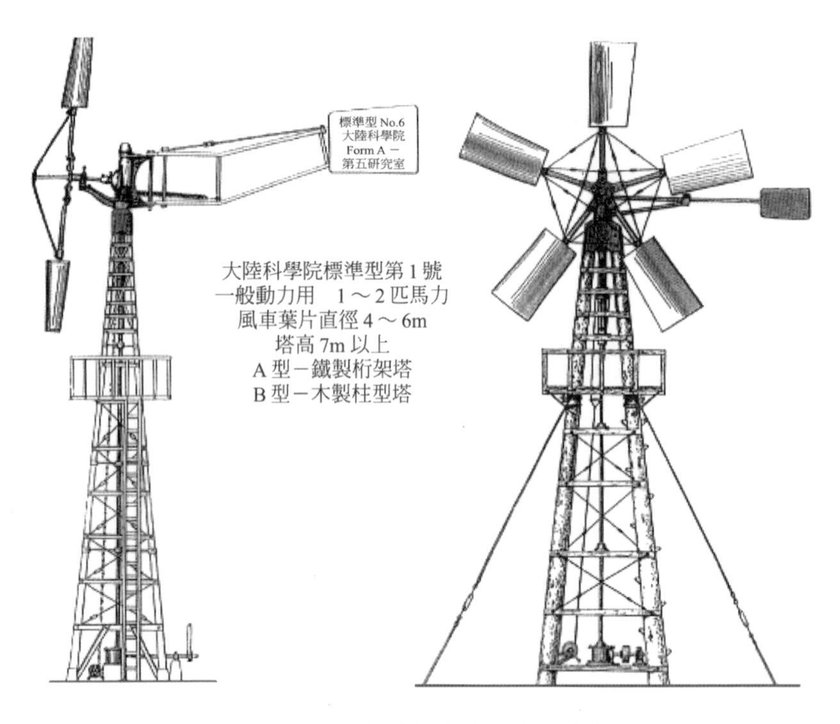

圖 2.29 大陸科學院第 1 號風力機

2.3.2 山田基博的功績

在幾乎沒有進行風力發電的戰前至戰後期間，山田風車是日本唯一的量產型小型風車。因製作者是山田基博先生而命名為山田風車。山田是出生於大正 7 年的技工人員，在戰前、戰時、戰後能源不足的時代裡，以自己的經驗為根基，開發了為數眾多的風車。他所開發的風車有 2 片葉片的 200W 型及 3 片葉片 300W 型兩種，總生產座數高達數千座。

藉由戰後自大陸歸國的國人，拓墾北海道及東北地區，大量設置此型風車，其中一度是由農林水產省及北海道廳提供補助金。圖 2.30 為當時農村的山田風車設置狀況。可看出當時木製的高台上設置 2 片葉片風車的景象。

圖 2.30　北海道的拓墾農村中，山田風車 200W 型的設置狀況
（山田基博先生提供）

2 片葉片的 200W 型是由一塊木刨成直徑 1.8m 所製成，發電機為汽車用的直流發電機，轉子葉片與發電機直接連結。強風時轉子迴轉面會向上方偏移減少迎風面積，避開強風。另外，圖 2.31 所示的 3 片葉片 300W 型直徑為 2.4m，轉子葉片與發電機直接連結，但是 3 片葉片的輪轂底部螺距是可變式的。此種風車葉片可變螺距的特性，在強風時不是藉由螺距角度變大控制葉片，而是將螺距向反方向變化，與葉片背側脫離造成失速現象來降低轉速。

山田風車的平面形狀葉片為其特徵，縮短近葉片根部的弦長使風容易通過，延長離葉片根部 35%處的弦長，可藉此得到較大扭矩。此點說明請參考 6.1 節作者的實驗結果。另外，葉片材料使用重量輕、容易加工的蝦夷松，因為轉子的迴轉直接與發電機連結，在弱風情況下，也特別容易啟動。

1970 年代末科學技術廳所推行的的「風 toper」計畫，輸出功率提昇至 1kW 的山田風車得到了優異的成績，昭和 55 年接受了黃綬勳章表揚，其推薦函由作者所寫。

圖 2.31　山田風車 300W 型（山田基博先生提供）

第 3 章　風的能源

3.1　風的特性

3.1.1　風能

大家都知道風是眼睛看不見的空氣流動。這種空氣流動所擁有的能量為動能。一般而言，物理學中將質量 m、速度 v 的物質所具有的動能以$(1/2)mv^2$表示。現在，討論迎風面積或是掃過面積（swept area）為 A〔m^2〕的風車，單位時間內以速度 v〔m/s〕通過面積 A 的風能（風力）P〔W〕，若將空氣密度設為 ρ〔kg/m^3〕，則可以下列算式表示。

$$P = \frac{1}{2}\dot{m}v^2 = \frac{1}{2}(\rho A v)v^2 = \frac{1}{2}\rho A v^3 \tag{3.1}$$

此處的 $\dot{m}$ 為質量 m 的時間微分（參考 5.3 節）。從（3.1）式可看出「風能與迎風面積成比例，與風速的 3 次方成比例」。因此，風速為兩倍時，風能就為 8 倍，風速為 1/2 時，風能則為 1/8。由此看來，要活用風能，選擇安定吹拂稍強風速的地點相當重要。通過單位面積的風能稱為風能密度，由下列算式表示。

$$P_0 = \frac{1}{2}\rho v^3 \tag{3.2}$$

圖 3.1 為風速相對風能密度圖表。空氣密度 ρ 的數值會因氣溫與氣壓改變，一般使用平地（1 大氣壓，氣溫 15°C）的平均值 1.225kg/m^3。通常地面上的風速是指離地高度 10m 的風速。一般情形，使用表 3.1 的氣象廳風級目測大略風速。

3.1.2　風的種類

風是因大氣循環而起。也就是說，地面或海面的溫度因太陽照射而提昇，使接觸的空氣溫度上升、質量變輕，攀升至上空處，為了填補其空隙而導致空氣的流動產生風。大氣的循環分為以地球為範圍的大規模及局部地區的小規模。小規模的便成為局部風，如下述列出的幾種風。

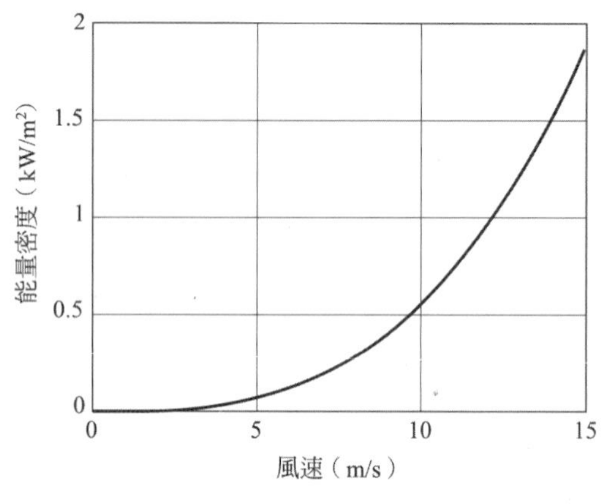

圖 3.1　風能密度

〔**1**〕**海陸風**

在沿海地區，海洋與陸地的熱容量不同，造成吸收太陽熱能方式不同而產生溫度差，因此產生氣壓差而吹拂海陸風。白天接受同樣日照時，陸地溫度比海洋溫度容易提昇，因溫度高相較之下成為低壓，故風由海上吹向陸地，為海風。相反地，晚上因為海洋的熱容量較高不易散熱，陸地溫度很快的降低，則變為風向由陸地吹向海洋的陸風。風向倒轉的清晨與傍晚，風速微弱呈現所謂的無風狀態。

雖然海陸風深受地形及天候的影響，但一般海風風速為 5 ~ 6m/s，陸風風速為 2 ~ 3m/s，溫差大時海風較強，甚至可吹至內陸 20 ~ 40km 處。

〔**2**〕**山谷風**

山谷風和海陸風同為因溫度而產生的風，風向晝夜不同。白晝時山地斜面或山頂上的空氣較山谷上同樣高度的空氣和緩，比較之下為低壓處，因此風向由山谷吹向山地，為峽谷風。反之，夜晚山地較為寒冷成為高壓處，產生從山地吹向山谷的山風。

山谷風分為廣義及狹義兩類。廣義指的是沿著山坡斜面吹拂的風，狹義是指白天沿著山谷攀升至山地，夜晚沿著山谷向下吹的風。

表 **3.1**　氣象廳風級表（畢福風級表）

風級	開闊平地高度 10m 的相對風速[m/s]	狀態	
		陸地	海面
0	0.0 ~ 0.2	平靜安穩，煙呈筆直上升。	鏡面般的海面。
1	0.3 ~ 1.5	可由煙的飄動觀察風向，但風標不動。	如魚鱗般大小的細微波浪，浪頭無泡沫。
2	1.6 ~ 3.3	臉部可感受到風吹，樹葉被吹動，風標輕微動作。	小浪，雖然波幅很短但清晰可見，浪頭平滑非破碎。
3	3.4 ~ 5.4	樹葉或細枝不停晃動，重量較輕的旗幟展開。	小浪，浪頭開始破碎，泡沫看似玻璃，各處可見白浪頭。
4	5.5 ~ 7.9	吹起沙塵、紙片，樹枝晃動。	較小的波浪，波幅變長，白浪頭變多。
5	8.0 ~ 10.7	有葉子的灌木開始搖晃，池塘或沼澤的水面有波紋。	中等波浪，結構穩固波幅變長，有許多白浪頭（也會產生水花）。
6	10.8 ~ 13.8	枝幹晃動，電線相碰出聲，傘不容易拿穩。	開始形成大浪， 所至之處白浪頭範圍變廣（多會產生水花）。
7	13.9 ~ 17.1	樹木整體搖動，迎風難行。	波浪越來越大，浪頭破碎產生的白色泡沫成條狀被吹向下風處。
8	17.2 ~ 20.7	樹枝斷裂，不得迎風而行。	小的大浪，波幅變長。浪頭前端破碎開始形成水煙，可清楚看出泡沫成條狀被吹向下風處。
9	20.8 ~ 24.4	住宅輕微受損（煙囪倒塌、屋瓦破裂。）	大浪，泡沫成濃密的條狀吹向下風處，浪頭開始前傾崩落形成逆流，有可能因為水花視線受阻。
10	24.5 ~ 28.4	內陸少見，樹木連根拔起，住宅嚴重受損。	浪頭延伸的相當長，高度十分高的大浪。結構穩固大型泡沫呈濃密的白色條狀向下風處流動。海面全體看似白色。浪頭崩落處形成巨大的衝擊力，視線受阻。
11	28.5 ~ 32.6	幾乎不會發生，伴隨廣範圍的破壞。	如山高的大浪（當中小型的船在浪的背面時會看不見）。海面完全被風所吹動的白色泡沫覆蓋，浪頭所到之處前端皆激起水煙。視線受損
12	32.6 以上	—	大氣中充滿泡沫及水花。海面因為飛濺的水花完全變為白色。視線嚴重受損。

〔3〕季風

季風是因季節性陸地與海洋的日照情況不同所發生的風，夏天與冬天的陸地及海洋的相互溫度關係正好相反導致風向變化。夏天陸地較暖呈低壓，因此風由海洋吹向陸地，冬天反而因為海洋溫度不易降低，與陸地相較之下成為低壓帶，風由陸地吹向海洋。日本的季風，在夏天吹拂來自太平洋的東南風，冬天則吹拂自大陸的西北風。

〔4〕因高低氣壓產生的風

因高低氣壓產生的風是指依低氣壓的大小與位置關係而改變的風速及風向。一般氣壓差愈大風速愈強，北半球低氣壓的風為逆時針吹向低壓中心，高氣壓的風為由高壓中心順時針向外吹出。低氣壓通過前吹南風，通過後吹北風，前緣通過時帶來強風。在日本春秋之際以 3～4 日一個週期，移動型高氣壓及移動型低氣壓交互出現。

〔5〕颱風

颱風是指熱帶低氣壓中最大風速達 17. 2m/s 以上且無前鋒的風。颱風直徑為 100～1500km，中心直徑 10km 處為颱風眼，是弱風晴天區，但是距中心 50～150km 處為風勢最強的部份。颱風的風呈逆時針向中心吹拂，颱風本身的漩渦風速為了與前進速度結合，前進方向的右側較快，左側較慢。

〔6〕地區性的局部風

因特殊的地形造成特定的氣壓分布時，便會形成當地特有的風。其成因為地形因素的關係，風況較為穩定，在狹長峽谷的開口處吹向平原或海的風稱作「下坡風」，由山中吹出的風為「落山風」。其中，山形縣的清川落山風、岡山縣的廣戶風，及愛媛縣的山路風，因為自古以來造成農作物的損害，被稱作日本的「三大惡風」。日本各地主要局部風的發生地區如圖 3.2 所示。

3.1.3　風速的高度分布

一般而言，氣壓分布、地球自轉偏向力、地表摩擦左右了空氣的運動，若考慮到風速與高度的關係，大氣的構造如圖 3.3 所示。地表摩擦的影響所及高度 1000m 的範圍內稱為大氣邊界層，大氣邊界層的上方為自由大氣。大氣邊界層中又分為兩部份，一是從地表至高度 100m 之間的地表邊界層，另一部份是在其上空的上方摩擦層。地表邊界層的摩擦效果大，可無視偏向力。

上方摩擦層則是地表摩擦與偏向力的作用效果相等。

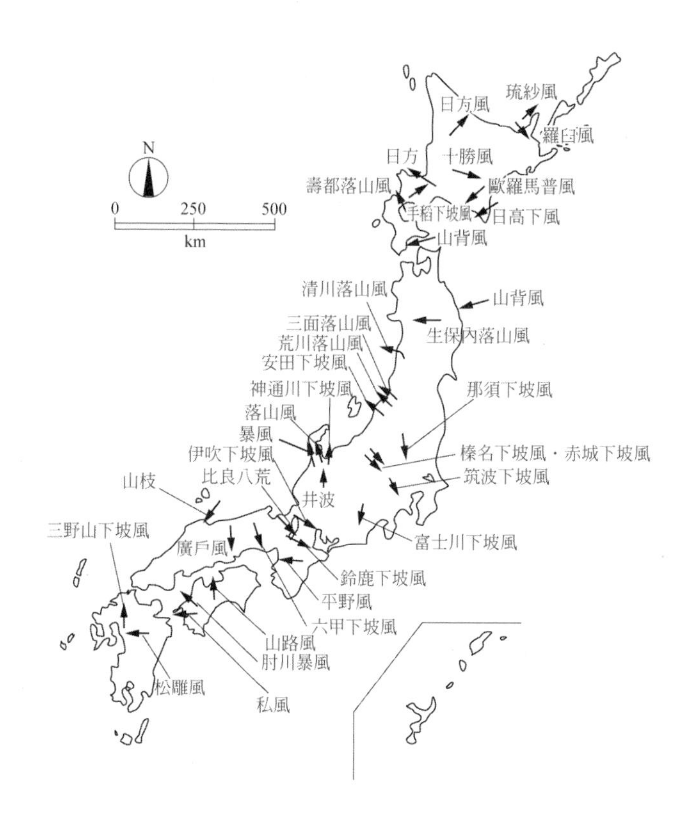

註：「筑波下坡風」、「榛名下坡風」等並非爲從那座山吹出的風，而是以附近有名的山岳名字命名。

圖 3.2　日本風況的局部分布

風受地表摩擦影響之故，接近地表時強度減弱。此種高度分布的變動強度，會因地表粗糙度（植被、建築物）愈粗糙，或是地形愈複雜而變大。關於風車所利用的地表邊界層的風速高度分布，從經驗得知指數法則成立，故使用下列算式。

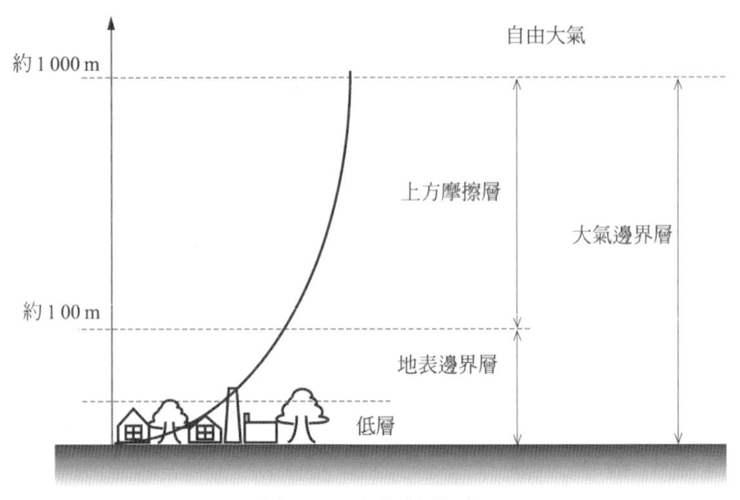

圖 **3.3** 大氣的構造

$$v = v_1\left(\frac{z}{z_1}\right)^{1/n} \tag{3.3}$$

此處 v ：距地高度 z 的風速

v_1 ：距地高度 z_1 的風速

n ：指數法則的冪次指數

冪次指數 n 的值隨地表粗糙度改變，如表 3.2 所示，平坦的沿海地區 $n=7$，內陸 $n=5$。圖 3.4 為 $n=5$ 及 $n=7$ 時的風速高度分布。

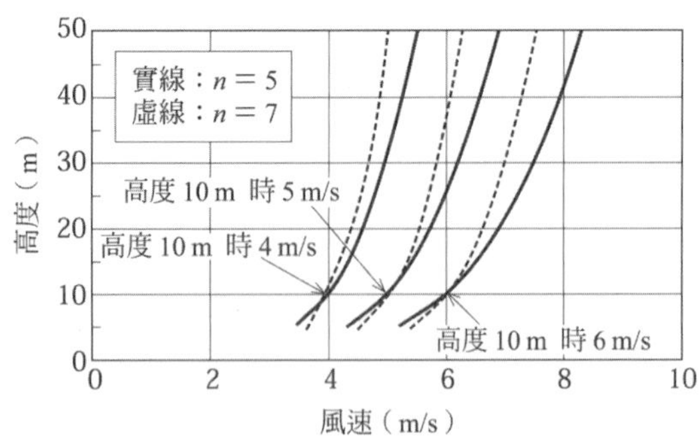

圖 **3.4** 風速的高度分布

表 3.2　指數法則冪次指數 *n* 的值(多次觀測值的平均)

地表狀態	*n*	1/*n*
平坦草原	7 ~ 10	0.10 ~ 0.14
沿海地區	7 ~ 10	0.10 ~ 0.14
田　　園	4 ~ 6	0.17 ~ 0.25
市　　區	2 ~ 4	0.25 ~ 0.50

3.1.4　地形等原因造成風的變化

地表附近的風，其流動會因為地形條件或地面建設等障礙物影響而產生各式變化。

〔1〕因地形產生的變化

基本上風是沿著地形流動的，根據地形的變化，風會產生分離或匯聚。在平坦地形上和緩斜面，風沿著斜面流動，但當斜面坡度增加時，風則會離開斜面。另外，在和緩的丘陵上，因為風的匯聚使風速增強。

複雜地形與風況分布的範例如圖 3.5 所示，當斜面的坡度為很大的陡坡或山崖時，上空處因風的匯聚形成加速流，風速增加，山崖下方因為氣流產生衝突形成亂流區域。另外，當下風處為陡坡或山崖時，會因風的支離產生循環區域，並在其下流處形成再次附著區域。此循環區域的大小因風速而異，再次附著地點也會跟著移動，是極複雜的流動。

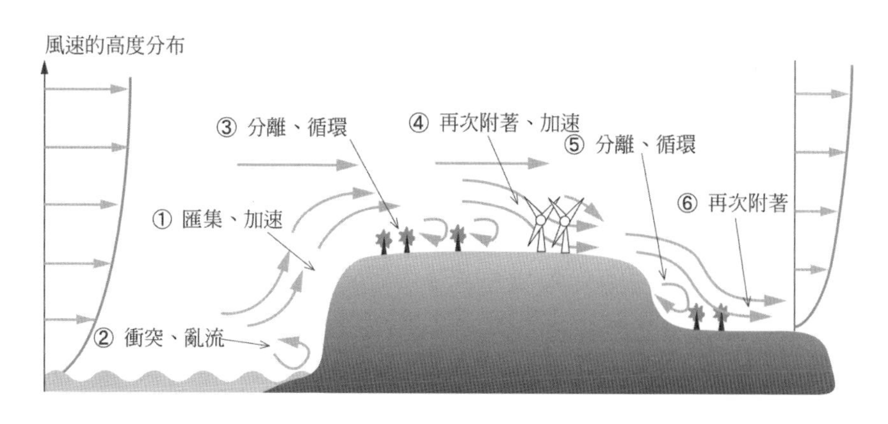

圖 3.5　複雜地形與風況分布的範例圖示（日本氣象協會資料）

〔2〕因障礙物產生的變化[2)]

建築物對風的影響如圖 3.6 所示。建築物周圍形成亂流區域，其區域在上風處是建築物高度 h 的 2 倍，下風處是在建築物高度的 10～20 倍，高度方向可達建築物高度 2 倍的範圍，迎風面為寬幅建築物時（寬度為高度的 4 倍以上），風不會朝水平方向擴展，大多從建築物上方通過，因此下風處的亂流區域距離延長。而當風經過窄幅的建築物時，因風會向水平方向擴展，下風處的亂流區域距離變短。

另外，大家應該都有經驗，當經過高大的大樓附近時會吹起十分強烈的地面風。此種風稱為大樓風，圖 3.7 為其風洞實驗的範例。由此圖可見大樓的前面及側面產生強風區域。因為這種現象很難在發生前掌控，故多由風洞實驗推測。

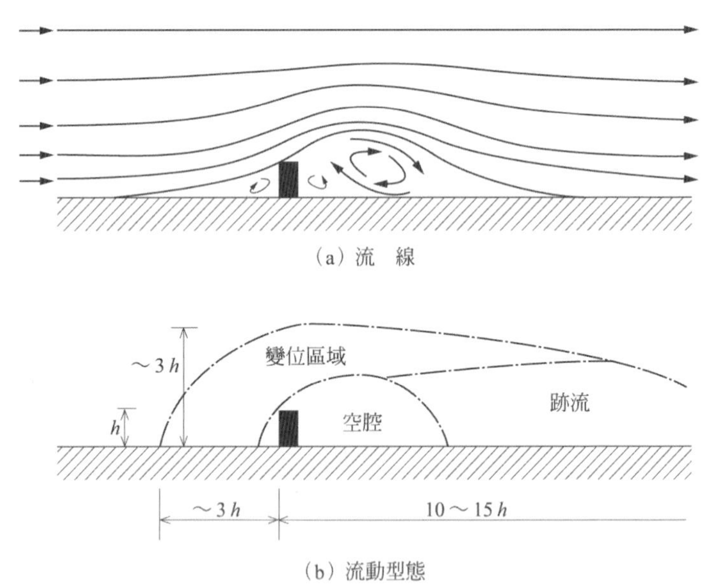

圖 3.6　置於風中與地面垂直的障礙物周圍的風

相對於無穿透性的建築物，森林等自然障礙物具有穿透性，風可以穿過這些障礙物之中。圖 3.8 為高密度森林中的風況變化，依據森林的高度，亂流區域在上風處是森林高度的 5 倍，下風處為森林高度的 5～15 倍左右。

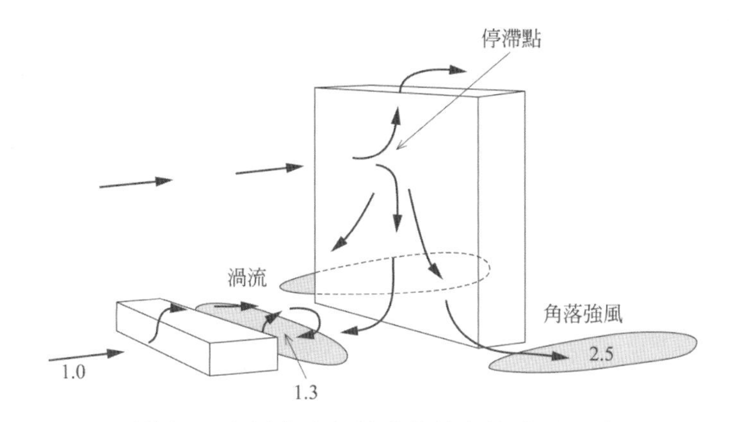

圖 **3.7**　上風處有低矮建築的高樓附近風況

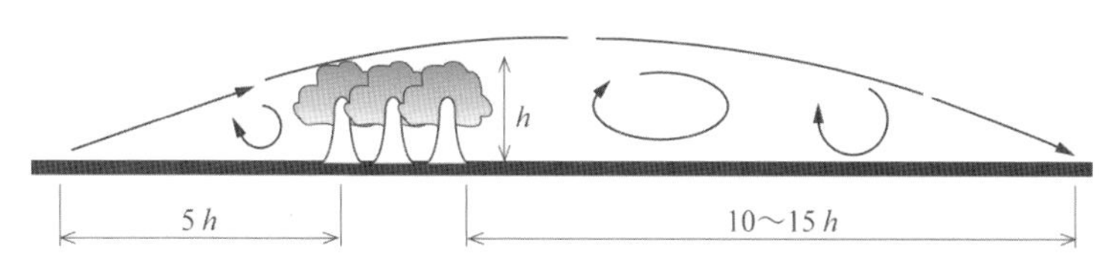

圖 **3.8**　森林的風況變化

3.1.5　風速隨時間的變化

風在短時間內持續不斷的變化，由起風的原因可看出某種傾向。以下論述風速的日變化、季節變化、歷年變化的特徵。關於風速的日變化，如圖 3.9 所示，可看出風速在正午增大。那是因為正午時地表附近的空氣溫度上升，大氣變得不安定並與上層空氣混合的緣故，特別是在沿海地區，春秋之際也受強勁海風影響，多有此特徵。

風速的季節變化，在日本多如圖 3.10 所示，風速在冬季有大幅增加的趨勢，這是冬天的強勁季風之故。與風速會在短時間內變化一樣，如圖 3.11 所示，長時間測量的年平均風速也會改變。伴隨每年天候的變化及氣候變遷，變化幅度一般在長年平均值（30 年的平均值）±10%的範圍內。

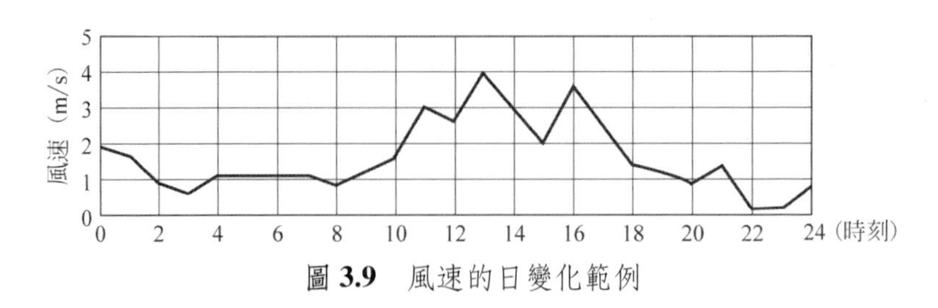

圖 3.9　風速的日變化範例

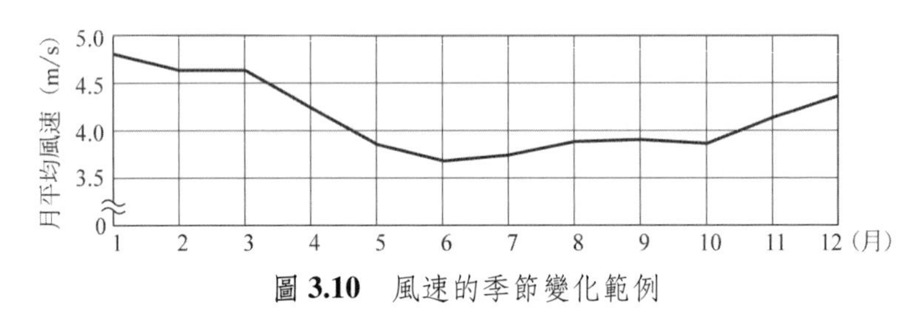

圖 3.10　風速的季節變化範例

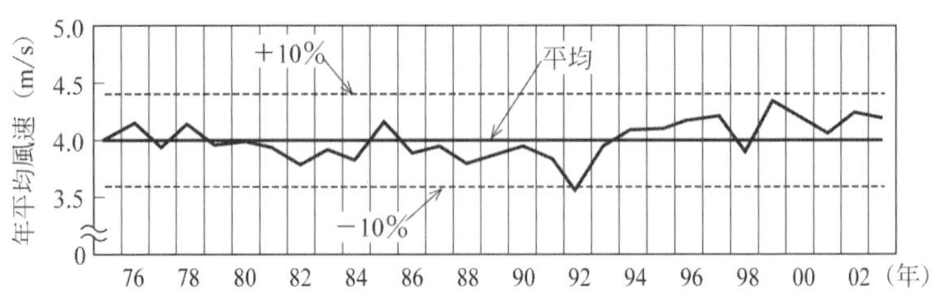

圖 3.11　風速的歷年變化範例（出自：NEDO 資料，2005）

3.1.6　風向、風速分布 [1)]

風一直都在變化，風向、風速都是不停的改變。因此，為了表示某地的風況，必須使用風向分布及風速分布。

〔1〕風向分布

將一段時間內各方位的風向出現率（頻率）以放射狀圖表呈現的即為風花圖（wind rose）。圖 3.12 為年風花圖的範例。

某期間內出現最頻繁的風向稱為卓越風向，以圖中實線的範例來看，東南風為卓越風向。風力發電的地點以安定的風向最為理想，在設置複數風車情況下，使用風花圖調查卓越風向，將風車與卓越風向呈直角設置最為理想。

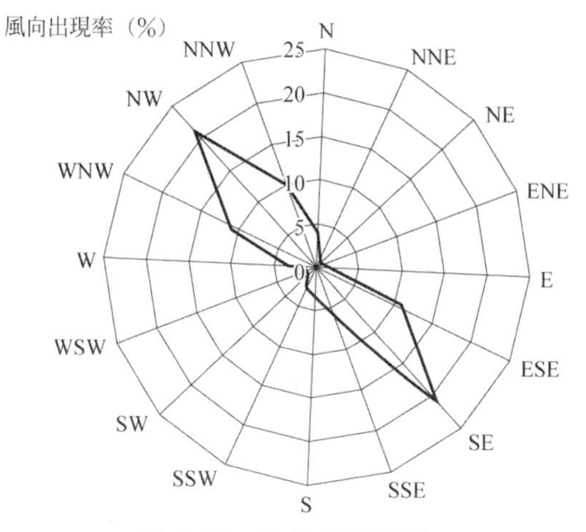

圖 **3.12**　年風花圖範例

〔**2**〕**風速分布**

將某期間內每個風級的出現率（頻率）以圖表呈現的稱為風速的出現率分布或是次數分布。圖 3.13 是風速出現率（次數）的範例。由圖得知風速的出現率分布並非左右對稱，出現率最高的偏向弱風側。圖中的曲線係以韋伯（Weibull）分布繪製。將出現率由風速高的開始一個個相加累計可得出累計出現率，將之以圖表表示的稱為風況曲線。圖 3.14 為風況曲線的範例。

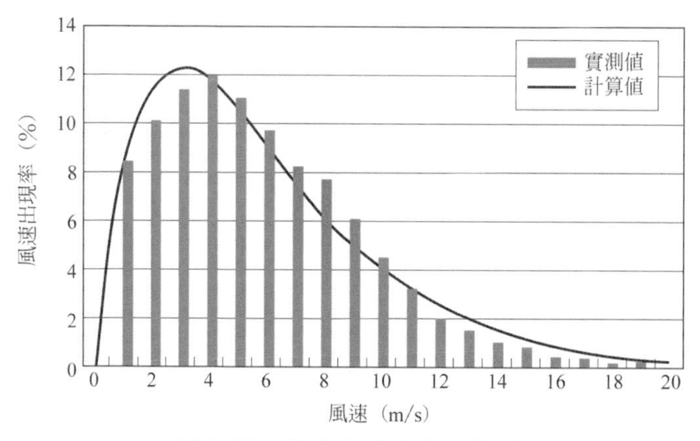

圖 **3.13**　風速出現率分布範例

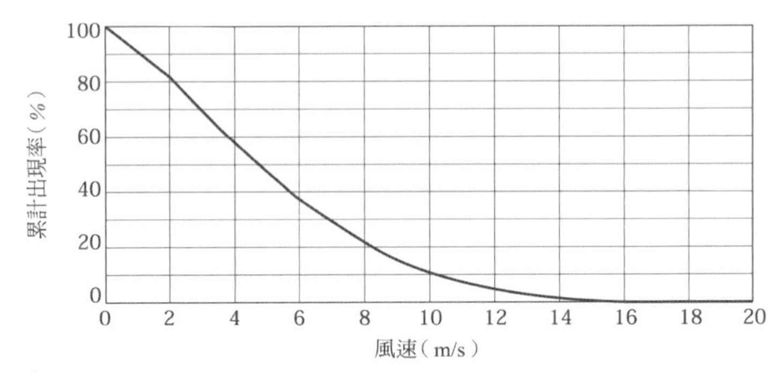

圖 3.14　風況曲線範例

3.2　風的資源量[1)]

3.2.1　風況資料

前面篇章已闡明要活用風能，選擇風力較強的地點是很重要的，因此必須要收集風況資料。風況資料是氣象資料中的一項，並且與人類的社會生活有很大的關聯性，由許多機構進行觀測。以下為進行風況觀測的幾個主要機構。

- 氣　象　廳：　全國的氣象台、觀測站、AMeDAS（氣象資料自動收集系統）進行氣象觀測。
- 海上保安廳：　航路標示事務處（燈塔）為了航海安全觀測風向、風速。
- 消　防　廳：　各都道府縣的消防署為了預測災害及訂立對策進行觀測。
- 國土交通省：　道路、河川及水壩等的管理，工事事務處為了防止災害進行觀測。
- 農林水產省：　為了調查農業、園藝、林業實驗場與氣象的關聯性進行觀測。
- 防　衛　廳：　因自衛隊的訓練場、機場等地的安全考量進行觀測。
- 地方自治團體：為了保護環境及大氣進行觀測。
- 大學研究所：　為了取得研究、實驗用的資料進行觀測。
- 道路公共團體：進行監控高速公路、橋樑上的風雪、側風等的氣象觀測。

- 鐵　　路：為了監控橋樑、高架橋上的瞬風、側風，觀測風速。
- 機　　場：為了機場的安全起降及飛行進行氣象觀測。
- 電力公司：防止發電廠或水壩、高壓電塔發生災害而進行觀測。
- 民間企業：為了確保觀光地的空中纜車、登山吊椅的安全進行觀測

這些機構的資料中，氣象廳的資料為長時間進行觀測，觀測數據以統計方式整理，容易閱讀。氣象廳的風況資料主要由其單位（氣象台及觀測站，全日本 161 個場所）與約 1300 個地區的 AMeDAS 中約 845 個地區，以 16 方位風向、風速 0.1m/s 為單位，觀測每整點前 10 分鐘間的平均值。氣象單位的風況觀測，是以平坦開闊的平地、距地 10m 的高度為基準，但因障礙物等關係，實際上是從距地 10 ~ 30m 處觀測。另外，AMeDAS 主要是用來觀測降雨量以預防洪水，以距地 6.5m 為基準，也有許多設置在不符合風況觀測條件的（周圍障礙物等原因）的地點，因此在利用資料之前必須先評估設置地點的條件。氣象單位及 AMeDAS 觀測站的配置圖及觀測資料皆公佈於下列的氣象廳網站中。

http://www.jma.go.jp/jma/index.html

3.2.2　日本風況圖

製作日本全國風況圖的用意是推動風力開發，依據各種風況觀測資料在地圖上繪製風級表。進行風力開發的各國均有製作，用以選擇有潛力地區。日本的全國風況圖是由新能源產業技術綜合開發機構（NEDO）於 1993 年製成。

NEDO 所製作的風況地圖除了包含 NEDO 自行觀測的 38 個地點的風況觀測資料，還向氣象廳等各相關單位收集共 964 個地點的風況資料。另外，建設省國土地理院以全國為調查對象，以約 1km 網眼為單位整理出國土數據情報，NEDO 使用其中的地形因素與相關分析（線性迴歸）列出風速預測算式，將 1km 網眼的地形因子帶入此式，計算全國年平均風速值進而製作圖表。

用以製作全國風況圖的風況資料，因各個機構收集資料的時間及觀測高度相異，故將其資料與 10 年間（1980 ~ 1989 年）的平均風速值均質化，並將高度修正至距地高度 30m 處後再行使用。地形因素根據國土數值資料分為

起伏度、最大傾斜度、經緯度、各方位開放度等共 14 項。日本因南北連貫，各區域產生特有的氣象條件，為列出風速預測算式，將全國分為 4 個區域，並將各地區的風況分為兩大類。NEDO 發表了區域性的全日本風況圖及彩色版的全日本風況圖。

雖然可根據全日本風況圖選定有潛力的風力發電地區，但是風況常因地形等條件產生巨大變化，故全日本風況圖必須作為一個活用基準。因此，決定風車的建設地點時，必須以全日本風況圖和其他風況資料為依據，檢討當地的地理條件等，並在選定地點執行現場的詳細風況調查。

因此，從 1999 年起的 4 年之間，NEDO 著手「局部性風況預測模組」（LAWEPS：Local Area Wind Energy Prediction System）的開發，即使是在日本這樣地形條件複雜、亂流顯著的地區也能得到相當準確的預測。此風況預測模組結合了氣象模組與工學模組。此模組在各方面的精確度較往昔以地形因素法求得的風況圖高，在選定的富風力發電潛能地區可靈活應用此工具，在 NEDO 的網頁上可輕鬆取得資料。

http://www2.infoc.nedo.go.jp/nedo/top.html

可用風能蘊藏量表示日本國內的風能利用進展到何種程度。以 NEDO 為首，有數份關於風能蘊藏量的報告，但依據前置條件不同數值也相異。代表者有 NEDO、千代田 Dames and Moore 股份有限公司及 CRC Solutions 股份有限公司，他們所提出的風能蘊藏量如表 3.3 所示[3)]。另外，海上的風能蘊藏量如第 11 章所示。

表 3.3　日本陸地區域的風力發電蘊藏量

號碼	前置條件	可能開發量	備註	出處
1	• 平均風速 5m 以上（距地高度 30m）的可建設風力發電設備地區，假設包含自然公園、特別環境保護區的農地、森林、海濱等全體土地皆可設置時，土地面積約為 3600km^2。 • 假設建設 1 座 500kW 級風車需 0.048 km^2（10D × 3D）的土地。	3500 萬 kW （341 億 kWh）	將蘊藏量定義為有物理性界限的潛在量。	NEDO 全國風況圖（1993）的藍圖 2。
2	【風速 5m/s 以上（距地高度 30m）時】 • 假設附加上自然公園等不納入考慮的條件，將農地、森林、海濱皆設為導入地區時，可設置地區面積為 939 km^2。 • 假設在此土地上建設 600kW 級風車。 【風速 6m/s 以上（距地高度 30m）時】 • 與上述相同條件的情況下，可設置地區面積為 394 km^2。 【風速 7m/s 以上（距地高度 30m）時】 • 與上述相同條件的情況下，可設置地區面積為 108 km^2。	【5m/s 以上】500 萬 kW*1 【6m/s 以上】220 萬 kW*2 【7m/s 以上】60 萬 kW	將蘊藏量定義為 *1 與 *2 為實際潛在量（考量社會條件等所得到的數值）。	千代田 Dames and Moore 股份有限公司，*1 與 *2 為綜合能源調查會新能源部門資料（平成 12 年 1 月）。
3	風車的額定輸出為 1000kW 時。	【5m/s 以上】640 萬 kW 【6m/s 以上】270 萬 kW 【7m/s 以上】75 萬 kW		
4	風速條件{5m/s, 6m/s, 7m/s, 8m/s（距地高度 60m）}設計藍本（4 種類）（風車的額定輸出為 100kW）。 〔藍圖 1〕：可開發面積：滿足風速條件的面積。 土地利用面積率：100% 土地取得率：50% 風車設置率：80% 土地利用率：67% 風車佔有面積：0.0615 km^2 〔藍圖 2〕：與上述幾乎相同的條件下，土地利用面積（水田、旱田、果樹園、森林、荒地）的比例在 50%以上。 〔藍圖 3、4〕：與上述幾乎相同的條件下，土地利用面積的比例在 70%以上。	【5m/s 以上】 藍圖 1　114512 萬 kW 藍圖 2　110152 萬 kW 藍圖 3　106673 萬 kW 藍圖 4　6947 萬 kW 【6m/s 以上】 藍圖 1　60348 萬 kW 藍圖 2　59127 萬 kW 藍圖 3　58100 萬 kW 藍圖 4　2427 萬 kW 【7m/s 以上】 藍圖 1　28637 萬 kW 藍圖 2　28390 萬 kW 藍圖 3　28154 萬 kW 藍圖 4　740 萬 kW 【8m/s 以上】 藍圖 1　11639 萬 kW 藍圖 2　11594 萬 kW 藍圖 3　11560 萬 kW 藍圖 4　317 萬 kW		CRC Solutions 股份有限公司。

第 4 章　風力發電的開發計畫

4.1　風況分析及風能可能利用量[1) 2)]

要規劃風力發電及風力抽水的設置時，前提是必須掌握候選地點的風況資料。若能取得高準確度的風況資料，可準確分析求得某期間內風力的發電量及抽水量。

在此以最常使用在風況分析的韋伯分布（Weibull），以及特例的簡單雷利（Rayleigh）分布為基礎，介紹開發風力發電的脈絡。

4.1.1　風況分析與韋伯分布

以自然風作為動力源的風力發電系統，必須掌握某期間內各種大小不同風速的出現頻率，是為風速的出現率或是次數分布，次數有時以小時為單位計算，有時則是以百分比〔%〕表示。後者係以風速的累計觀測數為基礎，是相對次數的比率或是出現機率。前章 3.1 節的圖 3.13 為風速的次數分布。

風速的次數分布或是出現機率，並非左右對稱，次數最多的偏向左側（弱風側）。出現機率可用函數形式來表示，如卜瓦松分布、韋伯分布、雷利分布、雅各布的分布算式、歐爾森的分布算式等，但其中最適合風速出現率分布，並常使用的是韋伯（Weibull）分布函數。

$$f(v)=\frac{k}{c}\left(\frac{v}{c}\right)^{k-1}\exp\left\{-\left(\frac{v}{c}\right)^{k}\right\}$$

此處的 $f(v)$：風速的出現率，c：尺度參數（scale parameter），k：形狀參數（shape parameter）。

風速 v_x 以下的機率 $F(v\le v_x)$ 可表示為

$$F(v\le v_x)=1-\exp\left\{-\left(\frac{v_x}{c}\right)^{k}\right\}$$

平均風速則可用下列算式表示。

$$\bar{v} = c\Gamma\left(1+\frac{1}{k}\right) \quad （\Gamma：伽瑪函數）$$

圖 4.1 為平均風速 6m/s 時，對應不同形狀係數 k 的韋伯分布。隨著 k 變大，波峰會變得尖銳。尺度係數從上述關係式可看出，當尺度係數與風速 v_x 相等時，累計出現率為 63.2%。形狀參數 k，在日本，$k=0.8\sim2.2$，有年平均風速愈大 k 值也變得愈大傾向。年平均風速 5m/s 以上時，$k=1.5\sim2.2$。

韋伯分布中，當 $k=2$ 時，稱為雷利（Rayleigh）分布，以下列算式表示。

$$f(v) = \frac{\pi}{2}\frac{v}{\bar{v}^2}\exp\left\{-\frac{\pi}{4}\left(\frac{v}{\bar{v}}\right)^2\right\}$$

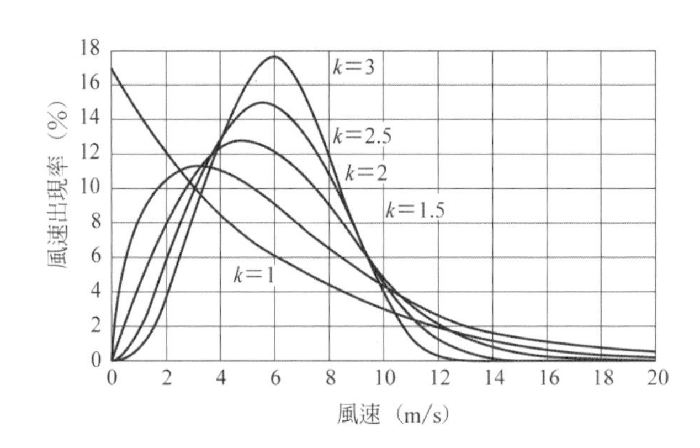

圖 4.1 平均風速為 6m/s 時的韋伯分布

雷利分布是由平均風速推測風速出現率分布，相當方便而廣為使用。風速的雷利分布如圖 4.2 所示。

4.1.2 風力發電系統的運作特性

風力發電系統在達一定風速以上時開始發電，風速增加到發電輸出超過發電機的額定出力時，則進行螺距控制或是失速控制來控制輸出。當風速再增強時，為了安全考量，停止轉子的迴轉，終止發電。圖 4.3 為其運作特性的範例，各個風速包括起動風速、額定風速、關機風速。這些風速數據因機種而異，一般採用以下數值。

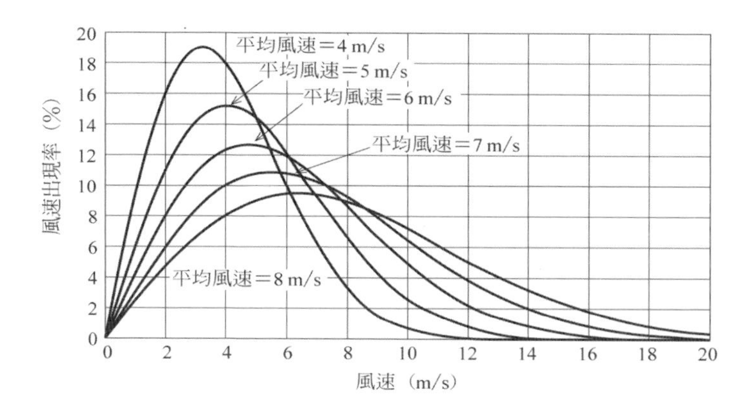

圖 4.2　不同平均風速的雷利分布

- 啟動風速：3 ~ 5m/s
- 額定風速：8 ~ 14m/s
- 關機風速：24~25m/s

風速的輸出特性稱為性能曲線或是輸出曲線（出力曲線），表示風力發電系統的性能。

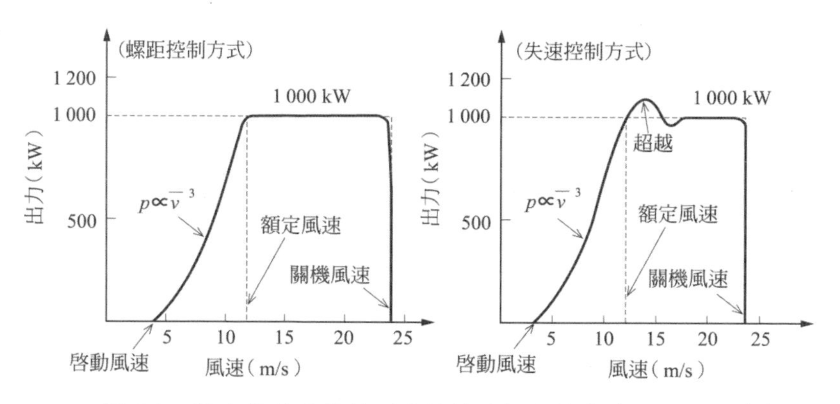

圖 4.3　風力發電系統的運作特性（額定輸出為 1000kW 時）

4.1.3　風能獲取量

使用輸出曲線與設置地點的風車塔高的風速出現率分布，可求出下列算式。

$$\text{年發電量[kWh]} = \sum \left(P_i \times f_i \times 8760[h] \right)$$

P_i：風級的發電輸出〔kW〕，f_i：風級的出現率。

若沒有風速出現率分布的觀測資料，可依平均風速使用韋伯分布推測發電量，作為概略評估。一般而言，為求簡便，使用形狀係數 $k=2$ 時的韋伯分布，也就是雷利分布。

圖 4.4 為使用雷利分布假設對於年平均風速的年發電量的範例。例如，若年平均風速為 6m/s，則 1000kW 的風車一年可得 2000MWh 的發電量。

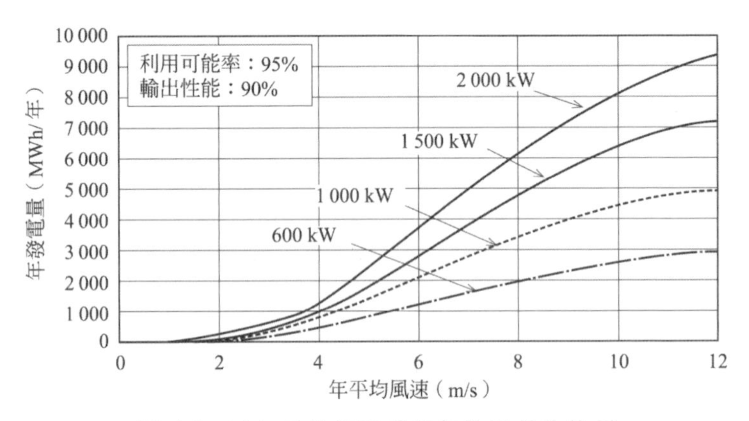

圖 4.4 以年平均風速預想年發電量的範例

系統的評估項目中，除了能量獲取量之外，還有設備使用率（capacity factor）與可用率（availability factor）。設備使用率表示對於系統的額定輸出的利用率，由下列算式求得。

$$\text{年設備使用率}[\%] = \frac{\text{年發電量}}{\text{額定輸出} \times 8760[h]}$$

圖 4.5 為使用圖 4.4 的資料，表示 1000kW 機的年設備使用率。年平均風速為 6m/s 時，設備使用率為 24%。即一年 8760 個小時當中有 2100 小時是以額定輸出的功率運作。

可用率表示系統的工作時間比率，為風車運作時間的總和與年小時數的比值。也可由啟動風速至關機風速之間的風速出現率的累計求得。已知風況曲線（累計出現率）時，可由下列算式求得。

可用率＝啟動風速以上的累計出現率 － 關機風速以上的累計出現率

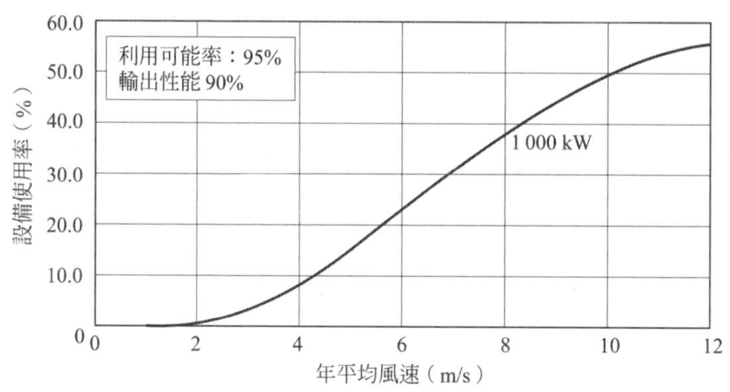

圖 4.5　相對於年平均風速的設備使用率範例

4.2　設置風力發電的訣竅 [2) 3)]

NEDO 在 1996 年後，製作「風力發電應用手冊」，為應用風力發電的普及努力，此節引用 2005 年版，詳細內容請參照手冊。

關於風力發電的整體應用流程如圖 4.6 所示。以下章節為根據 NEDO，從地點選定調查到基本設計的檢討方式。關於應用風力發電的探討，必須先篩選出有良好風況的有潛能地區，調查該地區的風況資料、自然條件及社會條件，依據上述條件決定候選地點及草擬風車應用規模。

4.2.1　潛能地區的篩選

利用局部風況圖及氣象廳等處的風況資料，進行潛能地區的篩選。以局部風況圖（距地高度 30m）中，年平均風速 5m/s 以上，最好是 6m/s 以上的地區為對象，篩選佔有面積大，或風級高的密集地帶。氣象廳等觀測站的風況資料，依觀測高度、觀測地點的選址條件不同而異，但年平均風速最少也要有 4m/s 以上。

4.2.2 候選地區風況資料的蒐集

選定有潛能地點後，應著手向風況觀測機構收集附近的風況資料。必須收集的風況資料，除了每小時的風向風速，為了瞭解風能取得量的月變化及卓越風向，至少要收集每月的平均風速及年風向出現率。收集資料的期間，至少也要有 1 年，為了將氣候趨勢納入考量，收集約 10 年內的資料最為理想。

對於風力發電的風況評估標竿，一年中月平均風速 5m/s 以上的月份只要有 4～5 個月即為良好。另外，從預定設置的風車性能曲線及年平均風速（適用於雷利分布或韋伯分布），評估使用可能率，估算年發電預定量及設備利用率，設備利用率（capacity factor）若能提昇至 20％便為良好。

4.2.3 自然條件的調查[3)]

因為風況會因地形條件產生很大變化，對於多山岳丘陵地、地形複雜的地區，調查設置地區的地形條件是不可或缺的。另外，也必須要調查可能會導致風車故障的氣象條件及與風車建設有密切關聯的地盤條件。

〔1〕地形條件

風況因地形、障礙物改變。地形變化激烈的情況下、亂流極有可能變大，丘陵及懸崖上方的風速有增加的可能性，高度或斜面的傾斜角度變大時便可能產生亂流區，在丘陵背後約丘陵 10 倍高度的範圍形成亂流區。

周圍有建築物的情況下，在上風處建築物 2 倍高度範圍、下風處建築物 10～20 倍高度範圍內，高度方向為建築物高度的 2 倍範圍內形成亂流區。另一方面，森林帶等地也隨高度不同有所差異，上風處為高度的 5 倍，下風處為高度的 5～15 倍的範圍內形成亂流區（參考 3.1.4 節）。

〔2〕氣象條件

在日本，左右風力發電產業的最主要氣象條件為落雷及颱風，葉片的損傷或因導電造成操作機器的受損，甚至有風車倒塌的情況。另外有亂流、積雪、結冰、鹽害、沙塵等項。

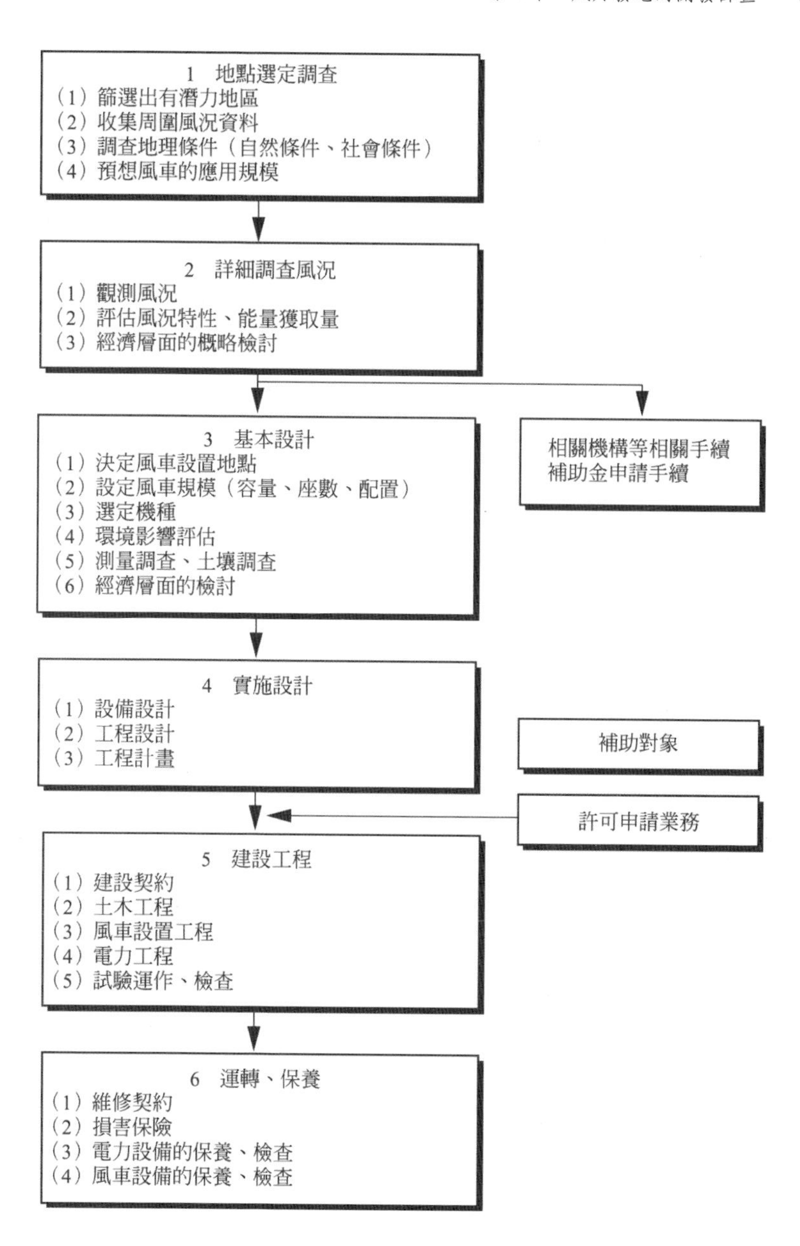

圖 4.6　風力發電的應用流程（NEDO 風力發電應用手冊）

① 落雷

雷雲四季都會發生，但是最具代表性的是夏天的積雨雲，當地表溫度與大氣溫度相差 10℃ 以上時產生，也稱為熱雲。另外，冬季日本海沿岸所產生的雷雲是因為強烈的冷氣團流入時，在與對馬暖流的暖氣團交會的鋒面，冷氣團潛入暖氣團下方，將暖氣團向上推擠造成強烈的上升氣流，稱為鋒面雲或是邊界雲。

雷雲中冰雹與冰粒激烈碰撞，大的冰雹帶負電荷，因重力向下方移動，小的冰粒帶正電荷，由上升氣流帶至上方形成雷雲。電荷的累積量超過一定時，雷雲中或雷雲之間開始放電，雷雲中的電荷受地表上相反電性的電荷引導造成落雷。冬季雷是因西伯利亞冷氣團的強風，導致距地面 100～數百 m 的地方產生電荷分離，地表放電因為雲層底部低而不受任何阻絕，多一次將所有電荷放電的情況，放電時間長，能量也變得非常的大。冬季雷的其中一個特徵是持續時間異常長久，多次測量到其放電的電荷量達到一般夏季雷數值的 100 倍以上，可說是全球少見的現象。

直擊雷除了有造成葉片損傷的危險以外，因為其強度遠遠超過風力發電設備的絕緣強度，必須充分檢討電力、控制零件等的保護措施。另外，因導電所造成的異常電壓超過線路的基準衝擊絕緣強度，造成配電用變壓器受損、機械類開關的絕緣損壞、反向器（inverter）損傷、保險絲溶化等的雷害。因此在多落雷的地區，除了執行風車塔的避雷措施（特別第三類接地工程等），通信電纜的光纖化或在電力、控制零件等加上避雷器以外，也必須實行安裝配電線路之間的耐雷變壓器、電力迴路的避雷器等措施。

關於落在葉片等處的落雷，因材質不同，保護措施也不同，必須從製造商的研究、開發狀況來檢討。特別是日本海側的冬季雷，與夏季雷比較起來能量非常的大，因為葉片的損傷和電力、控制零件的損害情況隨著風車設置座數的增多一同增加，因此必須充分檢討防雷對策。

要大致掌握某地區的落雷日數，可由氣象廳的年雷雨日數分布圖（IKL 圖）、電力中央研究所統整的 1992 年至 2001 年的雷擊頻率圖或是其他專門進行雷電觀測的企業取得各種情報。冬季雷的發生狀況可參考

6.4 節的圖 6.44。

② 颱風

一般而言，颱風是最大風速為 17.2m/s 以上的熱帶低氣壓，多伴隨風力發電機關機風速以上的風速，近年來，發生多起風車塔根基遭受破壞、葉片或機艙罩破損、飛散等事故。

日本風力發電機是根據國外製品的規格（IEC 61400-1, JIS C 1400-1），但是必須注意對應颱風或颶風等強風的規格為特別級（S class）。日本因颱風造成風車故障的實例請參考 6.4 節。

日本建築學會（1993）繪製成為日本設計風速基準，距地高度 10m 的基本風速於每 10 分鐘內平均風速的 100 年重現期待值的分布圖。尤其是，颱風直接通過、登陸的沖繩、九州與四國地區，在應用風車時，必須重新考慮周遭地區的過去最大風速（10 分鐘平均值）或是最大瞬間風速（0.25 秒內平均值）的 50 年重現期待值。

③ 亂流

在日本這樣多複雜地形的山岳地區會產生風的支離現象，成為經常出現風速變動或風向變動的區域，有可能造成葉片的疲勞損傷或縮短壽命。

成為亂流指標的「亂流強度」是指風速的標準偏差對 10 分鐘內平均風速的比值， 10 分鐘內平均風速為 15m/s 時的亂流強度以 I15 表示。關於亂流，在 IEC 61400-1 或 JIS C 1400-1 之中分為高亂流特性的等級 A（I＝0.18）及低亂流特性的等級 B（I＝0.16）2 種項目，根據風力開發現場調查產業（風況精查）於平成 7 年至平成 11 年的資料，可看出亂流強度多是超過全體資料平均值 0.2，經常出現亂流的地點很多。日本的山岳地區的亂流實例請參考 6.4 節。

④ 積雪、結冰

因降雪或暴風雪造成雪花附著在物體上稱為積雪。風車的固定部份、迴轉部份或是風向、風速感應器皆有可能積雪。無風時，降雪形成積雪，若在夜間結冰後起風，造成葉片上的部份冰雪脫落，產生異常的歪斜，或使感應器失常導致無法控制。

結冰是由溫度過低的雨或雲碰撞到物體時產生凝固現象形成，由形成原因分為樹冰、粗冰、及雨冰。粗冰及雨冰所形成的冰，相當的堅固難以除去。冬天時雲底高度在 700m 以上的地區容易產生結冰，故在高處設置風車時需要留意。

⑤ 鹽害

風所造成的海上的白浪或是海岸的浪花在空中蒸發而產生的海鹽粒子，藉由風的搬運附著在物體上而造成故障的狀況稱為鹽害。

海鹽粒子的產生量，與海上風速的立方成正比增加，因此風速愈強，大氣中的鹽分便會增加。因為海鹽粒子會在風的搬運過程之中落下，因此大氣中的鹽分量與鹽分附著量隨著遠離海岸而減少。即使海鹽粒子附著在物體上，只要有足夠的降雨量便可將表面的鹽分洗去，因此很難發生鹽害，但掉進機械內部的鹽分則會沈積。若要將風車設置在海岸附近，必須訂立防止腐蝕或電力系統的絕緣對策。

⑥ 沙塵（飛沙）

在沙塵盛行的地區，會使葉片受損導致壽命顯著縮短。另外，若沙粒進到機械內部，齒輪等可動零件可能會故障。

〔3〕地盤條件

500kW 級風車的重量約為 50 ~ 80t，1000kW 級為 130t，5000kW 級約為 230t 左右，因此設置大型機型的地點需要選擇地盤穩固的地區。若要在地盤脆弱處設置風車時，必須將基礎打入含水層。日本的地震發生頻度高，需要調查土壤液化的可能性並且實行對應措施。另外，最好也要調查是否有活斷層。

4.2.4 社會條件的調查[3)]

選擇風力發電的地點時，候選地區的風況是決定建設地點的最重要因素。但是，即使風況良好，也會發生因候選地區有各種社會條件而限制風車建設的狀況，所以社會條件的事前調查也是很重要的。

社會條件的調查項目有，指定區域、土地利用、配電線、送電線、運輸、道路、噪音、電磁干擾、景觀、生態系等項，關於噪音、電磁干擾、景觀和生態系的影響則於第 10 章的「風力發電對環境的影響」中介紹。

〔1〕指定區域

為了各種目的而將一定的範圍設定為指定區域，這些地區的建築物或作業用器材的建設皆受法律的限制。關於建設風車的法律規範有以下數點。

- 都市計畫區：都市計畫區、土地利用區、市街化區等
- 自然公園：普通區、特別區、特別保護區
- 自然環境保護區：原生自然環境保護區、出入限制區等
- 其他：保安林、國有林、縣有林、鳥獸保護區、農地、農業振興區等

上述中自然公園為主要對象。自然公園分為國立公園、國定公園、縣立公園等類型，國立公園是由環境省管理，國定公園及縣立公園則由道都府縣管理。這些指定區域中，主要限制風車的高度，必須提出申請或取得許可才能建設地面上 13m 以上的建築物或結構物。另外，指定條件中，也有不能建設風車的情況。為了順利建設風車，決定候選地點時必須充分討論這些指定地區的相關條件。

再者，環境省在平成 15 年針對國立、國定公園內風力發電設施的設置舉行了檢討會議，以「根本的想法」為概念，在滿足一定基準時許可風力發電設施的建設。關於指定區劃情況的資料，可在道都府縣及市鎮鄉村的服務窗口取得。

〔2〕土地利用

因為住宅用地、建設用地、交通幹線用地、航空區等的土地利用條件中，有時會使風車建設陷入困難的狀況，因此在決定候選地點時需要重新檢討。

〔3〕配電線、運輸道路

風力發電系統為系統互連時，風車與電力系統之間的距離拉長時會提高建設成本，因此必須調查風車建設地點與可使用於系統互連的既有配電線、送電線、變電所等之間的距離。另外，風況良好的山岳地區或岬等地的配電線或送電線的容量很少時（指從配電線等取電的設施、工廠、家庭的電力消費很少的區域）或是已有其他系統互連的風力發電系統，導致為了維護電力品質而限制輸出電量的情形，因此，最好事先向附近電力公司的服務窗口確認包含系統互連地點等的相關事項。

建設風車時，為了搬運器材以及安裝機艙或葉片至風車塔上的起重機能夠通行，道路寬必須有 4 ~ 5m，另外為了運送 20 ~ 40m 長的葉片，轉彎處必

須有足夠的曲率。因此依據情況不同，有時必須拓寬道路或建設暫時道路。

4.2.5　估計規模

候選地區內經過自然條件及社會條件過濾之後的地點便為可能設置風車的區域。設置單座風車時，選擇區域中風況最好的地點。風車佔有面積約為以下所示。

- 250kW 級　：35m × 35m
- 500kW 級　：50m × 50m
- 1000kW 級：65m × 65m
- 2000kW 級：85m × 85m

另一方面，設置多座風車時，風車的配置必須依據該區域的卓越風向來決定。於風車下風處形成的亂流區域稱為尾（跡）流區，若在此區設置風車，能量獲取量會大幅減少。尾流區的範圍大約是在風向的直角方向 3d（d：轉子直徑）、下風方向約 10d 左右。就具體的配置而言，風車的間隔在卓越風向顯著的地區為 10d×3d，卓越風向不顯著的地區為 10d×10d 作為標準即可。在計畫設置多座風力發電機時，必須以尾流的相關知識為基礎，勘查地表粗糙度或風車輪轂的高度，研究出最適當配置計畫。

第 5 章　風車的基礎知識

5.1　風車的種類及特徵[1)]

風車的起源必須追溯至紀元前，歐洲從 14 世紀後經歷了 700 年以上的時間，運用風車在製作麵粉及抽水為主的各種用途上。風車因國籍或地區的不同，在用途、社會根基、技術風土、可利用材料等各層面相異，因此風車的種類極為多種。另外在 1890 年代以後開始發展風力發電，此領域在進入 20 世紀後，隨著航空技術的發展在短期間內有很大的進步。在此介紹風車的種類、特徵及其歷史。

5.1.1　風車的種類

作為風能轉換裝置的風車，根據轉軸方向及形狀，一般分類如圖 5.1 所示。普遍根據旋轉軸相對於地平面的方向分為水平軸風車及垂直軸風車，也有在垂直通道內部將螺旋槳型風車作為垂直旋轉軸風車使用，或是將划槳翼型風車或桶形風車作為水平旋轉軸風車使用情形。因此，正確來說，「旋轉軸與風向平行的為水平軸風車，垂直的為垂直軸風車。」才是最正確的解釋。

另外，根據風車的驅動原理，分為低轉速的阻力型風車以及高轉速的升力型風車。

5.1.2　水平軸風車的種類及特徵

〔1〕螺旋槳型風車

圖 5.2 為小型螺旋槳型風車，圖 5.3 為大型螺旋槳型風車。葉片形狀與飛機機翼極為相似，葉片安裝處強化處理，也多在葉片尖端或根部加上扭轉設計。通常，葉片數量多為 2 葉或 3 葉，也有附有平衡錘的 1 葉型，或是多片葉片的機型。螺旋槳型的旋轉面必須面對風向，故需要控制方向，因此當風向產生變化時，水平軸風車的追蹤性能較垂直軸風車差。

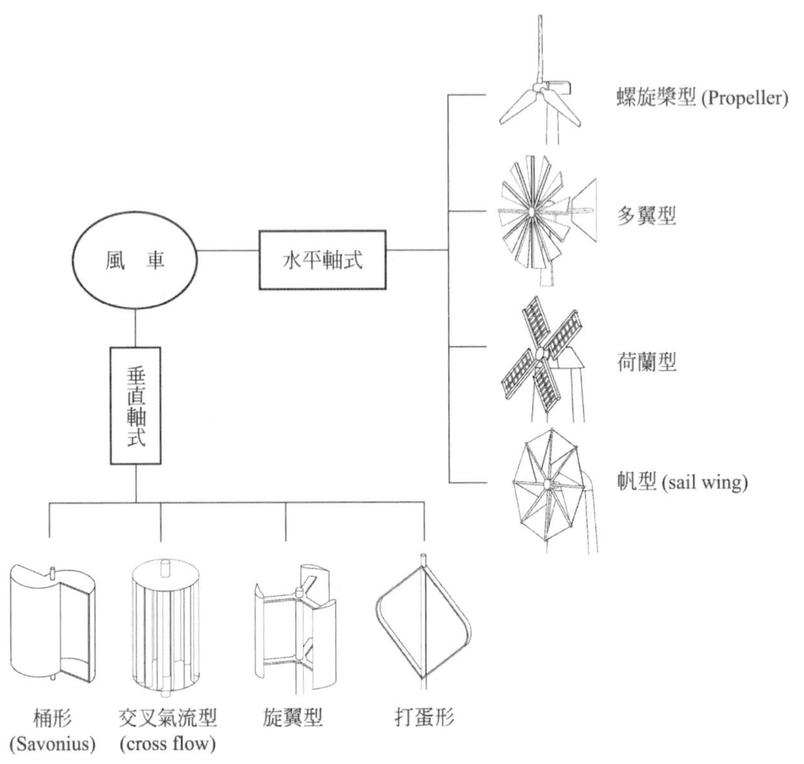

圖 5.1　風車的種類

圖 5.2　小型螺旋槳型風車（日本和風股份有限公司提供）

圖 5.3　大型螺旋槳型風車（三菱重工業股份有限公司提供）

〔**2**〕荷蘭型風車

為歐洲最為廣泛使用的風車－荷蘭型風車如圖 5.4 所示。風車木屋根據風向整體旋轉，使風車的旋轉面正對風向的小型箱型風車（post mill），發展至僅有裝設葉片的頂部旋轉的塔型風車（tower mill）。動力的調節多依賴增減葉片上的帆布面積，除此之外，也有在葉片上裝上窗簾式的百葉窗，以百葉窗片的開閉調整速度。葉片直徑以大型為多，甚至有直徑 20m 以上的葉片。

圖 5.4　典型的荷蘭風車（作者於桑斯安斯攝影）

〔**3**〕多翼型風車

在 19 世紀中期，為了美國的農場或牧場的抽水而開發的機型，如圖 5.5

所示，由多片葉片（翼片）組成的低速旋轉、高扭矩風車，至目前為止已生產了600萬座以上。至今在美國、澳洲、阿根廷等的農場、牧場中還有20萬座以上使用在抽水上。另外，也有使用平板葉片型，利用升力的機種如圖5.6所示。也有製作發電用的小型多翼型風車，低風速即可啟動，無噪音為其特色。

圖 5.5 美國多翼型風車

（作者於德州洛弗拉克的 American Wind Power Center 攝影）

圖 5.6 腳踏車輪型多翼型風車（作者於奧克拉荷馬州斯提沃特攝影）

〔**4**〕帆型風車

地中海的島嶼及沿岸地區自古以來使用的風車，與帆船的帆同樣原理，將帆布使用在風車的葉片上，圖 5.7 為葡萄牙的帆型風車。最近由於受到空氣力學的影響，研發出螺旋槳型的帆型風車。

圖 5.7　葡萄牙的帆型風車（作者攝影）

〔**5**〕**離心排出式風車**

1953 年由法國工程師 J.安德魯所設計，英國的恩菲．電纜公司所建造的風車，圖 5.8 為其剖面圖。此風車也被稱為導管轉子，旋轉的中空葉片行離心幫浦作用。風力使葉片旋轉後，流入風車塔下方空氣導入口的空氣驅動發電機、經由空氣渦輪上升至風車塔內部後，靠離心力從葉片前端排出。但是，實際上因為空氣在通道中摩擦損失很大，並未得到預期的效率。

〔**6**〕**複數轉子式風車**

單一支撐塔上設置多個風車，為試圖減低建設成本的機型。在 1970 年代，由麻薩諸塞大學的 W.荷洛尼馬士提出，如圖 5.9 所示的大規模機型，此機型是由多個轉子組成的海上浮動型風力發電設備。在風況得天獨厚的新英格蘭海上設置多個風力發電設備，利用產生的電力將海水電解，藉由氧氣－氫氣系統儲藏電力的遠大計畫。但是考慮到多座風車的維修工程，少數的大型風車比較符合經濟效率。

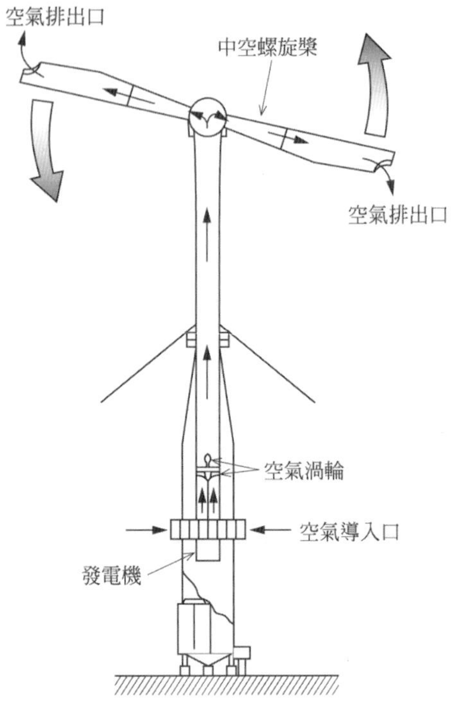

圖 **5.8**　離心排出式風車的剖面

圖 **5.9**　複數轉子風車（U. Mass. 荷洛尼馬士教授提供）

5.1.3　垂直軸風車的種類及特徵

〔1〕划槳翼型風車

划槳翼型風車如圖 5.10 所示。圖 5.10(a)亦稱為風杯型，應用在魯賓遜風速計等處而廣為所知，利用風杯凸處與凹側的氣流阻力差得到扭矩。圖 5.10(b)的機型，在受風側面朝上風處前進時，為了使氣流阻力最小而加上隔板，使受風部份與風向保持平行；圖 5.10(c) 的機型為了使往下風處氣流阻力最大，使受風部分與風向保持直角。利用前進側及後退側的氣流阻力差得到扭矩。因為此型風車的葉片無法用風速以上的速度回轉，風車重量及成本平均所得到的輸出功率很小。

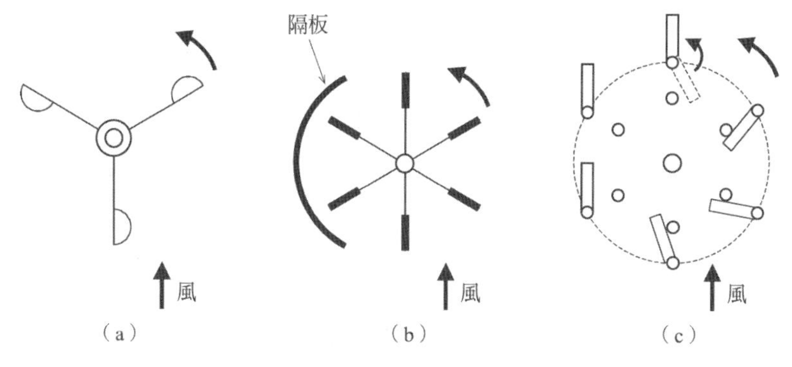

圖 5.10　划槳翼型風車

〔2〕桶形風車 [2)]

桶形風車於 1929 年由芬蘭的 S.J. 薩窩紐斯（Savonius）發明，並取得專利。圖 5.11 為其外觀，圖 5.12 為其構造，利用兩個半圓筒狀的受風斗面對面安裝所產生的離心力運轉。半圓筒狀葉片多為兩片，也有 3 片或 4 片的組合，啟動扭矩變大。此種風車倚靠阻力啟動，故啟動扭矩大，轉速低，效率在葉尖周速比為 0.8 前後時，最大不會超過 15％。現在此種風車使用在大樓通風機、潮汐計、抽水幫浦等用途上。

圖 5.11　桶形風車（京都大學農學系實驗農場）

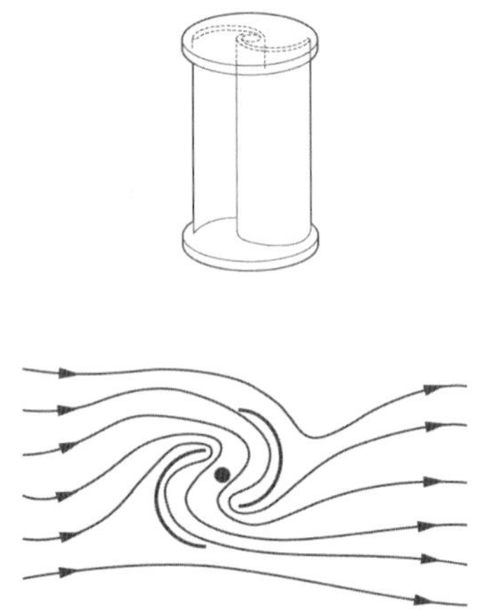

圖 5.12　桶形風車與氣流

〔3〕交叉氣流型風車[3)]

這種風車如圖 5.13 所示，多片細長的曲片板葉片沿著上下圓盤的圓周裝設，形狀與空調用的送風機或是低落差用小型水力發電渦輪類似。利用作用在葉片凹面與凸面的阻力差得到驅動力。氣流作用在葉片的凹面，流入並貫穿轉子內部的氣流從凸面再次改變方向流出，此時會帶來附加的扭矩力。因為氣流貫穿風車內部而命名為交叉氣流型風車，圖 5.14 為御茶水女子大學的佐籐先生等人所模擬出的結果，詳細描述風車內部的氣流流動。

此種風車的功率係數最大值僅為 10% 左右，所對應的葉尖周速比也只有 0.3 左右，啟動扭矩大，風速低也可以回轉、無噪音為其特徵。

圖 5.13　交叉氣流型風車（足利工業大學 · 風與光的廣場）

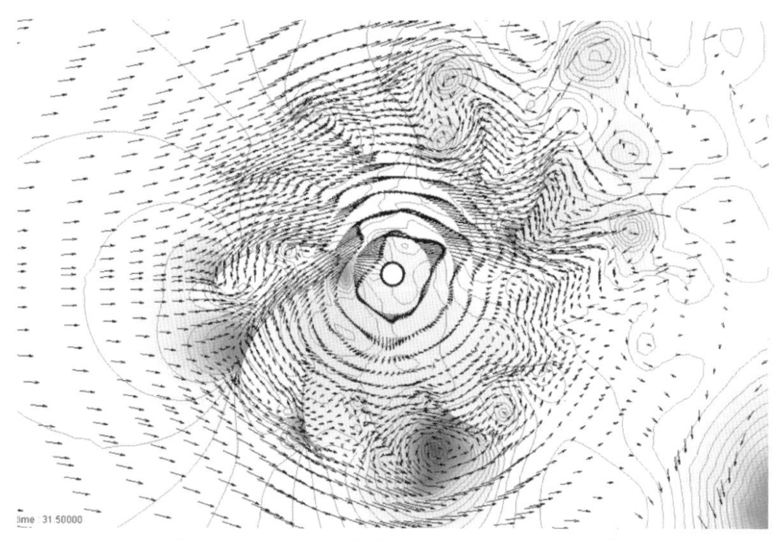

圖 5.14　交叉氣流型風車內部的氣流流動

〔4〕打蛋型風車

打蛋型風車是將相同斷面形狀的 2～3 片葉片裝設至垂直軸的兩端，由法國的 G.J.M Darrieus 發明，並在 1931 年取得專利。彎曲的葉片如圖 5.15 所示，葉片並不是因為旋轉時的離心力變化而產生彎曲，而是根據抗拉應力的作用變成跳繩狀（Troposkein shape）。無論哪個風向都可旋轉，圓周速度可比風速高。因為系統程序簡單，風車重量及成本低，平均輸出功率高，可望普及化。

啟動性差為其缺點，用系統互連方式啟動時，需將感應發電機作為啟動馬達使用，開始自動運轉時再將感應馬達切換為發電機。另一方面，獨立電源的小型機型則增加葉片數來增加弦周比（solidity）（5.4 節〔5〕），並與桶形風車配合使用讓啟動性提高。

圖 5.15 打蛋型風車（作者攝影）

〔5〕旋翼型風車

此種風車如圖 5.16 所示，對稱翼形的葉片垂直安裝，1 次旋轉中，葉片以改變 2 次方向的頻率同時進行旋轉。此外，為了使葉片等速旋轉，也附有可改變螺距的結構。與打蛋型風車非週期性的控制方式比較起來，旋翼型風車特徵是結構較為複雜但效率較高。此種風車在 1970 年代由美國的麥克唐納道格拉斯公司，或日本的岩中電機股份有限公司開發，但是由於構造複雜、容易故障、成本高等原因，未能上市販售。

〔6〕弗萊特納型風車

1852 年由 H.G.馬格努斯發現在風中旋轉的圓筒四周的壓力分布如圖 5.17 所示，呈不對稱狀，因此產生升力作用。A. 弗萊特納則在 1924 年利用馬格努斯效應，使用旋轉圓筒利用風力驅動船隻橫越大西洋。

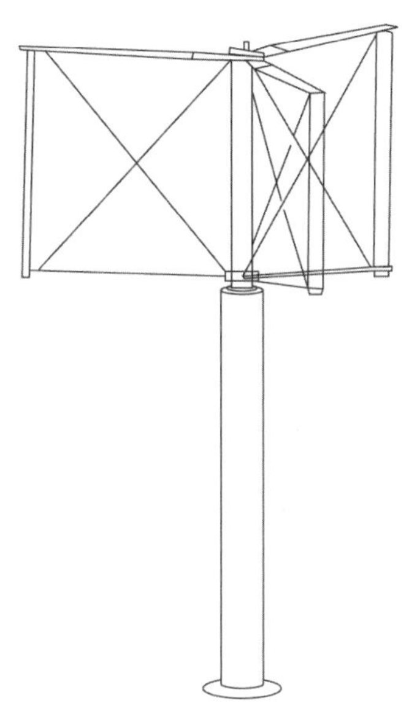

圖 5.16　旋翼型風車

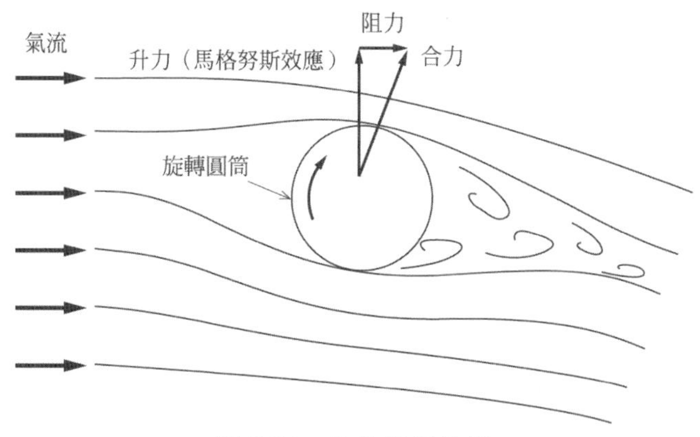

圖 5.17　馬格努斯效應

J.麥達拉斯在 1930 年代初期，提出讓搭載弗萊特納式旋轉圓筒的車輛在直徑 900m 的圓形軌道上移動，進而使與車輛接連的發電機發電的系統。圓筒是鋁製 8.4m，高 27m，重量 15～40t 的巨大圓筒。此計畫在進行實證測驗時在 1933 年宣告終止。之後由美國的代頓大學再次開始著手開發弗萊特納式的風力發電系統，但目前尚未開發出應用機型。

5.2 水平軸或垂直軸？—比較風力渦輪的異同

本節比較壓倒性多數用以進行風力發電螺旋槳型的水平軸式風車與打蛋型的垂直軸式風車。對於這兩型最新設計的風力渦輪，從技術層面、成本等項進行比較。通常，此種比較方式以成本為優先考慮，但是打蛋型風車在取得專利的 1930 年代末期，至實際開發的 1960 年代以後，沒有如螺旋槳型風車的開發史及利用實績，這點必須列入考慮。

5.2.1 水平軸或垂直軸？技術層面的比較

1997 年，在加拿大的愛德華王子島上，以 AWTS 公司的風力渦輪研究人員聞名的卡爾兄弟，發表了關於比較風力渦輪的論文[4)]。他花了數年的時間進行水平軸式及垂直軸式 2 種風力渦輪後，以「神話與事實」形容這兩種風力渦輪的比較

其大綱如下所示。

① 雖然水平軸風車被譽為本質上技術層面的優越性造就商業層面上的成功，但實際上是根據莫大的開發投資取得成功。

② 垂直軸風車到目前為止在商業層面上尚未成功，因此被認為幾乎不可能存在商業利益，但是垂直軸風車至今的技術層面，只不過是停留在表面階段。

③ 一般認為垂直軸風車本身的缺點太多，因此不可能研發出新技術，但是水平軸風車也有許多缺點存在，其優勢可說是在於為了克服那些缺點所投資的鉅額開發費用。

表 5.1 紀錄了 2 種風力渦輪的優點及缺點，此處的垂直軸風車是指打蛋型風車。表 5.2 為垂直軸風車的比較，其項目包含直徑、垂直軸風車的高度、迎風面積、轉速及轉子的輸出及扭矩性能，打蛋型風車的形態比為高度與直徑的比值，此表列出 4 種打蛋型風車的形態比，分別為 1.0、1.5、1.8 及 3.0。若將表中形態比為 3.0 的打蛋型風車與直徑 14.7m 的水平軸風車相比，此兩種風車的輸出皆為 68kW[5)]。

表 **5.1**　水平軸風車與垂直軸風車的優點及缺點

水平軸風車

優　點	缺　點
• 風車塔高度高，輪轂高度增高，因此可得到較快的風速。 • 多使用自立型風車塔，因此設置面積可減少。 • 迎風角固定時，空氣動力負荷固定。 • 有開發利用的歷史（實績） • 自動啟動性大。 • 材料費少。	• 必須具有使轉子面正對風向的橫搖控制。 • 方向控制時，因承受旋轉性負荷而振動。 • 大型葉片因風切在回轉時承受彎曲力矩負荷。 • 因傳導設備位於風車塔上導致風車塔重量變重。 • 必須具備高價並容易發生故障的橫搖結構。 • 由於安全檢查於高處進行，每次皆需要高價的起重機。 • 使用「懸臂樑」，葉片上承受高彎曲力矩，地基處承受高傾覆力矩。 • 葉片形狀複雜導致量產加工困難。 • 可變螺距結構使構造複雜化。 • 高塔使葉片前端與傳動設備所產生的噪音容易傳播。

垂直軸風車

優　點	缺　點
• 轉子為非定向性，不需要橫搖結構。 • 不用承受旋轉性負荷。 • 不受風切影響。 • 傳動設備置於地面，容易進行安全檢查。 • 構造單純，不需要橫搖結構、可變螺距。 • 傾覆力矩小，風車塔上方重量小，設置成本低。 • 葉片長固定，容易量產加工。 • 葉片兩端皆有支撐點，無懸臂葉片。 • 葉片無自由端，傳導設備在地面上，因此噪音問題小。 • 可多層堆疊，不佔設置空間。 • 未來可望由尚未開發的技術降低成本。	• 轉子高度低，因此可用風速也較低。 • 對應空氣動力效率最高點的周速比低，需要加速裝置。 • 為了架設由風車塔支撐的支撐電纜，必須增加設置面積。 • 空氣動力扭矩的脈動帶給傳導設備週期性的變動負荷。 • 葉片長需有水平軸風車的 2 倍。所有結構當中葉片為高價零件，因此低成本的葉片是垂直軸風車中不可或缺的。 • 打蛋型風車的自動啟動性差。 • 開發及利用的歷史尚淺，實績少。

若將打蛋型等垂直軸風車與水平軸風車比較，垂直軸風車才剛站上開發的起跑線而已，還有充分的進展空間。打蛋型垂直軸風車本身具有對風向為非定向性等優點，尚未開發的潛能極為深厚。不論是水平軸式或是垂直軸式皆可與過往傳統能源競爭的發電設備，在風力產業當中各自有合適的領域。

風力發電是對環境影響很小的能源，可期待今後大幅的進展。

表 5.2　打蛋型風車形態比的變化與水平軸風車的比較

	直徑〔m〕	高度〔m〕	迎風面積〔m^2〕	回轉數〔rpm〕	輸出〔kW〕	扭矩〔Nm〕
水平軸風車	10	－	79	95	31	3100
VAWT 1：1 垂直軸風車（打蛋型）	10	10	67	95	23	2300
VAWT 1.5：1 垂直軸風車（打蛋型）	10	15	100	95	34	3400
VAWT 1.8：1 垂直軸風車（打蛋型）	10	18	120	95	41	4100
VAWT 3：1 垂直軸風車（打蛋型）	10	30	200	95	68	6800
HAWT 水平軸風車	14.7	－	170	65	68	9960

5.3　風車的基礎原理

風是空氣的流動，速度 v 的空氣通過面積 A 時的風能為

$$P_{wind} = \frac{1}{2}\rho A v^3 \tag{5.1}$$

根據此式，可知「風力與空氣密度ρ及轉子的掃過面積 A 呈正比，與風速的立方呈正比」。為了理解與風速的立方呈正比關係，可將風力 P_{wind} 看作質量為 m 的空氣在單位時間內通過面積 A 的動能。

$$E=\frac{1}{2}mv^2 \tag{5.2}$$

如圖 5.18 所示，空氣的質量流量 $\dot{m}$ 與速度呈正比，如下列算式

$$\dot{m}=\rho A\frac{dx}{dt}=\rho Av \tag{5.3}$$

單位時間內所具有的動能如下式所示

$$P_{wind}=\dot{E}=\frac{1}{2}\dot{m}v^2=\frac{1}{2}(\rho Av)v^2=\frac{1}{2}\rho Av^3 \tag{5.4}$$

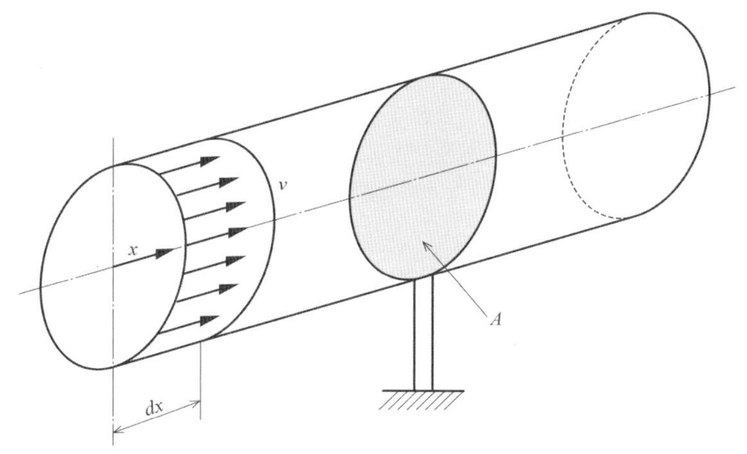

圖 5.18　風的流動與風車的迎風面積 A

風所擁有的動能因速度的降低而減少，轉變為風車轉子的機械能。但是，風車無法全額取出風所擁有的動能。要取出所有的動能，就必須讓氣流在轉子的面積 A 中完全停止，另外，若氣流通過面積 A 完全沒有減速時，便是沒有從風中取出任何能量。

這兩個極端的例子之間，應該存在根據減低風速達到利用風力的最理想狀態。

1915 年英國的 F.W.蘭徹斯特，以及 1920 年德國的 A.貝茲指出，當自由氣流流入風力渦輪的風速為 v_1，風車跡流減少為

$$v_3=\frac{1}{3}v_1$$

時，可取出最大動能。因此，如圖 5.19 所示，通過風車轉子面的理想速度為

$$v_2 = \frac{2}{3}v_1$$

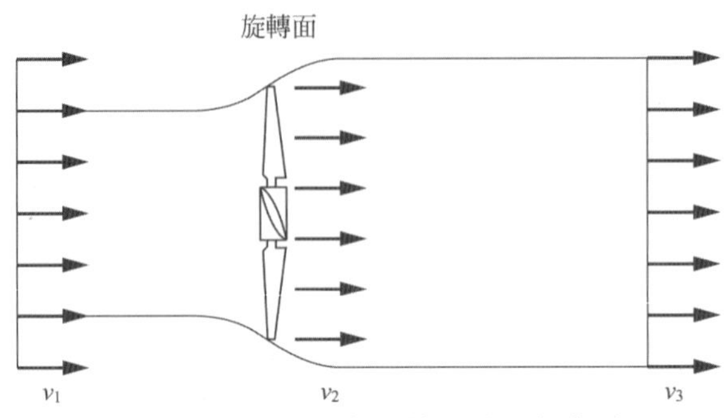

圖 5.19 通過風車旋轉面的理想氣流

取出最大功率的理論實例以下列算式（5.5）表示，此時的功率係數為 $C_{PBetz} = \frac{16}{27} = 0.593$ 。

$$P_{Betz} = C_{PBetz}\frac{1}{2}\rho Av^3 \tag{5.5}$$

即假設風車從風中取出動能時完全沒有損失，也僅能取出風能的 59％。實際的功率係數更小，阻力型風車的 C_P 為 0.2 以下，使用適當葉片的升力型風車的 C_P 可達 0.5。

例題 5.1

使用表示風車動能的基礎算式，求 1MW 風力發電機的直徑。額定風速 $v_r = 12\,\text{m/s}$，功率係數 $C_P = 0.40$ ，空氣密度 $\rho = 1.26\,\text{kg/m}^3$。

解　答

根據算式（5.5），可得理想風車所獲得能量為

$$P = C_P\frac{1}{2}\rho Av_r^3$$

此處的 P=1MW=1000kw， $C_P = 0.4$ ， $v_r = 12\,\text{m/s}$， $\rho = 1.26\,\text{kg/m}^3$

$$P = C_P\frac{1}{2}\rho Av_r^3 = C_P\left(\frac{1}{2}\right)\rho\frac{\pi d^2}{4}v_r^3$$

因此，直徑 d 可由下列算式求得。

$$d^2 = \frac{2P \times 4}{C_P \rho \pi v_r^3}$$

$$d = 2\sqrt{\frac{2P}{C_P \rho \pi v_r^3}}$$

$$= 2\sqrt{\frac{2 \times 10^6}{0.4 \times 1.26 \times 3.14 \times 12^3}}$$

$$= \sqrt{2925.4}$$

$$= 54m$$

風車動能的基礎算式 $P = C_P(1/2)\rho Av^3$ 中，C_P 為無次元，空氣密度ρ為 kg/m^3，掃過面積 A 為 m^2，風速 v 為 m/s，因此 $C_P(1/2)\rho Av_r^3$ 的次元為(kg/m^3)·(m^2)·(m/s)^3 = (kg·m/s^2)·(m/s)，另外由 N=kg·m/s^2，J=N·m，W=J/s 的關係式中，動能（power）的次元為〔W〕。

例題 5.2

現階段（2005 年）全球最大的風車是由德國 Repower 公司製造的 5MW 機型。當此座風車的額定風速 $v_r = 12$ m/s，功率係數 $C_P = 0.4$ 時，風車掃過的面積（迎風面積）與直徑為多少？設空氣密度 $\rho = 1.26$ kg/m^3。

解　答

根據算式（5.5），可得風車的功率為

$$P = C_P \frac{1}{2} \rho A v_r^3$$

此處的 P=5MW=5000kW，$C_P = 0.4$，$v_r = 12$ m/s，$\rho = 1.26$ kg/m^3

$$A = \frac{2P}{C_P \rho v_r^3}$$

$$= \frac{2 \times 5 \times 10^6}{0.4 \times 1.26 \times 12^3}$$

$$= 11482m$$

若已求得面積 A，直徑 d 可由下列算式簡單求得。

$$d=\sqrt{\frac{4A}{\pi}}$$

$$=\sqrt{4\times 11482/3.14}$$

$$=\sqrt{14626.8}$$

$$=120m$$

5.3.1 阻力型風車[6)]

阻力型風車利用作用於與風向垂直面上的力，稱為阻力〔drag〕，如算式（5.6）所示，與面積 A，空氣密度ρ，及風速的平方呈正比。

$$D=C_D\frac{\rho}{2}Av^2 \tag{5.6}$$

如圖 5.20，表示置於氣流中的物體的阻力。A 為物體投影至與氣流垂直面的投影面積，阻力係數C_D為比例參數，當C_D愈小時，阻力變得愈小。

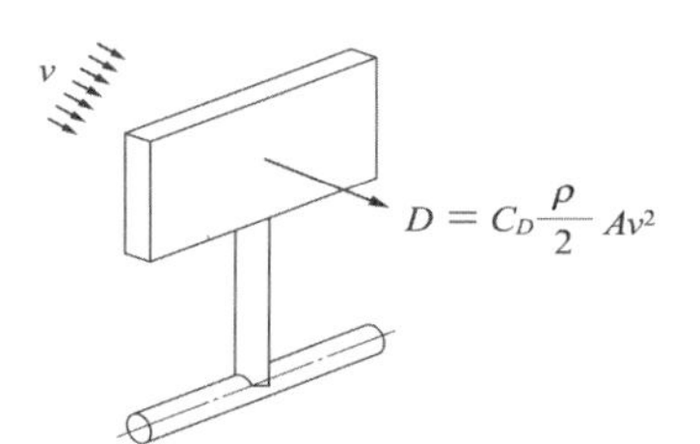

阻力係數 C_D	物體
1.11	圓板
1.10	正方形版
0.34	半球凸面
1.33	半球凹面

圖 5.20 利用阻力作為驅動力

圖 5.21 為利用阻力原理旋轉的古老波斯型垂直軸風車及其簡化模型，假設簡化模型的旋轉速度及阻力等同系統可輸出的功率，則可簡易求得阻力型風車平均驅動功率。作用在平板上的相對空氣速度為$w=v-u$，為風速 v 與平均半徑 R_M 上迎風面葉片轉動速度$u=\omega R_M$的合成速度。因此，阻力為下列算式所示。

$$D=C_D\frac{1}{2}\rho Aw^2=C_D\frac{1}{2}\rho A(v-u)^2 \tag{5.7}$$

由此可推出平均驅動功率。

$$P = D \cdot u = \frac{1}{2}\rho A v^3 \left\{ C_D \left(1 - \frac{u}{v}\right)^2 \frac{u}{v} \right\} = \frac{1}{2}\rho A v^3 C_P \tag{5.8}$$

實際的功率多少有脈波的變動，風車驅動功率與迎風面積與風速 v 的立方呈正比。括弧裡的項目等於功率係數 C_P（空氣力學效率），表示全體風能中轉換成機械能的比例，這個係數必須比貝茲所求得的最大值 $C_{PBetz} = 0.59$ 小。其數值的大小與葉尖周速比 $\lambda = u/v$（即葉端速度 $u = \omega R_M$ 和風速 v 的比）有關，顯示 C_P 與周速比之關係可以 $C_P(x) = C_P(\omega R_M / v)$ 的圖形表示。

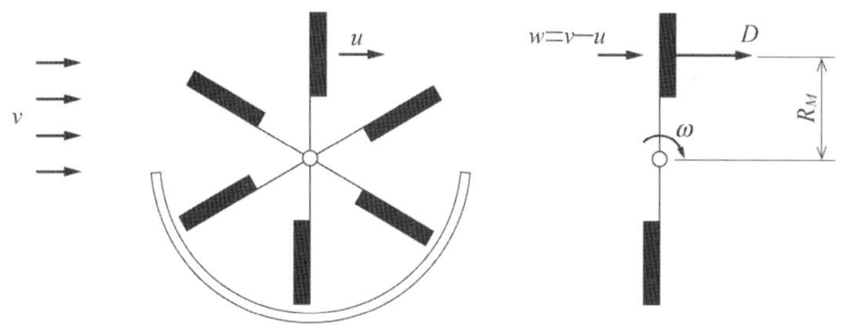

圖 5.21　波斯型垂直軸風車

圖 5.22 表示正方形的迎風面（$C_D = 1.1$，參考圖 5.20 的表格）。在完全靜止的狀態（$\lambda = 0$）時，完全沒有從風取出任何能量。假設迎風面以與風速同等速度旋轉的空轉狀態（$\lambda = \lambda_{idle} = 1$）時也無法取出動力。功率係數的最大值在這兩極端之間，$C_{P\max} = 0.16$。由此可知，僅有 16% 的風能轉換成機械能。

另外，風杯（cup）型風速計中，輸出會變得更低。如圖 5.23 所示，順風向與逆風向的風杯分別以 $w = v - u$、$w = v + u$ 的相對速度移動。風杯型風車的空氣力學效率如上述範例一樣，可將算式單純化後求得。順風向的風杯阻力為

$$D_{dr} = C_D \frac{1}{2}\rho A w^2 = 1.33 \frac{1}{2}\rho A (v - u)^2 \tag{5.9}$$

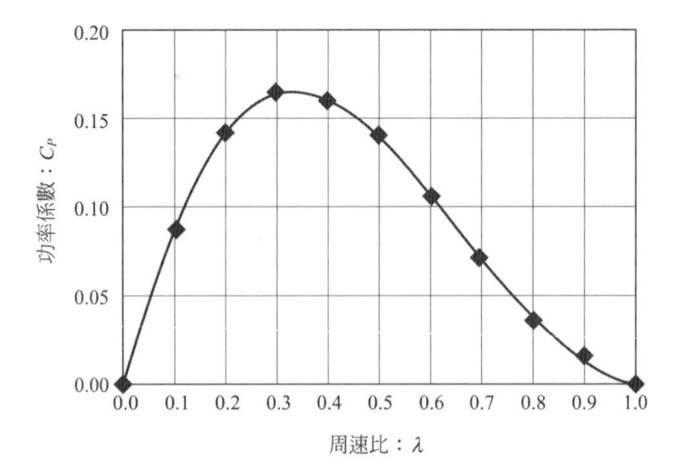

圖 5.22 波斯型風車的功率係數（為周速比的函數）

另外，逆風向的風杯阻力為

$$D_{sl}=0.33\frac{1}{2}\rho A(v+u)^2 \tag{5.10}$$

因此，實質的功率為

$$P=(D_{dr}-D_{sl})\cdot u=\frac{1}{2}\rho Av^3\{\lambda(1-3.32\lambda+\lambda^2)\} \tag{5.11}$$

如上述算式，功率係數 $C_P(\lambda)$ 最大值為 $C_P=0.08$（$\lambda_{opt}=0.16$），這數值比圖 5.22 中的波斯型垂直軸風車還要小。因此，這種風車不用於從風取出能量，僅能呈空轉模式專門作為風速器使用。這種風杯型風速計的 $\lambda=\omega R_M/v=2\pi R_M n/v$，從 $\lambda_{idle}=0.34$ 的空轉狀態的葉尖周速比，可馬上求出轉速 n 與風速 v 之間的校正因素。

$$v=\omega\left(\frac{R_M}{\lambda_{idle}}\right)=2\pi\left(\frac{R_M}{\lambda_{idle}}\right)n \tag{5.12}$$

另外，$\lambda_{idle}=0.34$ 這個推算值在實驗結果中也得到一致的結果。

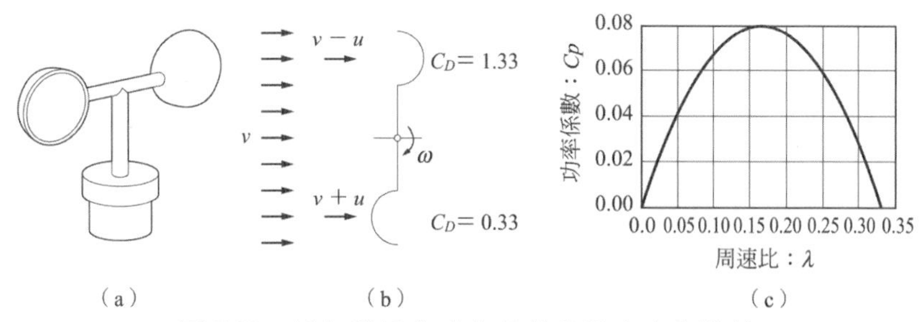

圖 5.23　風杯型風車功率係數與周速比的關係

5.3.2　升力型風車[6)]

如圖 5.24(a)所示，翼型等物體擋住氣流的流動，不僅會產生氣流方向的阻力，也會有與氣流方向垂直的升力。此升力如下列算式。

$$L = C_L \frac{1}{2} \rho A v^2 \tag{5.13}$$

與阻力的情況相同，升力也與面積 $A = cb$ 及動壓力 $(1/2)\rho v^2$ 呈正比。當攻角小時，作用在翼型上的升力主要分佈於葉片前緣到弦長的 1/4 處。

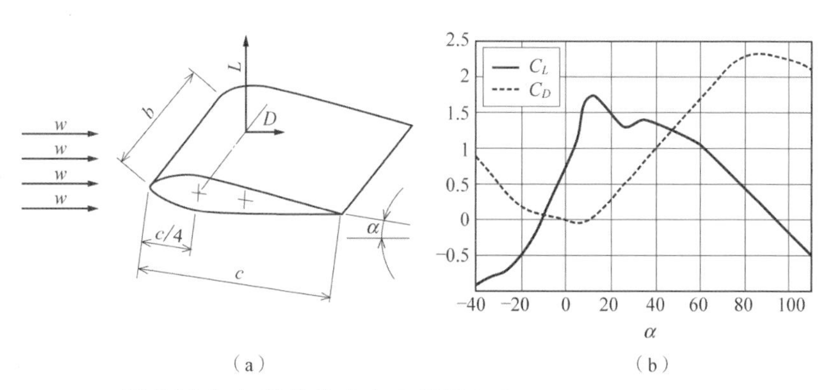

圖 5.24（a）葉片的升力 L 與阻力 D
（b）升力係數 C_L 與阻力係數 C_D 與攻角 α 的關係

圖 5.24(b)中可知，當攻角約為 10°左右的小範圍中，升力係數 C_L 與攻角 α 呈正比。

$\alpha < 0.1745$（10°）的範圍內

$$L = C_L(\alpha)\frac{1}{2}\rho A v^2 \qquad \text{但是，} C_L(\alpha) = C_L^{'}\alpha$$

當長方形板為理想的無限長薄片時，$C_L^{'} = 2\pi$。但是，實際上 $C_L' = 5.5$，相較起來變小了些。當然，阻力 D 也有作用，但在空氣動力面性能優越的翼型在攻角小的情況下，阻力係數的數值很小，$C_D / C_L = 1/20 \sim 1/100$。但是當超過攻角 $\alpha = 15°$時，如圖 5.24 所示，阻力係數會突然增加。

升力型風車利用升力作為驅動力。為了明確區分截至目前所論述的阻力型風車及升力型風車，以打蛋型風車為例，說明它的基本原理。此種風車為垂直軸式，使用升力運作，為典型的的升力型風車。由葉片前端速度與風速的比值求得的葉尖周速比，打蛋型風車的周速比較阻力型風車(最大 $\lambda_{max} = 1$)大上許多。如圖 5.25 所示，作用在 4 片中的 2 片葉片上的氣流幾乎都是從正面迎來，升力 L 比阻力大上好幾倍，藉由長度 h 的槓桿得到必要的驅動力

圖 5.26 是古典箱型風車等類的水平軸風車是靠阻力開始旋轉，轉速增加後靠升力驅動。這些風車的功率係數最大值 $C_{P\max} = 0.25$，比阻力型風車大。具備優異翼型（阻力係數小）的近代水平軸風車最大功率係數可達 $C_{P\max} = 0.50$。此數值與貝茲係數 0.59 相當接近。

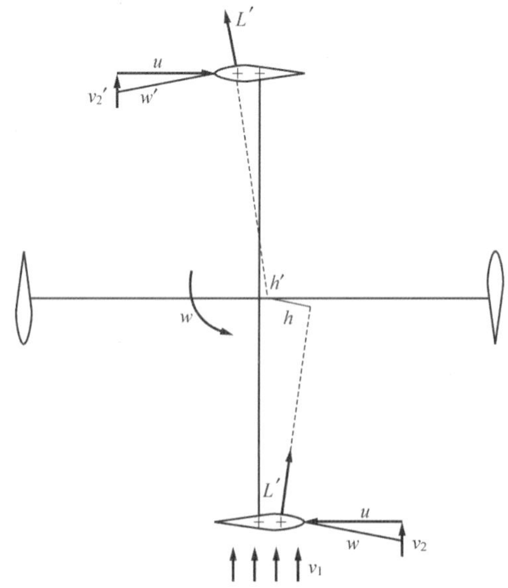

圖 5.25　打蛋型風車的運動原理

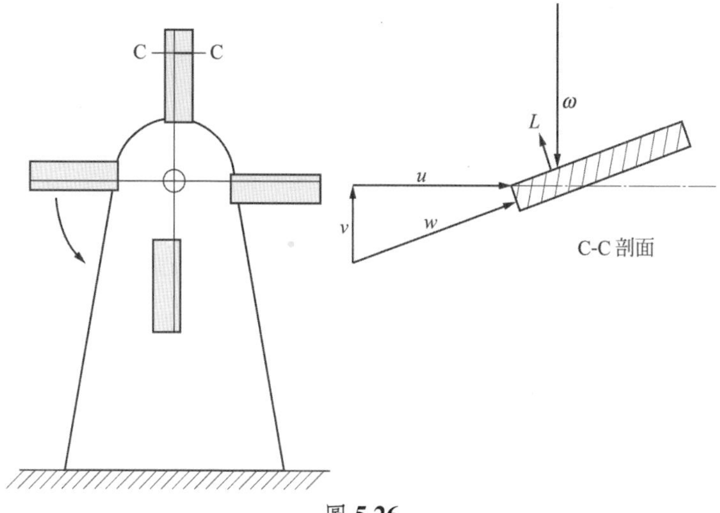

圖 5.26

5.3.3　阻力型風車與升力型風車的比較[6)]

從風中取出的能量，根據蘭徹斯特及貝茲的考察，最大功率為 59%。此觀察結果，不管是古時候利用阻力的風車，還是後來誕生的升力風車，只要是利用風中能量的風車皆可適用。近期的研究指出，在早期，1759 年英國的史密頓便已經測得荷蘭的罩衫型風車的最大功率係數 $C_{P\max}=0.28$ 。

現今，使用優異翼型的風車可得到 $C_{P\max}=0.50$ 的功率係數。但是，如 5.2 節所陳述的計算，阻力型風車的最大功率係數不超過 0.16。那麼，升力型風車的輸出很高的原因為何呢？其原因是相同葉片面積 A 上可得到空氣力學上較大的能量。如圖 5.27 所示，空氣力學上的係數 C_{Dmax} 與 C_{Lmax} 幾乎相同，但是相對風速 w 在本質上極為不同。也就是說，阻力型風車的相對速度為 $w=v-u=v(1-\lambda)$，並隨著葉片周速增加而相對速度降低，相對速度一定比流入風速小。相對的，升力型風車的相對速度 $w=(v^2+u^2)^{1/2}=v(1+\lambda^2)^{1/2}$ ，為風速 v 與葉片圓周速度 u 的向量和。因此，相對風速一定比風速大，葉尖周速比可達 10 以上。

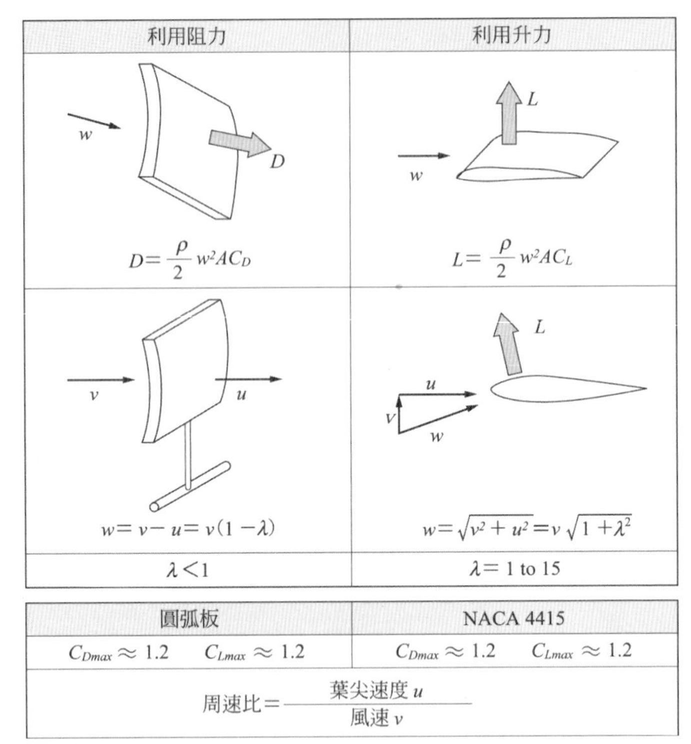

圖 5.27　利用阻力的風車與利用升力的風車的比較

從荷蘭的箱型風車發展至美國的多翼型風車為止，有的水平軸風車的基礎升力原理，並沒有任何工學或是理學的理論性說明，700 年之間以良好的效率運作是值得注目的。1889 年的奧托．李林塔爾曾記述「從技術手冊來看，此種空氣的抵抗（指升力或空氣力學的力）幾乎都只是理論性的探討，列出的算式實際狀況是不可能出現的。」

物理學家們對於有關升力的流體力學的理解，有很多的錯誤。這是依據 1726 年牛頓及 1876 年雷利的說法，如圖 5.28 所示。李林塔爾觀察鳥的飛行，之後並反覆進行實驗，發現攻角小時，平板或圓弧板的升力較大。最終，在 1907 年，李林塔爾的實驗已過多年，在萊特兄弟完成第一次動力飛行的 4 年後，焦可斯基運用位勢能理論，針對風車製造人員或飛機設計師等技術人員，發表了充分的理論性說明。

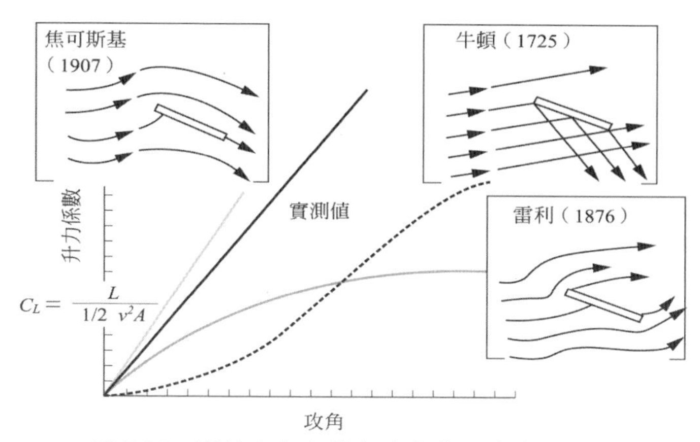

圖 5.28　關於空氣力學中升力的理論史的圖示

5.4　風車性能評估[1)]

風車有極多種類，但是要評論各種風車的性能時，使用具一般性並為無次元的特性化係數表示性能是相當方便的。用以評估風車性能的特性係數有功率係數、扭矩係數、推力係數、葉尖周速比，以及弦周比。

〔1〕功率係數

風車從自然風中取出的能量比例即為功率係數 C_P（power coefficient），可以算式（5.5）表示。

$$C_P = \frac{P_e}{(1/2)\rho A v_\infty^3} \tag{5.14}$$

式中的 P_e：實際得到的能量〔Nm〕，ρ：空氣密度〔kg/m^3〕，A：迎風面積〔m^2〕，v_∞：風速〔m/s〕

功率係數的最大值，如英國蘭徹斯特及德國貝茲所發表的，即使是理想風車，C_P 的最大值為 0.593，實際的風車中，高性能的螺旋槳型為 0.45，阻力型的桶形風車為 0.15 ~ 0.20 左右。

〔2〕扭矩係數

風車的扭矩，為升力型風車時，在葉片的旋轉面上有隨升力成份產生的力矩。

因此，扭矩係數 C_{TQ} 為

$$C_{TQ} = \frac{TQ_e}{(1/2)\rho A v_\infty^2 R} \tag{5.15}$$

其中，TQ_e：實際所得扭矩〔Nm〕，R：風車半徑〔m〕

〔3〕推力係數 [7)]

作用於風車上的推力，可視為作用在風車轉子上的風將風車推向後方的力。因此，推力係數 C_T（thrust coefficient）如下列算式表示。

$$C_T = \frac{T_e}{(1/2)\rho A v_\infty^2} \tag{5.16}$$

T_e：作用於風車的推力

例題 5.3

直徑為 3.6m 的風車，在風速 9m/s 時為額定輸出。試求加諸於此風車轉子面上的推力。

解　答

流入風車轉子旋轉面的風所施加的推力 T_e 根據算式（5.16），

$$T_e = \frac{1}{2}\rho A v^2 C_T$$

$$= (1/2)\times 1.26\times 3.14\times (3.6^2/4)\times 9^2\times 0.1$$

$$= 52kg$$

另外，若此風車為 3 片葉片，作用於 1 片葉片的推力為 $52/3 = 17kg$。因為此推力，使葉片向下風處彎曲。

〔4〕周速比

為了表示風車性能，將「風車的葉片前端速度與流入風速的比值」定義為周速比或是葉尖速度比（tip speed ratio）。以下列算式表示。

$$\lambda = \frac{\omega R}{v_\infty} = \frac{2\pi R n}{v_\infty} \tag{5.17}$$

此處的 R：轉子半徑〔m〕，ω：轉子的角速度〔rad/s〕，n：風車轉速〔rps〕

另外，任意半徑 r 處的周速比（局部周速比）λ_r 如下列算式所示。

$$\lambda_r = \lambda \frac{r}{R}$$

螺旋槳型風車等的升力型風車，葉片尖端多以流入風速的 5 ~ 10 倍速度旋轉。因此，相同葉尖周速比的風車，風車愈大型，轉子轉速較慢，小型風車轉子轉速較快。

在此，本章介紹過各種風車的扭矩係數及葉尖周速比關係如圖 5.29 所示，功率係數及葉尖周速比的關係如圖 5.30 所示。可由這些圖得知，升力型的螺旋槳型風車或打蛋型風車，雖然扭矩係數小，但功率係數大，適合應用在發電等用途的高旋轉、低扭矩機型。

另一方面，桶形風車或多翼型風車的功率係數小，扭矩大，適合應用在驅動幫浦等的低旋轉、高扭矩機型。

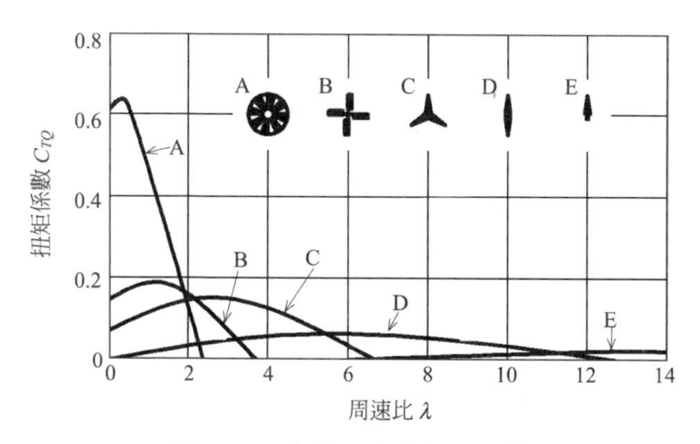

圖 5.29　各種風車的扭矩係數

例題 5.4

直徑 3.6m 的 3 片葉片螺旋槳型風車以葉尖周速比 $\lambda=6$ 的速度運作。額定風速為 10m/s，若各葉片的重量在距旋轉中心 0.9m 處的重心位置為 2.25kg，作用在此風車葉片上的離心力為多少？

解　答

在轉子半徑 0.9m 處的周速比 λ 為

$$\lambda_r = \lambda \frac{r}{R} = 6 \times (0.9/1.8) = 3$$

離心力為

$$
\begin{aligned}
F_c &= mr\omega^2 \\
&= (m)\times(\lambda_r v)^2 / R \\
&= (2.25)\times(3^2\times10^2)/0.9 \\
&= 2250\ \ kg\cdot m/s^2
\end{aligned}
$$

由此可知，作用在 2.25 kg 葉片上的離心力，會變成葉片重量 100 倍的力。

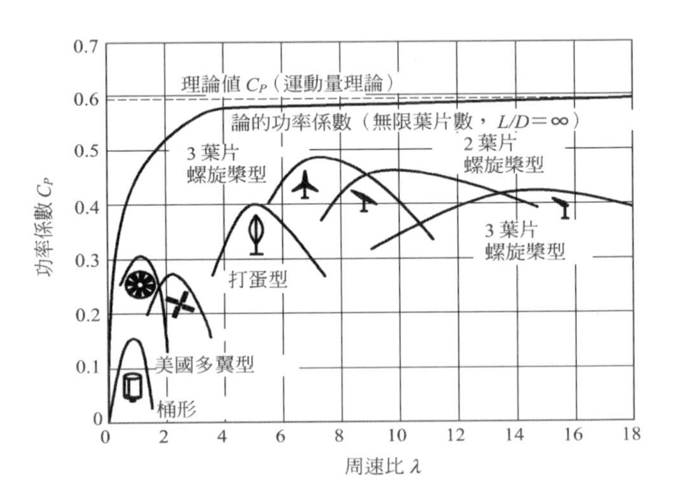

圖 5.30　各種風車的功率係數

〔5〕弦周比（solidity）

還有一個重要的風車特性係數－弦周比（solidity），或稱投影面積比。是「轉子葉片所有投影面積與風車的掃過面積的比值」。風車的葉尖周速比與投影面積比有強烈的相關性。水平軸風車中，葉片數多的美國多翼型的弦周比比螺旋槳型的大，垂直軸風車中，桶形的弦周比比打蛋型的大。

德國的 U.修特求得風車的弦周比 σ，可由下列算式求得近似值。

$$
\sigma = \frac{1}{C_L}\frac{16}{9}\left(\frac{1}{\lambda}\right)^2 \tag{5.18}
$$

若將此算式圖形化，如圖 5.31 所示，注意縱軸刻度為對數。也就是說，風車的弦周比與葉尖周速比倒數的平方呈比例，可知轉子轉數愈高的風車弦周比愈小。

發電用途都是使用弦周比小的 2 片或 3 片葉片的高轉速風車，但因為啟動扭矩小，開始發電的起動風速變高。需要大扭矩，低轉速即可作用的抽水幫浦等，則使用弦周比大、葉片數多的風車。另外，垂直軸的打蛋型風車或旋翼型風車的投影面積比，則以下列算式定義。

$$\sigma = \frac{ZC}{2\pi R}$$

此處的 C：葉片弦長，Z：葉片數，R：轉子旋轉半徑。

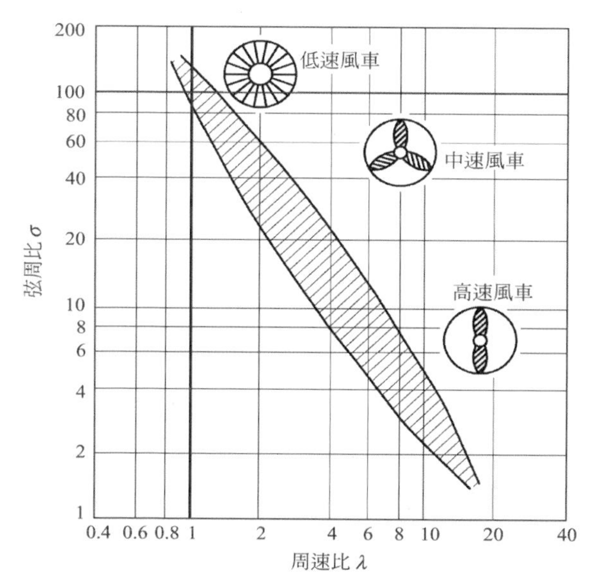

圖 5.31　弦周比與周速比的關係

例題 5.5

假設一座葉尖周速比 $\lambda_D = 6$ 的高速螺旋槳型風車。試求當風車掃過面積為 30m^2 時的葉片面積。

解　答

風車的葉尖周速比 λ 與投影面積比 σ 的關係如圖 5.31 所示，可知 $\lambda_D = 6$ 時，弦周比 σ 在 5～9 的範圍內。因此，設 $\sigma = 7\%$，這樣一來，葉片面積根

據弦周比的定義，

$$30\times0.07=2.1m^2$$

另外，根據這個風車的直徑 d，可由 $\pi d^2/4=A=30$ 得出

$$d=\sqrt{4\times30/\pi}=6.18m$$

若從葉片底部到尖端的葉片弦長 C 為定值，

2 片葉片時，

$$2C\frac{d}{2}=2.1 \qquad \therefore\ C=0.34m$$

3 片葉片時，

$$3C\frac{d}{2}=2.1 \qquad \therefore\ C=0.23m$$

5.5 風力發電系統的綜合效率

風力發電系統的基本配置設計如圖 5.32 所示，電力流程與設備效率則如圖 5.33。此圖中各階段的功率比值，或是效率如下所示。

風力渦輪的效率：$P_{ex}/P_w=C_P$

齒輪箱的效率：$P_g/P_{ex}=\eta_{gb}$

發電機的效率：$P_e/P_g=\eta_g$

各階段的系統綜合效率 η 為

$$\eta=\text{產生的能量}/\text{風所具有的能量}=P_e/P_w$$

$$=\left(\frac{P_{ex}}{P_w}\right)\cdot\left(\frac{P_g}{P_{ex}}\right)\cdot\left(\frac{P_e}{P_g}\right) \tag{5.19}$$

若將算式（5.19）與其他各要素效率組合

$$\eta=\frac{P_e}{P_w}=C_P\cdot\eta_{gb}\cdot\eta_g \tag{5.20}$$

因此，電力輸出如下。

$$P_e=C_P\cdot\eta_{gb}\cdot\eta_g\cdot P_w \tag{5.21}$$

一般而言，不論是風力渦輪、齒輪箱皆如表 5.3 所示，大型機種效率高，愈小型的機種效率越低。也就是說，伴隨著規模的擴大，效率也增加。

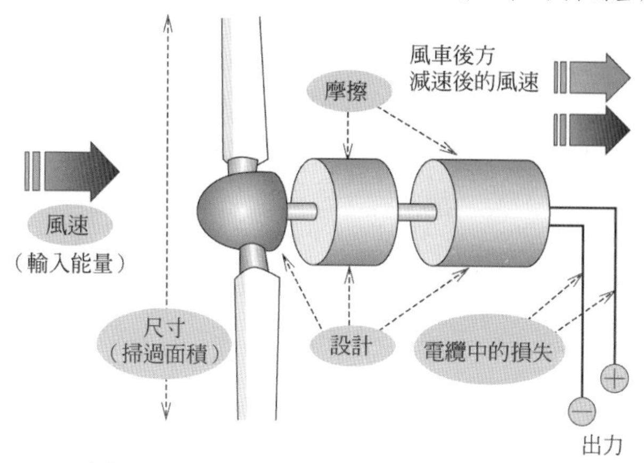

圖 **5.32**　風力發電系統的基本設備組成

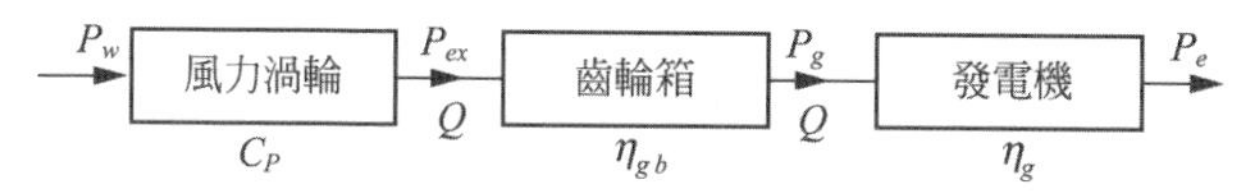

圖 **5.33**　風力發電系統的各基本設備效率

表 **5.3**　風力發電系統的配備效率

設備	類型	效率	容量
風力渦輪（螺旋槳型）C_P	大型	40 ~ 50 %	〔100kW ~ 5MW〕
	小型	20 ~ 40 %	〔1kW ~ 100kW〕
	微型	20 ~ 35 %	〔1kW 以下〕
齒輪箱 η_{gb}	大型	80 ~ 95 %	
	小型	70 ~ 80 %	
發電機 η_g	大型	80 ~ 95 %	
	小型	60 ~ 80 %	

例題 5.5

求大型風車發電系統與小型風車發電系統的典型綜合效率。

解　答

根據表 5.3，大型風車：

$C_P = 0.42$，$\eta_{gb} = 0.85$，$\eta_g = 0.85$

因此，根據算式（5.20），綜合效率為

$$\eta = 0.42 \times 0.85 \times 0.92 = 0.33 \quad (33\%)$$

再根據表 5.3，得小型風車：

$C_P = 0.30$，$\eta_{gb} = 0.75$，$\eta_g = 0.70$

根據算式（5.20），得綜合效率為

$$\eta = 0.30 \times 0.75 \times 0.70 = 0.16 \quad (16\%)$$

大型風車的綜合效率幾乎為小型風車的 2 倍，由此也可看出尺寸優勢。

例題 5.7

2MW 大型風車的額定風速為 12m/s，功率係數 $C_P = 0.40$，齒輪箱的效率 $\eta_{gb} = 0.94$，發電機效率 $\eta_g = 0.96$。此風車的掃過面積需要多少？若轉子為螺旋槳型，轉子直徑為多少？空氣密度 $\rho = 1.26 kg/m^3$

解　答

因為此大型風車的功率係數 $C_P = 0.40$，齒輪箱的效率 $\eta_{gb} = 0.94$，發電機效率 $\eta_g = 0.96$，綜合效率 η 為

$$\eta = 0.40 \times 0.94 \times 0.96 = 0.36 \quad (36\%)$$

另外，風能與風車輸出功率之間有以下關係。

$$\eta = \frac{\text{輸出功率}}{\text{風能}} = \frac{P_e}{P_w}$$

風車的功率 $P_e = 2MW$，風具有的能量 P_w 為

$$P_w = \frac{P_e}{\eta} = \left(2 \times 10^6\right) / 0.36 = 5.56 \times 10^6 \quad W$$

另一方面，風擁有的能量 P_w 可由下列算式求得，

$$P_w = \frac{1}{2} \rho A v^3$$

由此可知迎風面積 A 為

$$A = \frac{2P_w}{\rho v^3}$$

$$= 2 \times 5.56 \times 10^6 / 1.26 \times 12^3$$

$$= 5107 m^2$$

另外，面積 A 為 $A = \dfrac{\pi d^2}{4}$

$$d = \sqrt{\frac{4A}{\pi}}$$
$$= \sqrt{\frac{4 \times 5107}{3.14}}$$
$$= 80.66$$
$$\cong 81m$$

例題 5.8

某螺旋槳型風車設計為當風速 12m/s 時，葉尖周速比 $\lambda = 6$，可得到最大功率係數。若轉子直徑為 40m，轉數 n 為多少？

解　答

因為風速 $v = 12$ m/s 時，葉尖周速比 $\lambda = 6$，根據葉尖周速比的定律 $\lambda = \frac{r\omega}{v} = \frac{u}{v}$，轉子周速 $u = r\omega$

$$u = r\omega = \lambda v = 6 \times 12 = 72 \text{ m/s}$$

因直徑 $d = 40m$，半徑 $r = \frac{d}{2} = 20$ m

轉數 $\omega = \frac{u}{r} = \frac{72}{20} = 3.6$ rad/s

另外，因 $\omega = \frac{2\pi n}{60}$，回轉數 n 為

$$n = \frac{60\omega}{2\pi}$$
$$= \frac{60 \times 3.6}{2 \times 3.14}$$
$$\cong 34 \ rpm$$

例題 5.9

設置在強風地區的 1.5MW 的大型風力發電機的轉子直徑為 60m，額定風速為 14m/s 時，此風車的功率係數為多少？空氣密度 $\rho = 1.26$ kg/m^3。

解　答

根據算式（5.1），可知風擁有的能量為

$$P_w = \frac{1}{2}\rho A v^3$$
$$= \frac{1}{2}\times 1.26\times\frac{\pi 60^2}{4}\times 14^3$$
$$= 4.885\times 10^6 W$$

風車的功率 $P_e = 1.5\,\mathrm{MW}$，綜合效率 η 為

$$\eta = \frac{1.5\times 10^6}{4.885\times 10^6}$$
$$= 0.307$$

因綜合效率 $\eta = P_e / P_w = C_P \cdot \eta_{gb} \cdot \eta_g$ ，若 $\eta_{gb} = 0.92$ ，$\eta_g = 0.90$ ，功率係數 C_P 如下列所示。

$$C_P = \frac{\eta}{\eta_{gb} \cdot \eta_g}$$
$$= \frac{0.307}{0.92\times 0.90}$$
$$= 0.371$$

5.6 風車與負荷的匹配度[8) 9)]

要利用風能，首先要依賴風車將其轉變為機械性的旋轉能，而風車的種類繁多，每種機型的特性相異，依功率係數最大值與葉尖周速比關係，可決定對應風速的最佳風車旋轉速度。也就是說，對應不同風速存在最佳負載扭矩，負載值不論比最佳值大或小，都會造成變換效率低落。

另外，變換效率最大時的葉尖周速比，如螺旋槳型風車之類的高葉尖周速比，以及美國多翼型風車或桶形風車等類的低葉尖周速比，是根據風車種類決定。即使風速變化，風車轉速與風速的比例關係是不變的。

以桶形風車為例，風車的旋轉速度增為 2 倍的話，扭矩則增為 4 倍，速度成為 3 倍則扭矩為 9 倍。因此，為了維持風車在最大效率的情況下運作，將最佳負載扭矩與轉速的平方成比例增減即可。為了在不同風速下，風車能

維持在最大效率下運轉，維持負載扭矩與風車轉速的平方成比例最為理想。圖 5.34 所示為負載扭矩、功率與轉速特性，圖 5.34(a)為風車的輸出扭矩－轉速特性，以風速為參數，如向右下方傾斜的實線所示，同圖中也表示 3 種相異負載特性的輸入扭矩－轉速特性。

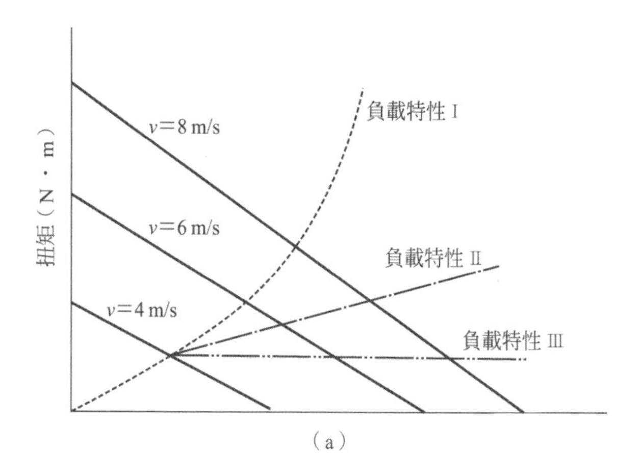

（a）

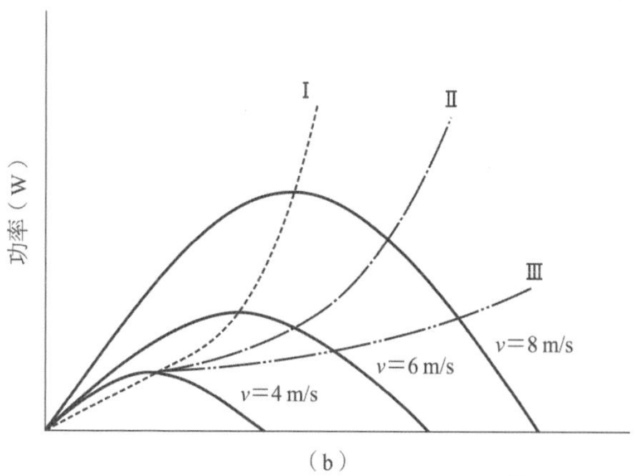

（b）

圖 5.34　風車的功率與扭矩特性[8)]

負載特性 I、II、III 分別為負載扭矩與轉速的二次方、一次方，零次方成比例變化，每個都設定在風速 4m/s 時可得最佳負載。另外，圖 5.34(b)為功率－轉數特性，也以實線分別表示風速為 4、6、8m/s 時風車的功率特性。負載特性 I 時，風速為 4、6、8m/s 都可得到最大功率，負載特性 II 時，風速增加負載會變得過輕，載荷特性 III 時，可看出此特性更強烈。

在這種不適當的負載扭矩－轉數特性情況下，即使設定低風速時有最佳負載，當風速增加則會有負載不足的狀況，無法充分將風能量轉為機械能取出，成為一效率低落的系統。因此，不管是低風速還是高風速，為了讓風車在廣範圍的風速中效率良好的運作，如上述所述，扭矩與轉速的平方成比例的負載，例如油壓幫浦、壓縮機、攪拌機等組合系統最為理想。

在此舉個實例。對應風車轉數繪製風車的輸出功率 P，如圖 5.35 實線所示，不同風速對應的功率曲線 $P = P(v,\ n)$。對應各不同風速的功率曲線，其功率最大值隨風速增加而增加。另外，由風車所驅動的幫浦或發電機等被驅動側的負載所需功率 P_D，可以作為被驅動側的轉速 N 的函數 $P_D = P_D(N)$ 求出，圖中以虛線表示。

風車的轉數 n 與被驅動側機械的轉數 N 之間有齒輪列的「齒輪比」

$$k = \frac{N}{n} \tag{5.22}$$

$$\frac{dP_D}{dn} = k\frac{dP_D}{dN} \tag{5.23}$$

風車的功率和被驅動側的所需功率的交點可得運作轉速。在此圖中，例如 v_2 風速的 P 與 P_D 的交點，可得風車與被驅動機組合系統的轉速 n_2。

P_D 斜率是依據齒輪比 k 的變化而變。如圖所示，若齒輪比增加，被驅動機的轉速增加，$k_2 > k_1$，P_D 的斜率變大，在低轉速側取得平衡。相反地，若齒輪比 k 變小，$k_0 < k_1$，P_D 的斜率較平緩，風車的功率及被驅動側所需功率交點在轉速大的區域平衡。在此假設風速為 v_1 時，剛好 $P(v_1,\ n)$ 在最大值 $(dP/dn = 0)$ 點上，若 P_D 與 $P(v_1,\ n)$ 相交，齒輪比 $k_1 = k(v_1)$ 是對於此系統的最佳齒輪比。但是，對於其他風速，此齒輪比不是最佳齒輪比。

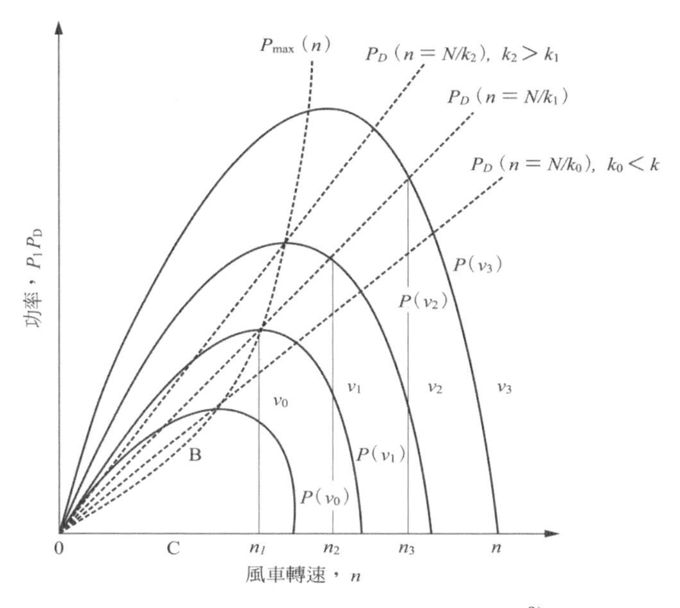

圖 5.35　風車輸出功率與風車轉速[9)]

連結圖中各風速最大功率 P_{max} 點，形成一「極值功率曲線」，如圖中虛線所示。此曲線的左側，功率隨同轉速增加，因此被驅動側的機器以更快的速度運作。因此系統變得不安定。齒輪比 k 大時所需功率在左側區域與風車輸出相交。選擇齒輪比 k 時，選取較最佳齒輪比小的 k，使風車功率與被驅動側所需功率的交點落在極值所連結的曲線 P_{max} 的右側安定區域，為理想狀態。

5.7　風車性能的提升[1)]

目前已討論了風車的種類與特徵、性能評估、風車負載匹配度等，風車變換風能的效率有一定的界限，即使是螺旋槳型的高效率風車也不超過 60％。

風車的輸出與風車的迎風面積成比例，與風速的立方成比例，使用某種方式在風車旋轉面上風處收集自然風，通過風車旋轉面的氣流速度增加時，風車的輸出也會增加。例如，在風車旋轉面前方收集某速度的自然風，當風速增為 1.5 倍時，風車輸出大幅增為加速前的 3.4 倍。

換言之，即使自然風的條件及風車直徑固定，只要加裝適合的收集風的裝置，便可大幅增加風機產出的能量。在實際的裝置中，除了在風車周圍設置導管、葉片尖端附上尖端葉片以外，也有強制生成渦流，並將風車設置於渦流的方法。

一般而言，直徑愈大風車的轉速愈少，與發電機連接時，多利用齒輪來增加發電機轉速，但此種加速裝置有逸失能量多、啟動扭矩變大的缺點。另外，加速裝置的重量及成本也是很大的負面因素。

因此有使用雙重對轉型風車，將前後片螺旋槳的旋轉直接與發電機的轉子與定子相連，取得高相對旋轉速度，或是使用單葉片風車來減少風車投影面積比，增加轉數。

以下介紹幾種提昇風車性能的方法。

〔1〕擴散器方式

此種方式是在 1970 年代以後，以美國的格魯曼．能源系統公司、英國的紐卡索大學為始，許多機構進行研究與開發。圖 5.36 為格魯曼公司的擴散器擴大方式型風車。

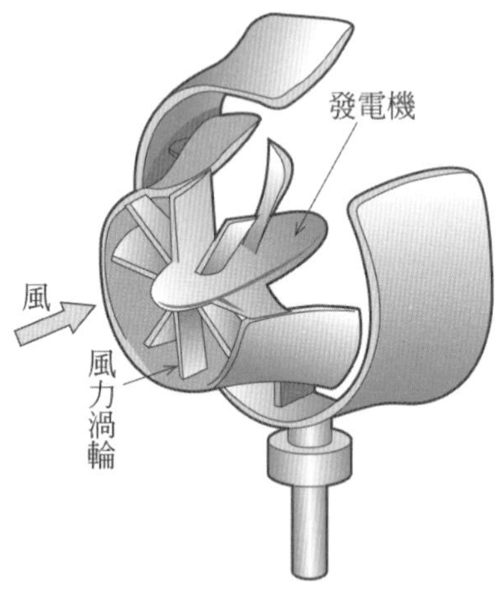

圖 5.36 擴散器擴大方式型風車
（格魯曼．能源系統公司提供）

此種風車的導管在風車回轉面範圍內有 2 種功能。風車旋轉面上風處的導管部份引導均勻流體流入，達到增加流速的作用，稱為集中器或收集器。另一方面，在風車旋轉面下風處導管部份在損失小的狀態下降低氣流速度，達到恢復壓力的作用，稱為擴散器。相對於無法期待入口集中器處增加風車輸出的成效，將重點放在提昇出口擴散器處的效能。

格魯曼公司的風車，在入口收集器上附加襟翼，因應風速變換角度，在轉子轉速相同下，輸出為相同直徑風車的 2 倍，但不一定能得到預期的成果。

另外，此種方式中，導管、風車旋轉部份及發電機等全體構造成為面對風向的結構，實用風車中，必須謹慎檢討輸出增加程度及成本的增加程度。

另一方面，九州大學的風透鏡研究小組，開發了如圖 5.37，在擴散器的出口處設置法蘭盤使氣流容易流通、內部設置風車的集風加速裝置（附輪軸的擴散器）。輸出增加為單一風車時的 3 倍。此方式也在 2003 年以後，完成了如圖 5.38 的實用機型。

〔2〕集中器方式

與擴散器同為利用導管的方式，集中器方式是積極增強流入風速，使輸出增加的方式。因為此方式簡單易懂，自古以來便進行許多研究及開發，也提出了許多專利申請，但是由於實際放置在自由氣流中的集中器成為氣流的阻礙，氣流無法流入導管，得不到預期的加速效果而宣告失敗的例子極為繁多。

其中雖也有由中國田德所製作的成功例子，與風車直徑比較，縮短集中器的距離，但此方式僅得到些許的加速效果。另外，如圖 5.39 所示，足利工業大學的根本先生與筆者並非將轉子設置在集中器．導管的內部，而是在外側下風處，得知因此可提昇約 30% 的性能。風神股份有限公司的杉山等人所設計的系統如圖 5.40 所示，在導管內部依據空氣力學設計達到氣流加速效果，使風車轉子得到輸出增加的效果，根據宇宙航空研究開發機構的桑原等人的模擬運作也得到極好的結果，筆者等人也協力製作如圖 5.41 的實用機型。

〔3〕龍捲風方式

此方式也是由格魯曼．能源．系統公司開發。在圓筒狀的塔內以人工方式產生龍捲風（tornado），增加通過內藏在導管中風車的氣流速度，也以設計者 J.延之名，稱為延．風車。

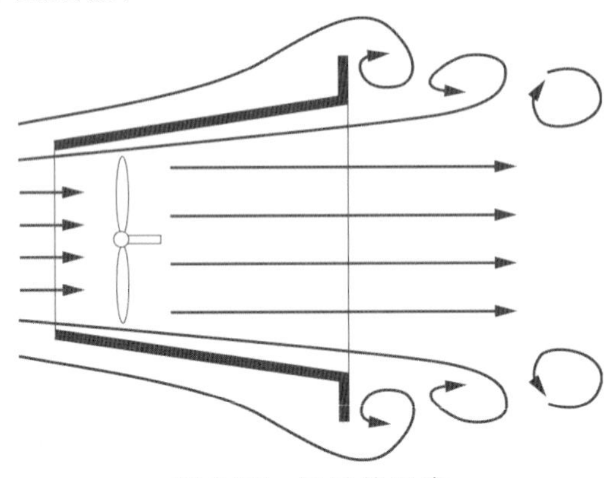

圖 5.37　風透鏡風車

圖 5.38　風透鏡方式型風車

裝設在圓筒狀風車塔壁面的導向葉片，在收集通過風車塔周圍的自然風的同時，使流入風車塔內的氣流旋轉形成龍捲風。風車塔中心的氣流的垂直方向速度，隨著龍捲風直徑的增加而加速，當系統規模大時，預測風車塔內壁的氣流圓周方向速度至少可能達到 7～8 倍。

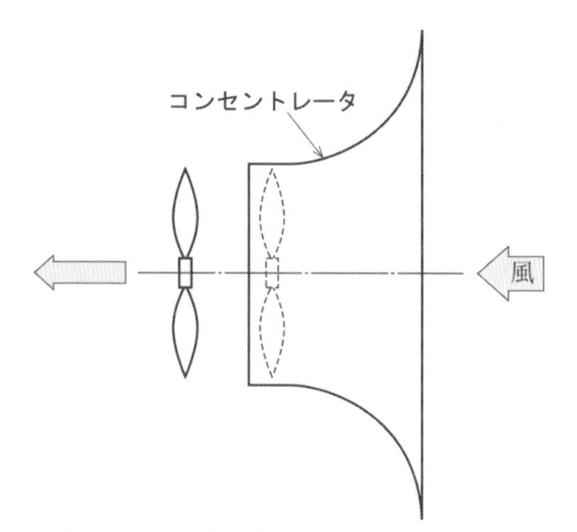

圖 5.39　足利工業大學的集中器型風車

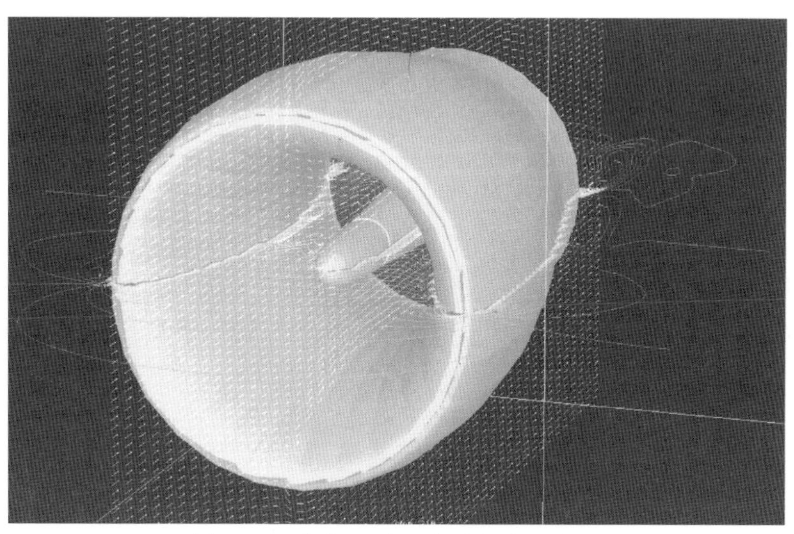

圖 5.40　集中器型風車導管內的流場
（風神股份有限公司提供）

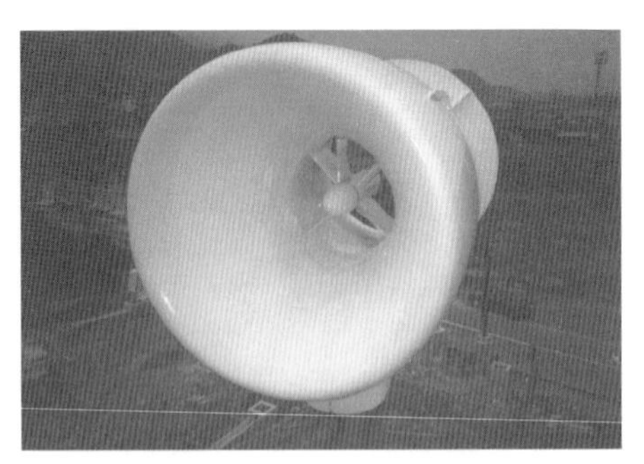

圖 5.41 集中器型風車
（風神股份有限公司提供）

從以上說明可看出，與同一氣流速度運作的相同直徑風車來說，使用此種收集風的系統，可能得到 100 ~ 1000 倍的輸出，但不一定能得到良好的成果。

〔4〕尖端輪葉方式

取代在葉片周圍設置導管，如圖 5.42 所示，在葉片尖端設置稱作尖端輪葉的輔助葉片。於 1970 年代，荷蘭的台夫特工科大學的 Th.萬．荷坦等人進行研究與開發。葉片尖端的輔助葉片產生擴散器的效果，增加通過風車迎風面的空氣流量，增加率可達 4 ~ 5 倍。此方式雖可以達成增加輸出，但減少黏性阻力為其問題。另外，美國空境公司的 P.B.S. 利沙曼稱此方式為動力．擴散器，在小型風車上設置尖端輪葉，並在能源省的洛磯平地研究所進行實地測試，但沒有製作實用機型。

另外，日本也有由三重大學的清水等人進行稱作「三重．輪葉」，利用裝設尖端輪葉提昇性能的例子。

〔5〕渦流擴大方式

由紐約工科大學的 P.M. 斯佛札等人，進行利用飛機三角翼前緣的分離渦流，集中、利用風能的研究。此方式如圖 5.43 所示，可由三角翼後方形成的渦流得自然風的 2 倍風速，可縮小轉子直徑，減少成本。1970 年末，在長 6m，底邊 3.3m 的三角翼後方設置 2 座直徑 1m 的螺旋槳型風車的模型機進行實地測試，得到良好的結果。

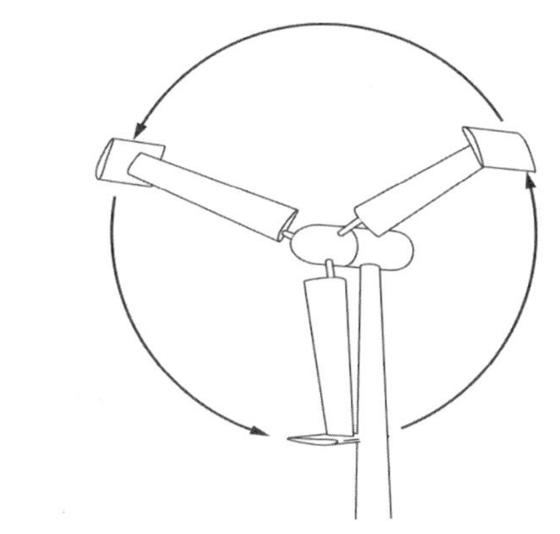

圖 **5.42**　尖端輪葉方式

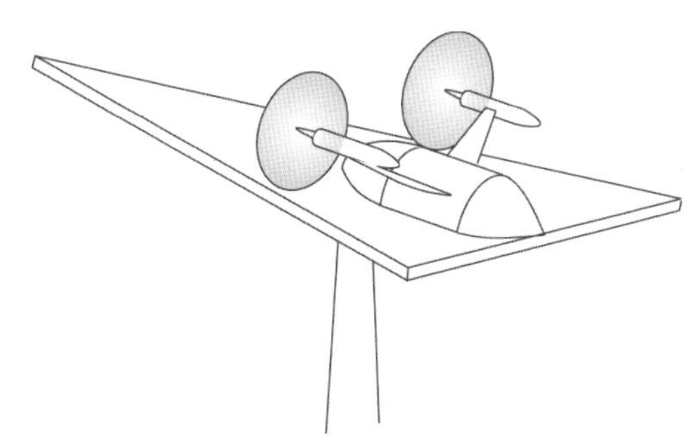

圖 **5.43**　渦流擴大方式

〔**6**〕雙重對轉方式

一般而言，因為風車轉速低，為了驅動發電機而多使用齒輪等加速裝置。但是，因為加速裝置所逸失的能量大，以及加速裝置的重量及成本大，故將螺旋槳以雙重對轉方式裝設，前後片螺旋槳葉片分別驅動發電機的轉子及定子，為不使用加速裝置的簡化機型。在 1931 年德國 H. 霍涅夫所提出的超大型風力發電裝置中已採用此方式，但最後以失敗告終。

之後，1973 年瑞士的諾亞公司，開發了前後各 5 片葉片、直徑 11m 的轉子，各轉子分別以 71rpm 相反方向旋轉的系統。因為前方轉子已消耗了大部分風能，後方轉子設置於前方轉子跡流中，可利用的能量變少無法達到預期的性能。

筆者們將前段設為 6 片小直徑葉片，後段設為 3 片大直徑葉片的轉子之間的間隔拉開，使其回轉而得到良好成果。圖 5.44 為韓國．全北大學申教授應用筆者們的概念，製作出的輸出 40kW 雙重對轉螺旋槳型風車。另外，不只有螺旋槳型風車，也有將交叉氣流型風車分為上下 2 段，上段與下段的轉子以相反方向回轉，使發電機的轉子與定子逆回轉，提高相對轉速的機型。圖 5.45 為足利工業大學與桐生市的石田製作所共同開發的雙重對轉方式交叉氣流型風力發電機。

〔7〕單葉方式

美國的波音公司在 1970 年代提出使用平衡錘取得平衡，低成本的單葉風車（單片葉片風車），但並未製作實用機型。之後由德國的 MBB 公司及合作的義大利的力瓦．卡爾索尼公司一同製作了如圖 5.46 的實用機型，因葉片的投影面積比小可得高葉片周速比，以及控制葉片容易。但空氣扭矩所造成的振動、葉片底部的強大彎曲力矩等課題尚待解決。

圖 5.44　雙重對轉式螺旋槳型風車

（韓國全北大學申教授提供）

圖 5.45　上下雙重對轉式交叉氣流型風車

圖 5.46　單葉型風車

〔**8**〕**氣翼位移方式**

美國的蒙大拿州立大學在 1970 年代，著手開發稱為氣翼位移方式，沿著圓形軌道移動的發電系統。使擁有垂直裝置氣翼的車輛在圓形軌道上繞行，使用與車輛連結的發電機發電，根據長度約 8km 的跑道上繞行，預測其發電容量可望有約為 10 ~ 20MW 左右的電力，但沒有實際應用。另一方面，如本章於弗萊特納型風車所述，由美國俄亥俄州的代頓大學進行取代氣翼，使轉子回轉利用馬格努斯效應驅動車輛，使之在圓形軌道上繞行發電的研究。

〔**9**〕**其他方式**

除了目前為止所敘述的方式以外，還有許多提昇性能方法的研究。西．

維吉尼亞大學的 R. 沃爾塔斯將循環控制葉片聞名的 STOL 機型的翼型利用在旋翼型風車上。此種葉片的後緣並非以往的刀刃形狀，而是帶有圓形弧度，因此附著在後緣的空氣起襟翼作用，升力增加。使用此種翼型，希望增加扭矩，以及得到在低轉速中 40～60% 的高效率。轉數低恰巧也表示可防止離心力的增加。

D.修耐特所設計的升力轉換為在環帶上安裝飛機機翼般的氣翼，單色的葉片列由風提昇，將另一側的葉片列壓下。此種方式沒有以往螺旋槳型的大小限制，可運作在寬廣範圍，在達拉斯的德克薩斯大學進行實地測試得到良好成果，但認為其設置場所受限。

另外，在桶形風車或交叉氣流型風車的圓周方向安裝導向葉片減少逆風側的圓筒阻力，嘗試進行許多在前進側的圓筒使氣流匯集的方法，圖 5.47 為水澤市．工藤建設應用工學院大學赤羽的研究製作出的實用機。因為翼型的開發需要成本及勞力，產業技術綜合研究所等在葉片表面進行利用渦流發生裝置的邊界層控制，追求增加升力及性能安定，另外也進行以較低的成本改善既存翼型性能的研究。

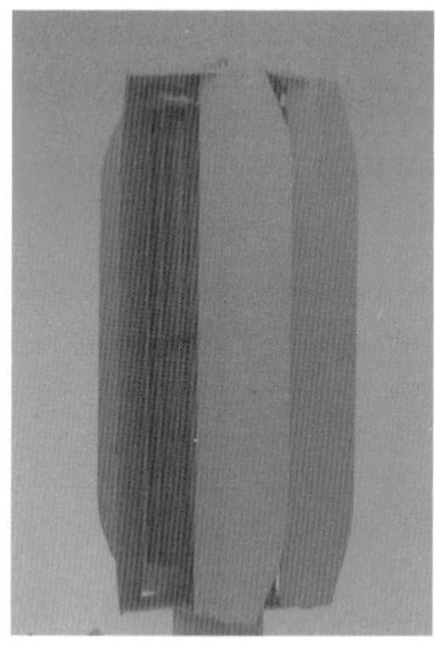

圖 5.47 附加導入葉片的交叉氣流型風車

目前論述了風車本身的提昇性能方法，另外也有從風力發電系統運作方式謀求提昇性能的方式，由發電機側進行的研究。依據功率控制，稱為風力幫浦運作，由東京工業大學的鳩田、大同工業大學的佐藤等人開發，發電的電力可暫時儲存在電池等處，等風吹時，儲蓄電力的一部分回到發電機或是啟動馬達，強制風車回轉，為有效活用風的最大功率控制運作方式。

因為風能與風速的立方成比例，如圖 5.48 所示，對於風的相位，風力發電系統的相位延遲時，可能無法充分活用風的最大功率。因此，風力幫浦運作強制使風車回轉，減少相位延遲的現象，由此可有效利用在都市區等短週期風的最大功率，有很好的成果[10)]。

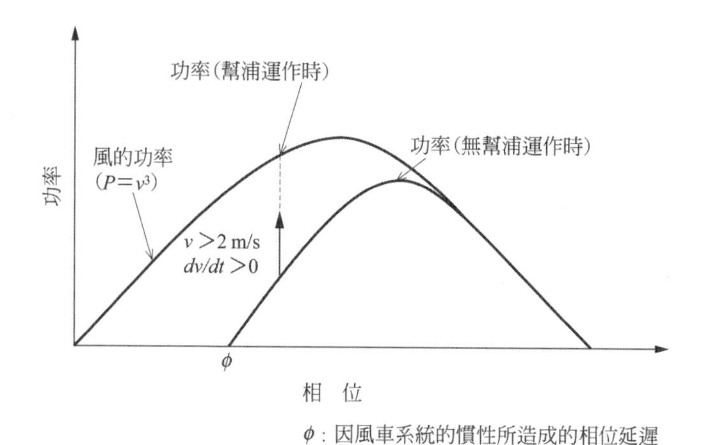

圖 5.48　風力幫浦運作提昇功率的特性[10)]

第 6 章　風車設計的基礎知識

6.1　空氣力學設計風力渦輪的基礎

根據貝茲或修密茲等人的理論，風力渦輪用的葉片比較容易設計。設計葉尖周速比、葉片剖面形狀、以及攻角或決定升力係數時，可依照這些理論求出對應葉片半徑位置的弦長或扭轉角度[1) 2)]。

貝茲的設計理論考慮軸方向下風處減少的風速，修密茲則外加考慮風力渦輪旋轉尾流下風處的渦流損失。對於設計葉尖周速比 2.5 以下的低葉尖周速比風車，兩個理論的結果有很大的差異性。此兩種理論均不考慮形狀損失及葉片尖端周圍氣流的損失，這些損失會使風力渦輪的輸出降低，故必須列入考慮。

6.1.1　風能中所能取得的最大能量

如前章 5.3 節所述，運動中質量 m 的動能可由下列算式求出。

$$E = \frac{1}{2} m v^2 \tag{6.1}$$

因此，單位時間通過風車旋轉面積 A 的風能如下式所示。

$$\dot{E} = \frac{1}{2} \dot{m} v^2 = \frac{1}{2} \rho A v^3 \tag{6.2}$$

質量流 $\dot{m}$ 如圖 6.1 所示，由於是從 $\dot{m} = \rho A(dx/dt)$ 求得，要從風中取出 100 % 的能量是不可能的。

貝茲的假設為一極致理想的風車，可以在絲毫沒有損失的情況下降低風速，利用旋轉面從風中取出能量。在這個階段，不考慮從空氣中取出動能這個物理性的過程。如圖 6.2 所示，貝茲假設有一均勻氣流 v_1，流經風車減速後的尾流為 v_3。假設有一個擴大流線的管流，根據氣流的連續性可得下式。

$$\rho v_1 A_1 = \rho v_2 A_2 = \rho v_3 A_3 \tag{6.3}$$

因為可以無視於氣壓的減少，可假設空氣密度 ρ 不變。另外，氣流上風側的動能及下風側的動能差，如下式所示。

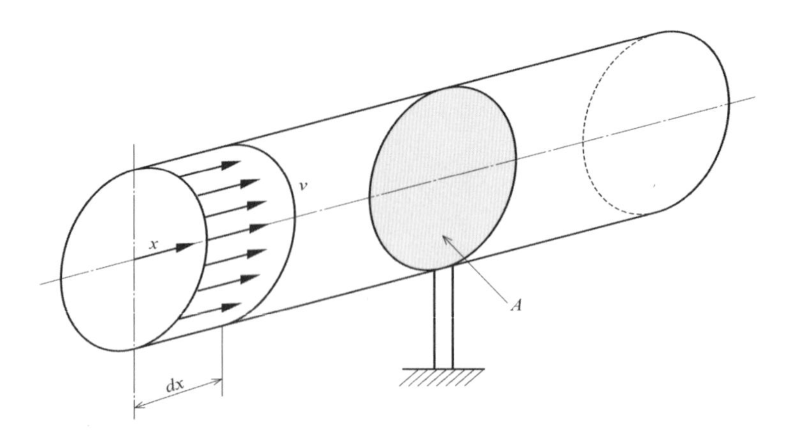

圖 6.1　通過迎風面積 A 的氣流

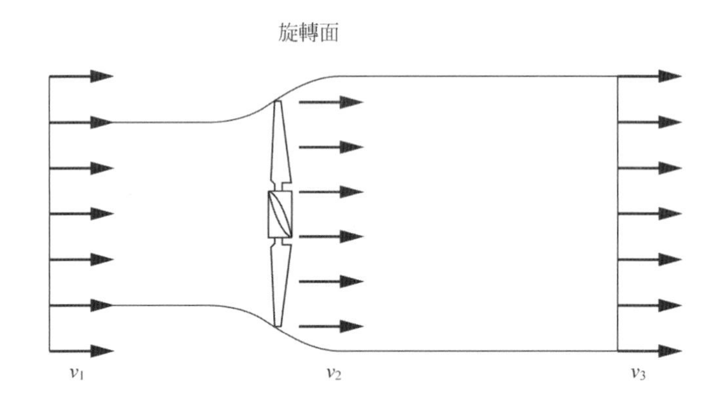

圖 6.2　根據貝茲理論通過理想風車的氣流

$$E_{ex} = \frac{1}{2}\dot{m}\left(v_1^2 - v_3^2\right) \tag{6.4}$$

因此，從風能中取出的能量為

$$P_{ex} = \frac{1}{2}\dot{m}\left(v_1^2 - v_3^2\right) \tag{6.5}$$

若風完全沒有減速，則 $v_1 = v_3$，無法取出能量。過度減速時，質量流量 $\dot{m}$ 值變得過小，當出現 $\dot{m} = 0$ 此種極端的狀況時，流管會阻塞，$v_3 = 0$，此時也無法取出能量。由此可知，在 v_1 與 0 之間，存在對應最大功率時的 v_3 值。

若知道風車轉子平面上的 v_2 值，即可計算 v_3 值。此時可從下列算式求出質量流量。

$$\dot{m} = \rho A v_2 \tag{6.6}$$

在此管流中，可作下述適當的假設。

$$v_2 = (v_1 + v_3)/2 \tag{6.7}$$

此假設可由蘭金．布魯托的理論證明。

若將算式（6.6）的質量流量與算式（6.7）轉子平面上的速度 v_2 代入算式（6.5），可求得從風能中所能取出的能量。

$$P_{ex} = \frac{1}{2}\rho A v_1^3 \left\{ \frac{1}{2}\left(1 + \frac{v_3}{v_1}\right)\left[1 - \left(\frac{v_3}{v_1}\right)^2\right]\right\} \tag{6.8}$$

上式中，括號內的值為功率係數 C_P（與 v_3/v_1 相關），表示風車可從風能中取出的能量比值。

最大功率係數如下列所示[1)]，可藉由(6.8)式微分值等於零求得。

$$C_{PBetz} = \frac{16}{27} = 0.59 \tag{6.9}$$

此時，風速從 v_1 減速為 $v_3 = (1/3)v_1$。$C_P(v_3/v_1)$ 的函數值如圖 6.3 所示。也就是說，理想的風力渦輪，可從風能中取出近 60％的能量。此時，流入風車的風速為 $v_2 = (2/3)v_1$，無限尾流的風速 $v_3 = (1/3)v_1$。

圖 6.4 為 $C_P = 0.59$ 的理想狀態時，對應的風速與風車直徑下可取得的能量。風車的實際功率係數因為各種損失而降低，但最新的風車可得 $C_P \approx 0.5$ 左右。另外，使用運動量理論，可求出在最佳狀態時，轉子平面上風車所承受的推力。

流入的氣流對風車旋轉面的推力 T 如下列算式。

$$T = \dot{m}(v_1 - v_3) = \frac{1}{2}\rho A(v_1 - v_3)(v_1 + v_3) \tag{6.10}$$

$v_3 = (1/3)v_1$ 時，

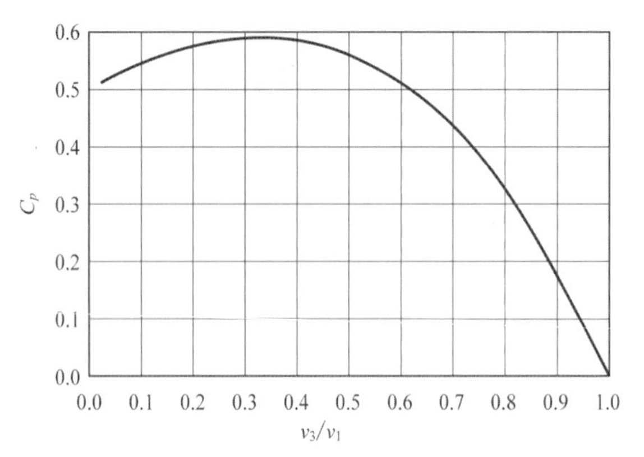

圖 6.3 功率係數 C_P 值與 v_3/v_1 的關係

$$T = C_T \frac{1}{2}\rho v_1^2 A \tag{6.11}$$

其中，$C_T = 8/9 = 0.89$

算式（6.11）中的 C_T 表示對於面積 A 的流體動壓。比較推力 T 與最佳攔風狀態的圓盤阻力 D，

$$D = C_D \frac{1}{2}\rho v_1^2 A \tag{6.12}$$

其中，$C_D = 1.11$

由此可知，加諸於風車旋轉面的推力 T 約比阻力 D 小 20%（$0.89/1.11 \approx 0.802$）。

6.1.2 作用在葉片上的氣流速度與氣動力

葉片任意半徑位置 r 的剖面，存在相對風速 w。此風速 w 是由減速後流入轉子的速度 $v_2 = (2/3)v_1$ 和以角速度 ω 旋轉的葉尖速度 $u = \omega r$ 的速度向量合成。即為圖 6.5 所示，相對速度 w 由 v_2 及 $u(r)$ 二種速度成分構成。

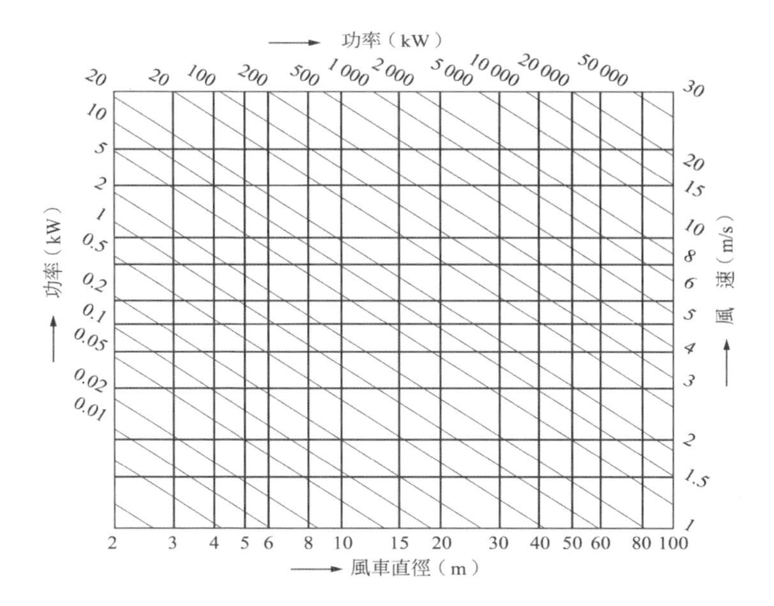

圖 **6.4**　對應風速與風車直徑下可取得的理想功率

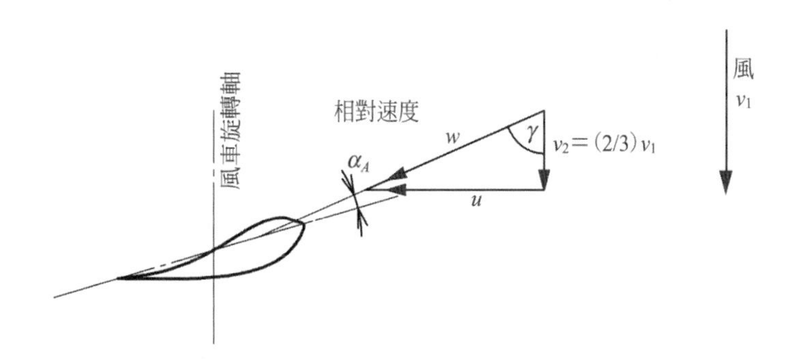

圖 **6.5**　葉尖速度與流入速度所得的相對速度

$$w^2(r) = \left(\frac{2}{3}v_1\right)^2 + (\omega r)^2 \tag{6.13}$$

風向與相對風速方向的夾角 γ 可由下式求得。

$$\tan\gamma(r) = \frac{\omega r}{v_2} \tag{6.14}$$

設計葉尖周速比 λ_D 為葉片尖端的周速度 ωR 與風速 v_1 的比，如下列算式所示。

$$\lambda_D = \frac{\omega R}{v_1} \tag{6.15}$$

此時因為 $v_2 = (2/3)v_1$，算式（6.14）可變為下列算式。

$$\tan\gamma = \frac{3r\lambda_D}{2R} \tag{6.16}$$

圖 6.6 中表示，葉片任意半徑位置的圓周方向速度成分 $u = \omega r$ 隨半徑的增加成線性增加，各位置的速度三角形對應葉片半徑方向變化。根據圖 6.7，空氣氣動力－升力 dL 及阻力 dD 作用於半徑 r 位置長度 dr 的葉片元素上。作用點在葉片（blade）弦長 $C(r)$ 的約 25％處。

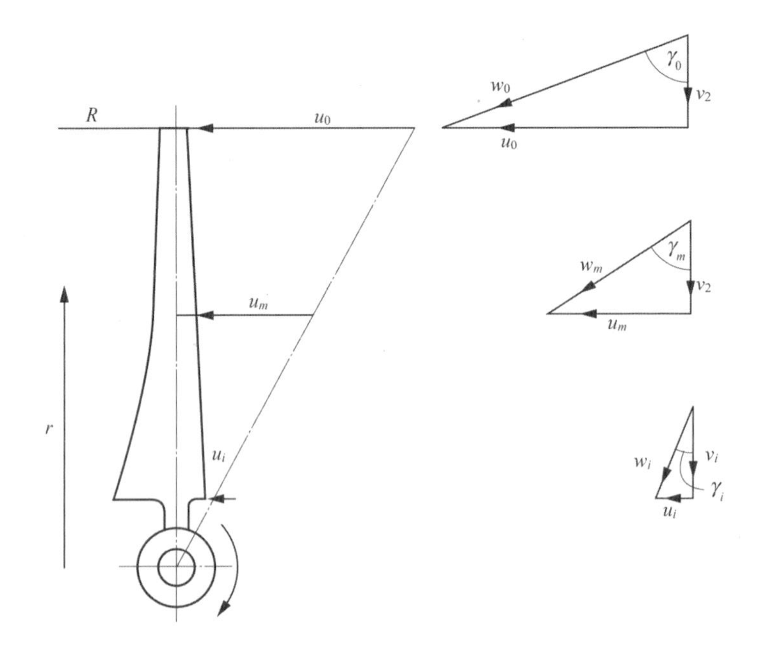

圖 6.6　葉片半徑方向不同位置的速度三角形

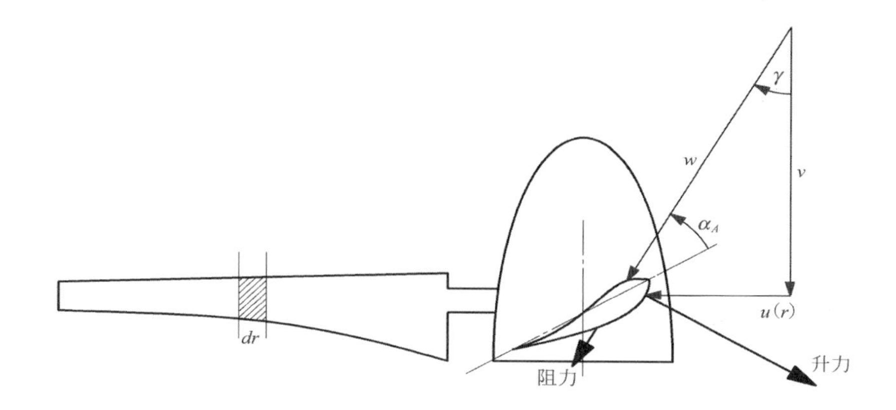

圖 6.7　作用在葉片元素上的空氣動力

升力：$dL=\dfrac{\rho}{2}w^2C(r)drC_L(\alpha_A)$　(6.17)

阻力：$dD=\dfrac{\rho}{2}w^2C(r)drC_D(\alpha_A)$　(6.18)

由圖 6.7 分解圓周方向的速度成分及軸方向（風的方向）的速度成分，可得下列算式。

$$dU=\frac{\rho}{2}w^2C(r)dr\{C_L(\alpha_A)\cos(\gamma)-C_D(\alpha_A)\sin(\gamma)\} \tag{6.19}$$

$$dT=\frac{\rho}{2}w^2C(r)dr\{C_L(\alpha_A)\sin(\gamma)+C_D(\alpha_A)\cos(\gamma)\} \tag{6.20}$$

升力與相對風速 w 呈直角，阻力與相對風速 w 平行。

6.1.3　葉片的最適當尺寸[3) 4)]

根據 6.1.1 節所述，從轉子的圓形面積取出的最大功率如下

$$P_{Betz}=\frac{16}{27}\frac{\rho}{2}v_1^3\pi R^2$$

另一方面，若將風車轉子當作由掃過面積為 $2\pi rdr$ 的環狀物形成，根據圖 6.7 及圖 6.8，環狀的葉片元素單位時間從風中取出的能量如下所示。

$$dP_{Betz}=\frac{16}{27}\frac{\rho}{2}v_1^3(2\pi rdr) \tag{6.21}$$

在適當翼型 n 片葉片上為 n 倍的能量，環狀部份所得到的機械能量為

$$dP_M = ndU\,\omega r \tag{6.22}$$

式中，n：葉片數，dU：空氣動力的切線方向成分，ωr：局部旋轉速度。

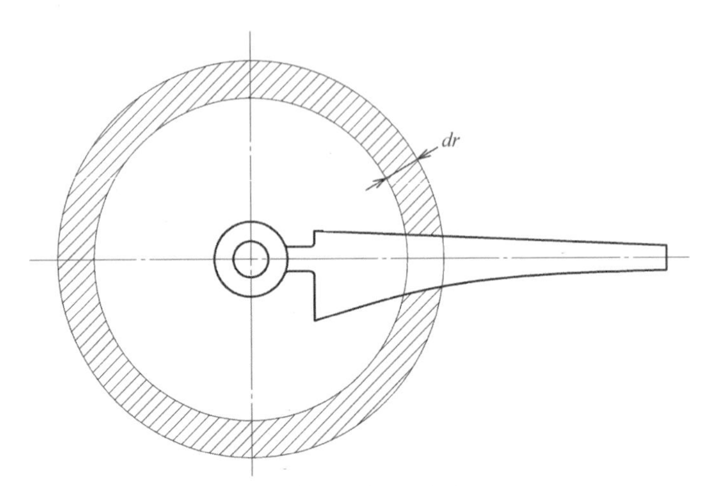

圖 6.8　葉片環狀元素的面積 $dA = 2\pi rdr$

翼型的設計，使用最佳升阻比。此時阻力係數和升力係數相比非常的小，為 $C_D << C_L$。式（6.19）中的切線方向只有升力，得出下列算式。

$$dU \approx dL\cos(\gamma) = \frac{\rho}{2} C_L w^2 C(r) dr \cos(\gamma) \tag{6.23}$$

因此，機械功率（power）可由下列算式求得。

$$dP_M \approx n\omega r \frac{\rho}{2} C_L w^2 C(r) dr \cos(\gamma) \tag{6.24}$$

若使算式（6.24）的機械功率與算式（6.21）的貝茲功率相等，成為 $dP_M = dP_{Betz}$，可得到最佳設計條件中，弦長 $C(r)$ 的重要算式。

$$C(r) = \frac{1}{n}\frac{16}{27}\frac{2\pi r}{C_L}\frac{v_1^3}{w^2 \omega r \cos(\gamma)} \tag{6.25}$$

使用以下的速度三角形關係，

$$v_1 = \frac{3}{2} w \cos(\gamma) \quad \text{以及} \quad u = \omega r = w \sin(\gamma)$$

如此，最後可求得關於 $C(r)$ 的算式。

$$C(r)=\frac{1}{n}\times 2\pi r\times\frac{8}{9C_L}\times\frac{1}{\lambda_D\sqrt{\lambda_D^2\left(\frac{r}{R}\right)^2+\frac{4}{9}}} \tag{6.26}$$

此處的 λ_D 為選定的設計葉尖周速比，C_L 是為了決定尺寸所選定的升力係數，C_L 於葉片半徑方向不一定為固定值，但也有可能為固定值。接近最佳升阻比為通常選定設計升力係數 C_L 的方法。當 $C_L=0.6\sim1.2$ ，$\alpha_A=2^\circ\sim6^\circ$ 時，

$$\varepsilon=\frac{C_L}{C_D}\approx\varepsilon_{\max}$$

在式（6.26）中，並未包含葉片數以多少片為佳的資訊。此算式表示多少片葉片全體所需的總弦長。實際的葉片數依葉片強度、製造方法、或是力學觀點決定。關於葉片弦長的算式（6.26），經過簡化之後變得更明確。

$$C(r)=\frac{2\pi R}{n}\frac{8}{9}\frac{1}{C_L\lambda_D^2(r/R)} \tag{6.27}$$

此簡化後的算式適用於 $\lambda_D>3$ 的高葉尖周速比風力渦輪，由於輪轂，葉片必須確保必要的空間，故從半徑的 15% 位置以上開始可以使用。由此算式可知，為了獲得貝茲功率，弦長與葉尖周速比 λ_D 的平方成反比。

德國的修特繪製了如圖 6.9 的線狀圖，表示設計葉尖周速比 λ_D 與弦周比 σ（投影面積比）的關係。另外，除了葉片弦長外，也必須決定葉片的扭轉角 $\beta(r)$。

$$\beta(r)=\gamma(r)+\alpha_A(r) \tag{6.28}$$

選定葉尖周速比 λ_D 後，可依據式（6.16），如下列算式求出 γ 值。

$$\gamma(r)=\arctan\left(\frac{3}{2}\frac{r}{R}\lambda_D\right)$$

此關係如圖 6.10 所示。

扭轉角 $\beta(r)$ 包括相對風向角與攻角 α_A。另外，可從角度 α_A 得到升力係數 C_L，葉片弦長的計算即根據此 C_L 進行。

因此，葉片的扭轉角 $\beta(r)$ 為

$$\beta(r)=\arctan\left(\frac{3}{2}\frac{r}{R}\lambda_D\right)+\alpha_A \tag{6.29}$$

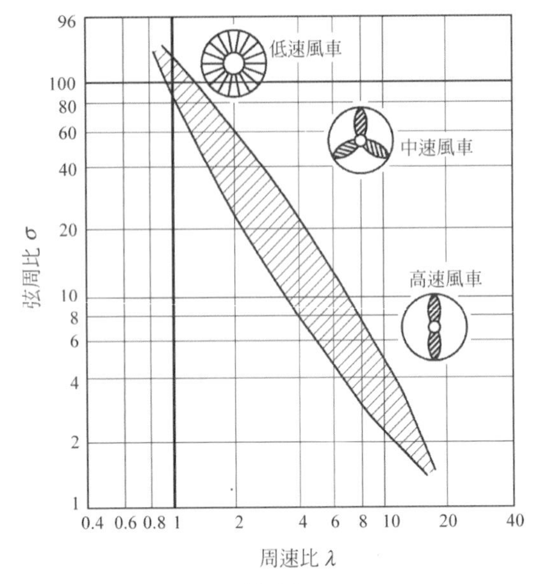

圖 6.9

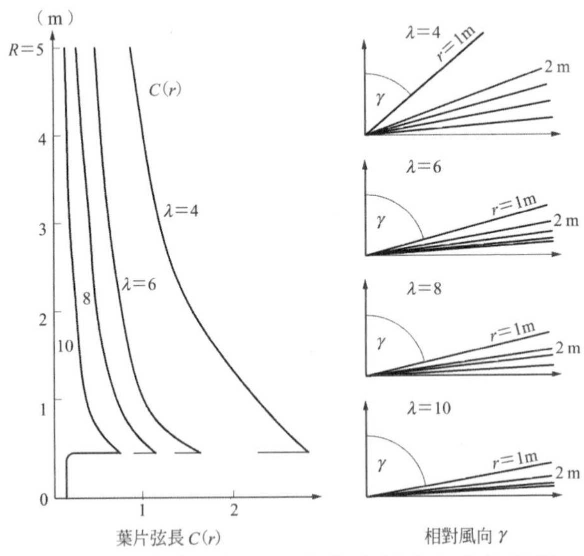

圖 6.10　葉片弦長 $C(r)$ 與葉尖周速比 λ 的關係
（轉子直徑 $D=10\,\text{m}$，相對風向為 $\gamma(r)$）

6.1.4 風車葉片在空氣力學上的損失

使用理想風車可取出的最大功率是由蘭徹斯特和貝茲求出，最大功率係數如式（6.9）所示。

$$C_{PBetz}=\frac{16}{27}=0.59$$

此時只有考慮軸方向下風處速度的減少。但是，實際上必須考慮〔1〕因葉片形狀產生阻力所造成的形狀損失，〔2〕因葉片尖端上側與下側的壓力分布不同所產生的葉尖損失，〔3〕因轉子下風處氣流的旋轉所產生的渦流損失或旋轉尾流損失。

〔1〕形狀損失

風車葉片的形狀損失在理想葉片的情況下不納入考慮，為實際存在葉片的形狀所造成的阻力。根據式（6.19）與式（6.22），實際存在葉片元素的功率若將阻力列入考慮，則為下列算式所示。

$$dP_M=n\omega rdU=n\omega r\left\{\frac{\rho}{2}w^2C(r)dr\left[C_L\cos(\gamma)-C_D\sin(\gamma)\right]\right\} \tag{6.30}$$

理想風車葉片的 $C_D=0$，也就是阻力為零，因此變為下述算式。

$$dP_{Mideal}=n\omega r\frac{\rho}{2}w^2C(r)drC_L\cos(\gamma)$$

可由 dP_M 與 dP_{Mideal} 的比 dP_M/dP_{Mideal} 求出形狀效率。

$$\begin{aligned}\eta_{profile}&=1-\frac{C_D}{C_L}\tan(\gamma)\\&=1-\frac{1}{\varepsilon}\tan(\gamma)\end{aligned} \tag{6.31}$$

運用算式（6.16）$\tan\gamma=3r\lambda_D/2R$ 的關係式，

$$\eta_{profile}=1-\frac{3}{2}\frac{r}{R}\frac{\lambda_D}{\varepsilon}$$

對應轉子面環狀部份的損失如下。

$$\zeta_{profile}=\frac{3}{2}\frac{r}{R}\frac{\lambda_D}{\varepsilon} \tag{6.32}$$

由此算式可知環狀部份的損失與葉尖周速比 λ_D 以及半徑 r 成比例。這代表當半徑增加時損失也增加，但損失與升阻比成反比。一般認為風車取出功率在葉片尖端側 75%附近最有效率，因此希望高葉尖周速比的葉片在外側部份為效率良好的形狀$(\varepsilon_{\max} > 50)$。另一方面，美國多翼型風車$(\lambda_D \approx 1)$或荷蘭型風車$(\lambda_D \approx 2)$等低葉尖周速比的風車，葉片形狀的效率所造成的影響不大。

全體葉片為同一形狀，若攻角α_A固定，升阻比ε不會受半徑r影響。此時，將葉片全體的形狀損失納入考慮，根據功率的積分可求得設計點。

$$\begin{aligned} P_M &= \frac{16}{27}\frac{\rho v_1^3}{2}\int_0^R \eta_{profile}\ 2\pi r dr \\ &= \frac{16}{27}\frac{\rho v_1^3}{2}\int_0^R \left\{1-\frac{3}{2}\frac{r}{R}\frac{\lambda_D}{\varepsilon}\right\}2\pi r dr \\ &= \frac{16}{27}\frac{\rho \pi R^2 v_1^3}{2}\left(1-\frac{\lambda_D}{\varepsilon}\right) \end{aligned} \tag{6.33}$$

〔**2**〕**葉尖損失**

風車葉片的另一個損失，是因為氣流從葉片尖端下方的高壓區流向低壓區的上方造成。因此作用於葉片尖端的升力減少。另外，此葉尖損失當 R/C 值愈大，也就是愈細長的葉片，葉尖損失愈少。

為了評估此損失，導入貝茲有效直徑D'的理論。

$$D' = D - 0.44b \tag{6.34}$$

如圖 6.11 所示，流經 n 片風車葉片之間的氣流模型，b 表示葉片間隔 a 對垂直相對風速 w 方向的投影，有下列關係。

$$a = \frac{\pi D}{n}$$

另外，也可得到下列關係式。

$$b = \cos(\gamma)\left(\frac{\pi D}{n}\right) \tag{6.35}$$

再者，根據葉片尖端氣流的速度三角形，可得下列關係。

$$w\cos(\gamma) = v_2 \text{，} \qquad w^2 = (\omega R)^2 + v_2^2$$

若以$v_2 = 2v_1/3$考慮為設計點，可求得有效直徑D'。

$$D' = D\left\{1-0.44\frac{2\pi}{3n}\frac{1}{\sqrt{\lambda_D^2+(4/9)}}\right\} \tag{6.36}$$

因為功率與直徑的平方成比例，在考慮葉片尖端損失的情況下，效率如下述。

$$\eta_{Tip} = \left(\frac{D'}{D}\right)^2 = \left\{1 - \frac{0.92}{n\sqrt{\lambda_D^2 + (4/9)}}\right\}^2 \tag{6.37}$$

另外，設計葉尖周速比為 $\lambda_D > 2$ 時，可將此式更加簡化。

$$\eta_{Tip} \approx 1 - \frac{1.84}{n\lambda_D} \tag{6.38}$$

此損失與葉片數 n 以及設計葉尖周速比 λ_D 的積成反比。

$$\zeta_{Tip} = \frac{1.84}{n\lambda_D}$$

表 6.1 統整各種風力渦輪的葉尖損失、有效直徑及實際直徑比等。

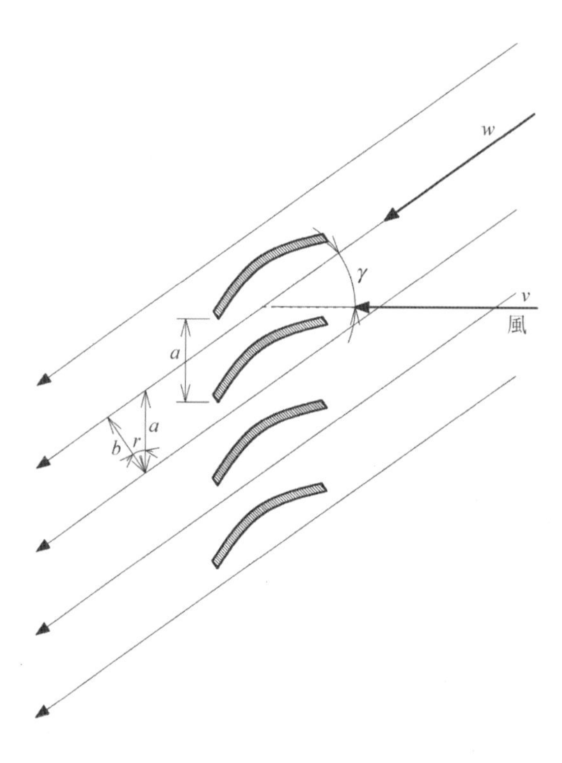

圖 6.11　風車葉片間流動的氣流模型

表 6.1 各種風車的葉尖損失 ζ_{Tip} [%]，及有效直徑 D' 等

	λ_D	n	$n\lambda_D$	ζ_{Tip} [%]	D'/D
美國多翼型風車	1	20	20	9	0.95
荷蘭型風車	2	4	8	22	0.88
風力發電用風車(3 片)	6	3	18	10	0.94
風力發電用風車(1 片)	12	1	12	15	0.92

〔3〕旋轉尾流損失 [2) 4)]

轉子環狀部份所得到的葉片元素的機械功率 dP_M，當葉片數為 n，局部旋轉速度為 ωr 時，可由式（6.22）求得。

$$dP_M = ndU\,\omega r$$

由「作用與反作用」的法則可知，切線方向的空氣動力成分為 dU，力臂的半徑為 r，則和轉子旋轉方向相反的扭矩為 rdU。當葉尖周速比愈小時，此逆轉矩愈大。

高葉尖周速比的風力渦輪是根據高轉速 ω 和低扭矩 rdU 產生功率（單位時間的能量)。相反地，低葉尖周速比的風力渦輪為低轉速與高扭矩，其結果在尾流的旋轉也很明顯。因此，如貝茲理論，功率的損失，不只是下風處的速度損失而已，還必須加上旋轉尾流造成的損失。設計葉尖周速比 $\lambda_D \approx 3$ 的高葉尖周速比的風力渦輪，旋轉尾流造成的損失小，但是像美國多翼型風車這類 $\lambda_D \approx 1$ 左右的低葉尖周速比風車，強勁的旋轉尾流所造成的損失，無法達到 $C_{PBetz} = 0.59$，不會超過 $C_{P\max} = 0.42$。且此最大值也會因葉片的形狀損失或葉尖損失更加減少。

將旋轉尾流的損失納入考慮的修密茲功率係數如圖 6.12。貝茲功率係數不考慮旋轉尾流所造成的損失，與葉尖周速比的變化無關，為一固定值。修密茲理論中，因為在葉尖周速比小的區域中，旋轉尾流造成的損失大，因此葉尖周速比愈小，功率係數也就愈小。

將葉片數 n 及升阻比 ε 作為參數，將旋轉尾流、形狀損失、葉尖損失全體納入考慮的修密茲理論的實際功率係數如圖 6.13 所示。從此圖可知升阻比愈大，葉片數愈多，功率係數愈大。但是，實用風車葉片的情況，比起多葉片機型，2～3 片較少葉片的機型可得到較高速的旋轉，功率係數也較高。

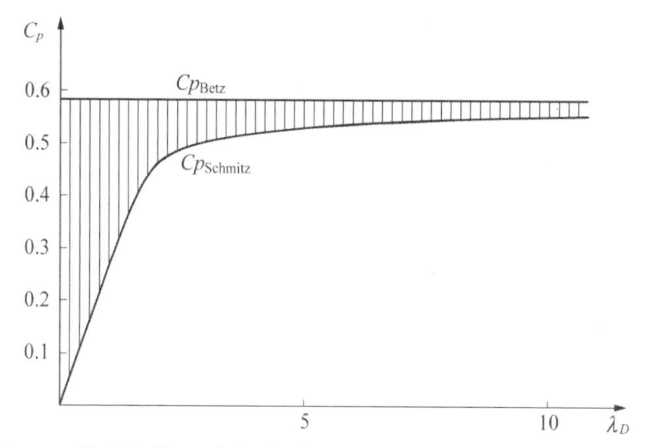

圖 6.12　不考慮旋轉尾流損失的貝茲與納入考慮的修密茲功率係數

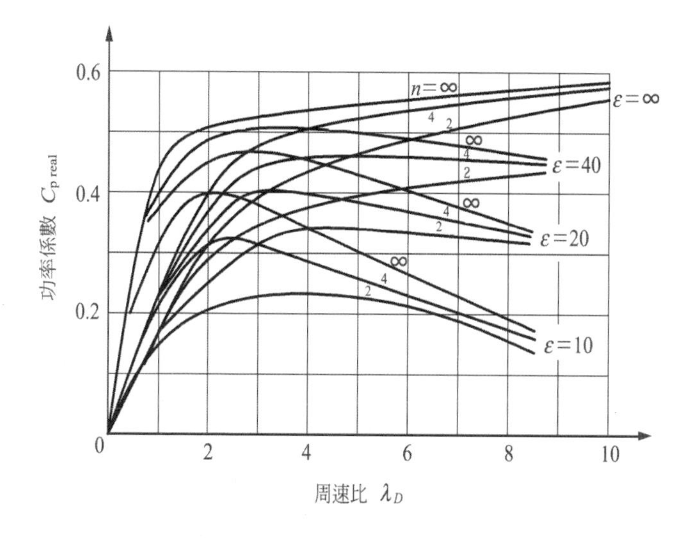

圖 6.13　實際風車的功率係數

6.1.5　葉片元素運動量理論計算

關於實際的風車轉子，在設計葉尖周速比不準的狀態下，計算作用於葉片上的功率及相對風速是相當麻煩的事。在此說明較為簡易、廣為使用的「葉片元素運動量理論」。

決定風車葉片的尺寸時，若根據修密茲的方法，最初便決定旋轉面上對應設計葉尖周速比的相對流入角ϕ。使用此角度ϕ可從風中取出最大輸出。因為要求出葉片弦長C及扭轉角（葉片的扭轉角β），以設計葉尖周速比運作時，可得到相對流入角。

若已知葉片弦長與扭轉角，對於設計葉尖周速比以外的周速比，旋轉面的相對流入角ϕ會改變。要計算相對流入角ϕ，可利用決定葉片弦長時所使用的方程式，也就是使用由翼片理論及線形運動量理論求得升力的算式。另外，流入葉片的相對風速w和流入角ϕ的關係如圖 6.14 所示。

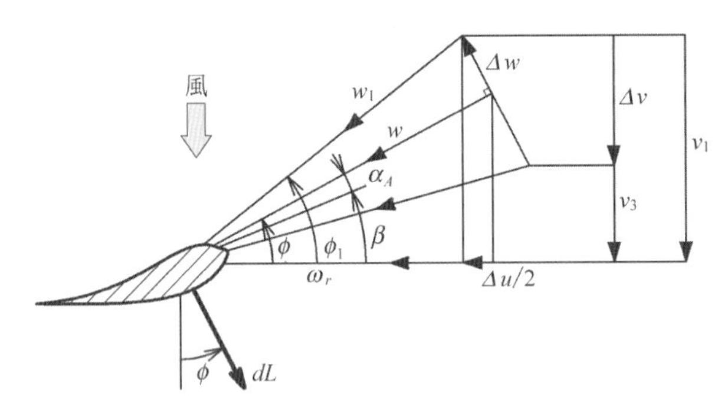

圖 6.14　流入葉片的相對風速w與流入角ϕ的關係

$$dL=\frac{\rho}{2}w^2C(r)drC_L(\alpha_A) \tag{6.17}$$

上式中，$w=w_1\cos(\phi_1-\phi)$，$C(r)$：葉片弦長，dr：葉片剖面的寬，另外，$\alpha_A=\phi-\beta$，C_L：升力係數，ρ：空氣密度。

葉片剖面的升力也可使用線形運動量理論求得。

$$dL=d\dot{m}\Delta w \tag{6.39}$$

式中，$d\dot{m}=\rho(2\pi r/n)drw\sin\phi$，$\dot{m}$：質量流量，$r$：葉片剖面與旋轉軸的距離，$\Delta w=2w_1\sin(\phi_1-\phi)$，$n$：葉片數。

上二式相等條件，由已知的相對流入角可得到弦長C的方程式。

若弦長已知，相對流入角ϕ為未知，則可得到下列算式。

$$\frac{\rho}{2}w^2C(r)drC_L(\alpha_A)-d\dot{m}\Delta w=0 \tag{6.40}$$

將式（6.39）及式（6.40）的所有數值代入，可得到下列算式。

$$\frac{\rho}{2}w_1^2\cos^2(\phi_1-\phi)C(r)drC_L(\alpha_A)-$$

$$\rho\frac{2\pi r}{n}drw_1\cos(\phi_1-\phi)\sin\phi 2w_1\sin(\phi_1-\phi)=0$$

此算式雖有點複雜，但可簡化。其結果會變為空氣密度 ρ 、葉片剖面的寬 dr、以及相對流入風速 w_1 消失的形式。然後，使用已知扭轉角 β 及攻角 α_A 的算式，成為只有相對流入角 ϕ 為未知數的方程式，即可求解。

$$C(r)C_L(\phi-\beta)-\frac{8\pi r}{n}\sin(\phi)\tan(\phi_1-\phi)=0 \tag{6.41}$$

可惜的是，此方程式無法直接解未知的流入角 ϕ 。也就是說，必須反覆進行收斂計算來得角度 ϕ 。首先使用葉尖周速比 $\lambda=\omega R/v$ ，可求出非亂流的相對流入角 ϕ_1 。

$$\phi_1=\arctan\left(\frac{1}{\lambda R}\right)r \tag{6.42}$$

此反覆計算由設定 $\phi=\phi_1$ 開始。ϕ 直到最後收斂至算式（6.41）為止。此計算法如下所示，但必須加入幾點附加條件。

首先，由 $\phi=\phi_1$ 開始。然後，由此 ϕ 的值求出 $\alpha_A=\phi-\beta$ 的關係，以及從對應葉片的形狀曲線求得 $C_L(\alpha_A)$ 。在此分析是否滿足方程式的要求。

$$f=C(r)C_L(\alpha_A)-\frac{8\pi r}{n}\sin(\phi)\tan(\phi_1-\phi) \tag{6.43}$$

若 $f>0$ ，ϕ 值必須要小。若 $f<0$ ，ϕ 值必須要大，直到 $f\cong 0$ 為止。

根據此種反覆計算求取相對風向的角度時，可經由計算得到相對風速 w 及葉片剖面的升力 dL 。然後可由此升力求得葉片元素的推力、圓周方向的力、對於轉子驅動轉矩的貢獻。

$$w=w_1\cos(\phi_1-\phi)$$

$$dL=\frac{\rho}{2}w^2C(r)drC_L(\alpha_A)$$

因此，推力為，$dT(r)=dL\cos\phi$ ，圓周方向的力為，$dU(r)=dL\sin\phi$ ，驅動轉矩為，$dM(r)=dU\cdot r$ 。

然後，對下一個葉片元素重複相同的計算，求取相對風的流入角以及受力。此反覆計算必須對各葉片元素進行。此種反覆計算是電腦最拿手的領域，可簡單求得。

6.1.6　風車葉片的簡易設計程序

在此使用葉片元素運動量理論所求得的關係式，說明風車葉片的簡易設計程序，以下述方法進行設計。葉片數：3片，轉子直徑：$D=4\,\text{m}$，周速比 $\lambda=\omega R/v=6$，葉片翼型：NACA4418。

最初，先由圖 6.15 所示的 NACA4418 的升阻曲線，求升阻比 C_L/C_D 為最大值時的攻角。$C_L/C_D=\tan\theta$，C_L/C_D 為最大值時，C_L 的最大值為 0.8，由 $C_L-\alpha$ 曲線求對應 $C_L=0.8$ 的攻角 $\alpha=4^\circ$。

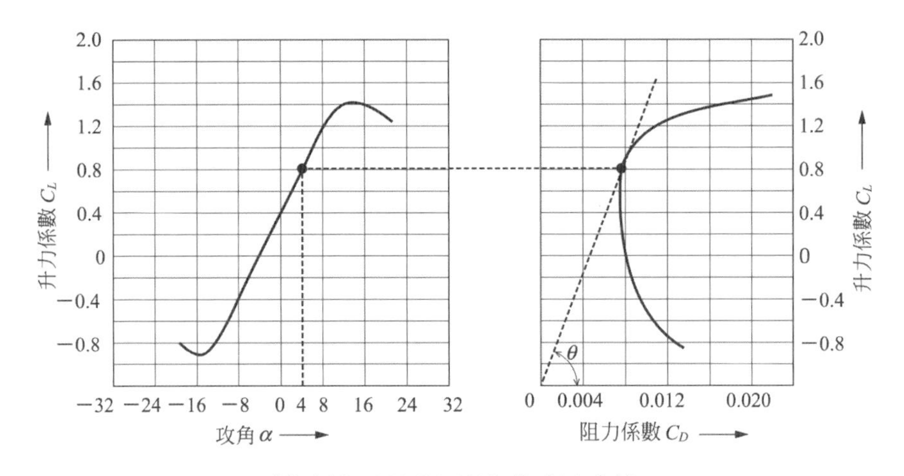

圖 6.15　NACA4418 的升阻曲線

如圖 6.16 所示，求葉片上各位置的局部周速比 λ_r。λ_r 由其本身的定義

$$\lambda_r=\lambda\frac{r}{R}=\lambda\frac{r}{(D/2)}$$

分割點	A	B	C	D	E	F	G
λ	0.6	1.2	2.1	3.1	3.9	5.1	6.0

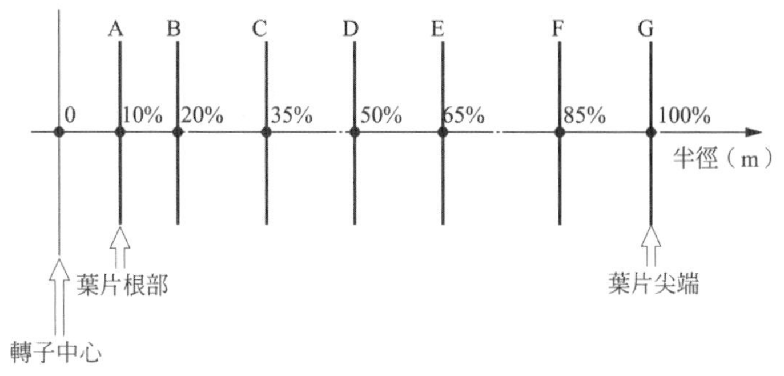

圖 6.16　葉片上各位置的周速比 λ_r

接著，求流入角 ϕ，

$$\phi = \frac{2}{3}\arctan\left(\frac{1}{\lambda}\right)$$

分割點	A	B	C	D	E	F	G
ϕ	39.3°	26.5°	17.0°	12.3°	9.6°	7.4°	6.3°

另外，安裝角 $\theta = \phi - \alpha + \alpha_0$，假設 $\alpha_0 = 0^\circ$，$\alpha = 4^\circ$，因此可得下列關係式。

分割點	A	B	C	D	E	F	G
θ	35.3°	22.5°	13.0°	8.3°	5.6°	3.4°	2.3°

最後，以下列算式求得弦長 C。

$$C = \frac{8\pi r}{ZC_L}(1 - \cos\phi)$$

由此可得下列關係。

分割點	A	B	C	D	E	F	G
C	0.475	0.440	0.366	0.240	0.190	0.160	0.125

因此，葉片的弦長在半徑方向的計算值如圖 6.17 所示。葉片的弦長與安裝角愈接近根部數值變得愈大，在實際製作工作上較複雜，以對風車性能最有貢獻，葉片半徑方向 75%附近為中心進行線性化。由此求得葉片各位置的葉片弦長及扭轉角如圖 6.18 所示。

另外，3 片葉片的全部面積 S 為

$$S = 3 \times \frac{0.340 + 0.125}{2} \times 1.80 = 1.25 \quad m^2$$

掃過（迎風）面積 A 為

$$A = \frac{\pi D^2}{4} = 12.7 \quad m^2$$

因此，弦周比 σ 如下

$$\sigma = \frac{S}{A} = 0.09$$

翼型 NACA4418 的剖面形狀資料如表 6.2 表示。

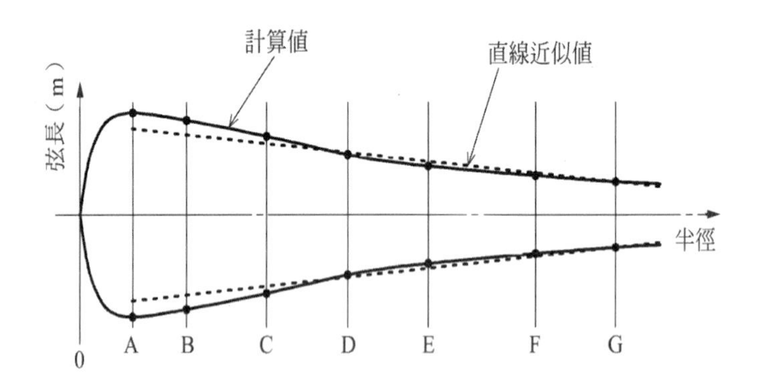

圖 6.17　葉片弦長延半徑分佈

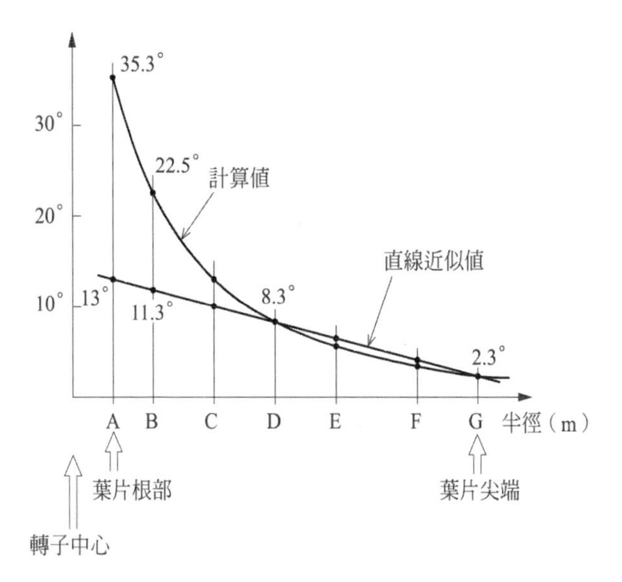

分割點	A	B	C	D	E	F	G
θ	13.0°	11.3°	10.0°	8.3°	6.5°	4.0°	2.3°
C	0.340	0.320	0.280	0.24	0.210	0.170	0.125

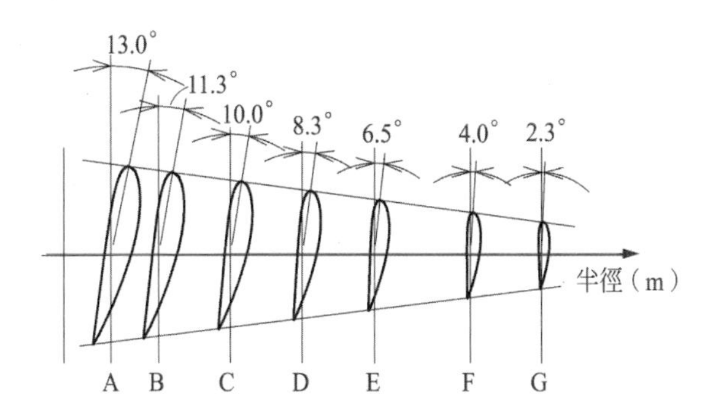

圖 6.18　葉片上各位置的葉片弦長及扭轉角

表 **6.2** NACA4418 的剖面形狀資料

分割點與縱座標以葉片弦長為 100％時的％表示

分割點	縱座標 上側	縱座標 下側
0.00	…	0.00
1.25	3.76	−2.11
2.50	5.00	−2.99
5.00	6.75	−4.06
7.50	8.06	−4.67
10.00	9.11	−5.06
15.00	10.66	−5.49
20.00	11.72	−5.56
25.00	12.40	−5.49
30.00	12.76	−5.26
40.00	12.70	−4.70
50.00	11.85	−4.02
60.00	10.44	−3.24
70.00	8.55	−2.45
80.00	6.22	−4.67
90.00	3.46	−0.93
95.00	1.89	−0.55
100.00	(1.09)	(−0.19)
100.00	…	0.00

前緣半徑：3.26％C

前緣傾斜角：20％

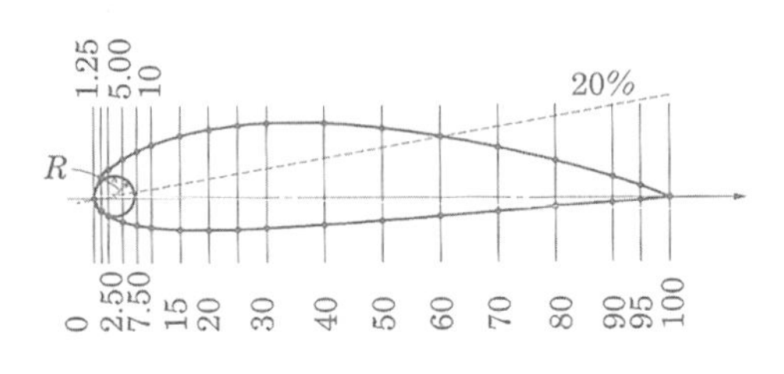

6.1.7 微型風車的葉片設計

目前為止，關於風車的葉片設計，介紹了廣為使用的葉片元素運動量理論方法。這種風車葉片設計法可直接適用於大型風車及中型風車，但是要運用在微型風車上時必須要注意。

根據之前論述的葉片元素運動量理論進行風車葉片的設計，其平面形狀為葉片根部的弦長大，愈往葉片尖端弦長愈小，成為漸縮翼（tapered wing）。但是，此形狀在直徑 1m 以下的微型風車時，根據德山、牛山等人的實驗顯示會造成性能低落。微型風車中，非漸縮翼、弦長固定的葉片、或是逆漸縮翼的葉片可得較高的性能。這是因為在直徑 1m 以下的微型風車，根據雷諾效果，相對於轉子．葉片的慣性力，空氣的黏性力的影響較大。如圖 6.19 所示，那須電機鐵工的微型風車葉片是使用此理論決定的[5)]。

圖 6.19　微型風車（那須電機鐵工）

另一方面，在 2.3 節曾介紹的山田風車是依經驗製作的風車，在低風速中容易啟動，以在低風速範圍中可發揮高性能而聞名。根本、牛山對此葉片進行風洞實驗，與根據葉片元素運動量理論設計的現代風車葉片比較，在風速 6m/s 以上時，山田風車和現代風車得到幾乎相同程度的功率係數 0.35，並得知在低風速範圍中山田風車的性能較優異。其理由是因為山田風車的設計中，藉由葉片根部縮小的弦長使風較容易通過，另外在葉片根部 35％以上處增加弦長，因為葉幅變寬，容易得到空氣動力轉矩。

山田風車與依循葉片元素運動量理論設計的風車葉片的平面形狀和扭轉角的比較如圖 6.20。功率係數的比較如圖 6.21 表示。翼型的弧度、扭轉角等的影響較為次要，平面形狀的影響是最大的。

在技術的世界中，有很多依經驗製作的成品也適用於現代理論。從技術史的觀點看待過去的技術時，在過去，即使理論、材料、加工法、甚至是社會情勢等皆尚未問世，但從現代的眼光重新審視時，也有因優秀特性而嶄露頭角的成品。

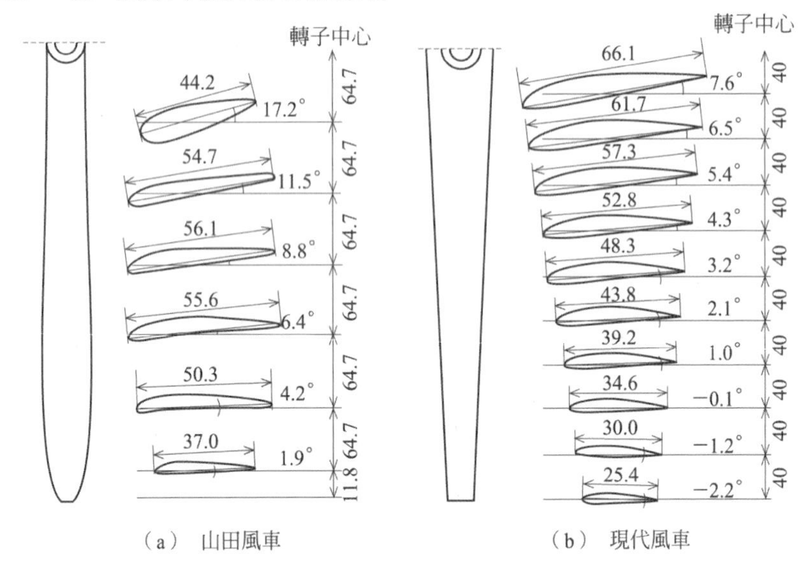

圖 6.20　山田風車與現代風車轉子的比較

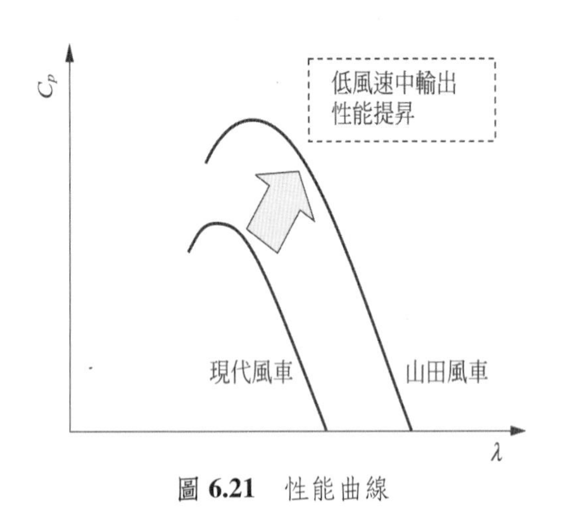

圖 6.21　性能曲線

6.2　風車構造設計的基礎 [4) 7)]

本節中，討論風車系統的結構強度。要設計風車的葉片、轉子及連結發電機的驅動系統、機艙內的軸承，或是包含風車塔的動力傳動系統必須考慮以下的條件。

- 承受陣風所造成的過載。
- 不會因為反覆負荷產生疲勞強度不足（或是能夠維持至設計年限以上）。
- 運作轉速的範圍內不會產生共振。

結構負荷的外力可依各種基準分類，使用工學理論可區別為空氣力學的外力、離心力、迴轉力、重力等。計算負荷時，以負荷的時間變化為基礎的分類很有效。

- 穩定負荷（靜止的，或是幾乎靜止的負荷）：例如機艙或風車塔所承受，由平均風速造成的空氣動力負荷、離心力、重力等。
- 短期的（暫時的）負荷：例如陣風所帶來的負荷，偏斜風造成上下移動、橫搖的控制過程、系統中斷所帶來的負荷等。
- 週期性的負荷：例如風車塔的遮蔽效果對葉片造成的影響，伴隨旋轉葉片的重力造成的不平衡，空氣動力的不平衡，或風的地表效應。
- 隨機性（亂數）負荷：隨機性負荷或是空氣動力的隨機性外力。

暫時性外力會助長過載所造成的破壞，長期的週期性外力以及亂數負荷則會引起疲勞破壞。

6.2.1　複合性負荷

要估計風車系統實際承受的應力或形變，必須配合不同的運作狀況、環境下的負荷。

其狀況有：

- 正常運作
- 操作時（啟動、煞車、與系統同步等）
- 極端的環境條件變化（強烈的陣風、結冰等）
- 發生意外時（發電機短路、極為不平衡等）
- 設置工程、組合時等項

其中會有幾項，像是陣風及不平衡有同時發生的可能。其他皆具有排他性，例如系統同步與風車斷路時的控制不會同時發生。有可複合的，也有不可複合的狀況。

在風車的認證約定中，規定了多種複合負荷，必須證明所有相關構成因素的強度。為了決定負荷所使用的風速，例如正常運作時的額定風速 12m/s 代表高度 $z_R = 10m$ 的狀況，必須使用第 3 章修正高度的算式（3.3）並轉換為輪轂高度的 $v(z)$。

$$v(z) = v(z_R)\left(\frac{z}{z_R}\right)^p \tag{6.44}$$

此處 p 為 0.3（極端的風速為 0.1）。

也有依情況使用「總括性負荷」。根據總括性負荷設計時，將所有負荷作為承載。對於極大型風車（$D > 70m$），總括性負荷包括葉片的重量，尤其要考慮疲勞問題。沒有螺距控制的中、小型風車，時常在靜止時碰上極端的陣風（60m/s 左右），此時葉片底部受到最大彎曲應力。作用於葉片的圓周方向及驅動系統的最大負荷通常發生在緊急停止時，或是因發電機短路造成的煞車力矩。

6.2.2 作用在風車葉片上的負荷

〔1〕靜止的，或是幾乎靜止的負荷

作用在葉片上的空氣動力負荷，依據 6.1 節的貝茲理論，假設有一穩定、均一的風速 v_w，在設計葉尖周速比 λ_D 運作下，半徑 r 位置的受力分布，可由下式求得。

推力負荷分布：

$$dT = \frac{1}{n}\left(\frac{8}{9}\frac{\rho}{2}v_w^2\right)2\pi r dr \equiv p_x(r)dr \tag{6.45}$$

圓周方向負荷分布：

$$dU = \frac{1}{n\lambda}\left(\frac{16}{27}\frac{\rho}{2}v_w^2\right)2\pi r dr \equiv p_y(r)dr \tag{6.46}$$

圖 6.22 表示作用在葉片任意剖面的外力。內力的估算為決定葉片形狀的基礎。對於高葉尖周速比（$\lambda_D > 4$）的風車，推力方向的力比圓周方向的力大。

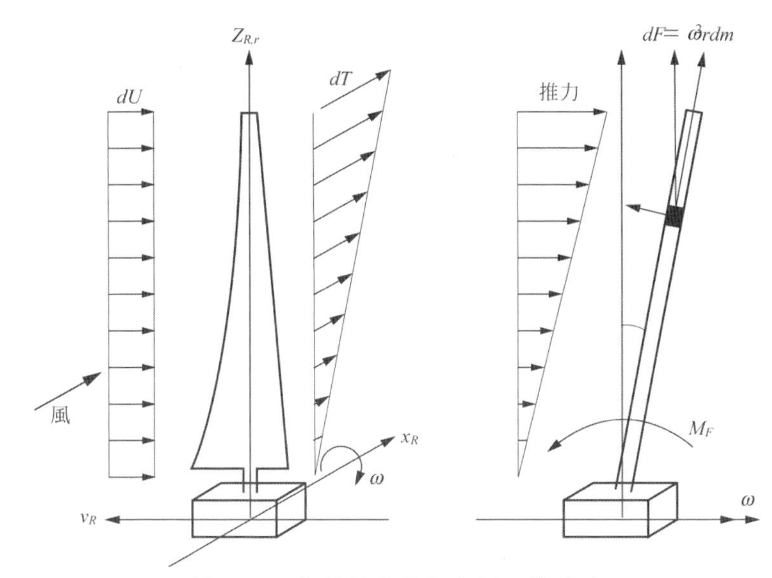

圖 6.22　作用於葉片任意剖面的外力

為了多少緩和風所造成的巨大彎曲力矩，使葉片傾斜被稱為圓錐角 δ（5° ~ 7°）的些許角度。如圖 6.22 右圖所示，藉由設定圓錐角，使離心力擁有推力方向的成分，可抵銷風所造成的推力負荷。但是，僅有單一的葉尖周速比（例如設計葉尖周速比 λ_D）可藉由圓錐角完全抵銷推力載荷。部份負荷運作的情況，或是空轉時，可減少推力負荷量。只有在各個葉片安裝翼動鉸（振翼鉸）的狀況下，對於所有的轉速，輪轂處的力矩變為零。這是因為推力負荷與離心力的推力方向成分達成平衡，自動形成圓錐角的緣故。

〔2〕陣風造成的短期載荷

靜止葉片在強烈陣風（約 60m/s 左右）作用下的危險性可以簡單估算（視為與風垂直置放 $C_D = 2.0 \sim 2.1$ 的木板）。但是正常運作時所發生的陣風，也會帶給葉片很大的負荷與應力。圖 6.23 表示速度三角形的陣風 Δv_2 造成風速 v_2 的變化。

攻角增加 $\Delta\alpha_A$ 時，相對風速也變化 Δw。根據此 2 個變化

$$L + dL = C_L(\alpha_A + \Delta\alpha_A)\frac{\rho}{2}(w + \Delta w)^2 A \tag{6.47}$$

風車以小攻角運作時，$C_L(\alpha_A+\Delta\alpha_A)$表示攻角變化的貢獻。風車在分離點附近，或是分離處後方運作時，C_L 幾乎不產生任何變化。因此，對於升力的變化，是由相對風速變化造成的影響$(w+\Delta w)^2$所支配。以此為依據，可推算有陣風 Δv 及無陣風 Δv 時的葉片內應力。

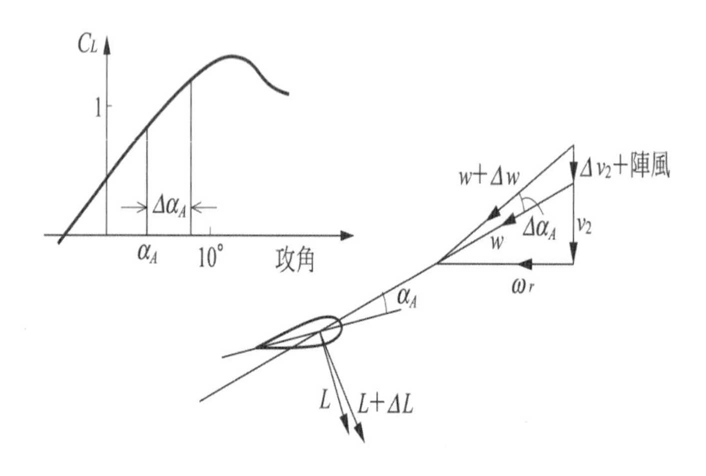

圖 6.23 陣風造成葉片的速度三角形及升力變化

接著，討論關於負荷變動的反應。若負荷 p 驟然變化至 Δp，系統為尋求新的平衡點會有暫時性的舉動，由於慣性關係產生的反應有時會大幅超出平衡點。圖 6.24 表示有些許的衰減的 1 自由度系統對驟變的負荷的反應。圖 6.25 表示對遽增的陣風以及驟增後又回到原本風速的陣風的反應。

會超出平衡點多少，根據陣風的種類、負荷的變化時間 τ、葉片的固有週期 T 而不同。圖 6.26 為 2 種理想化陣風的超越量係數，陣風造成的變形量必須也要考慮超越量的部份。

$$p(t)=\begin{cases} p_{\max}\sin^2\left(\dfrac{\pi t}{2\tau}\right) & 0<t\le\tau \\ p_{\max} & t>\tau \end{cases} \tag{6.48a}$$

以及

$$p(t)=\begin{cases} p_{\max}\sin^2\left(\dfrac{\pi t}{\tau}\right) & 0<t\leq\tau \\ 0 & t>\tau \end{cases} \tag{6.48b}$$

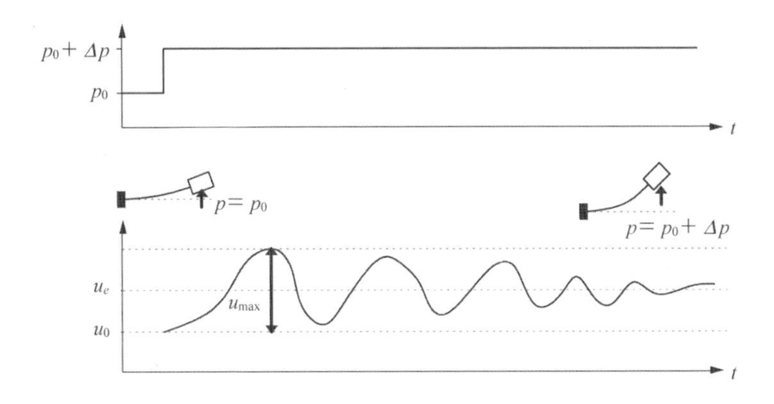

圖 6.24　有些許衰減的 1 自由度系統因遽增負載而產生的超越量及平衡位置

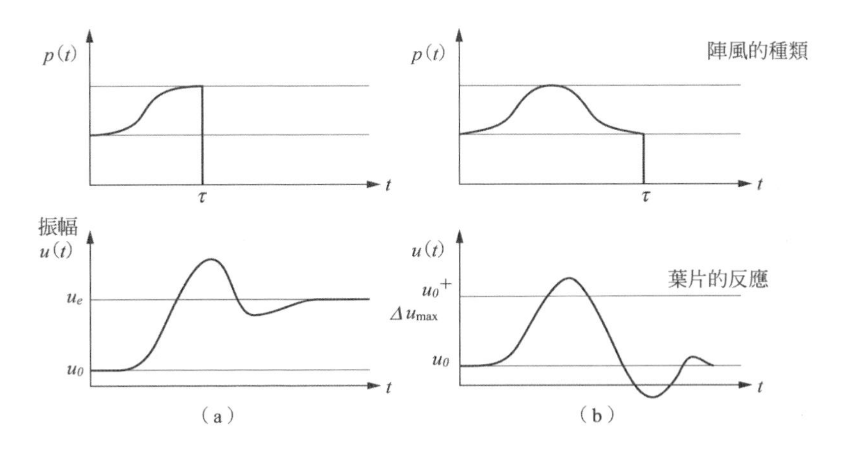

圖 6.25　時間 τ 中產生的陣風與葉片反應的超越量
（因陣風種類造成平衡點不同）

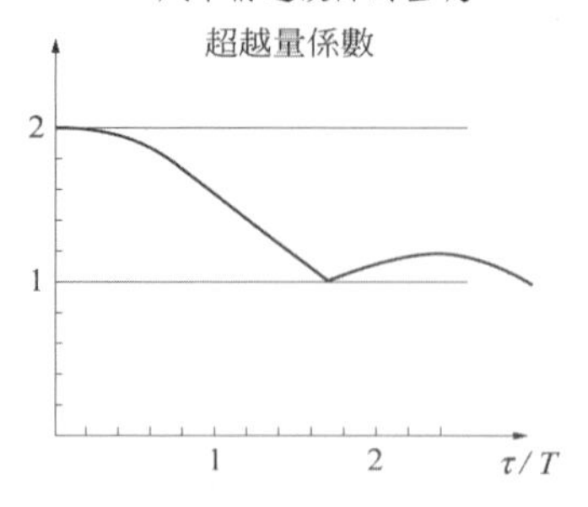

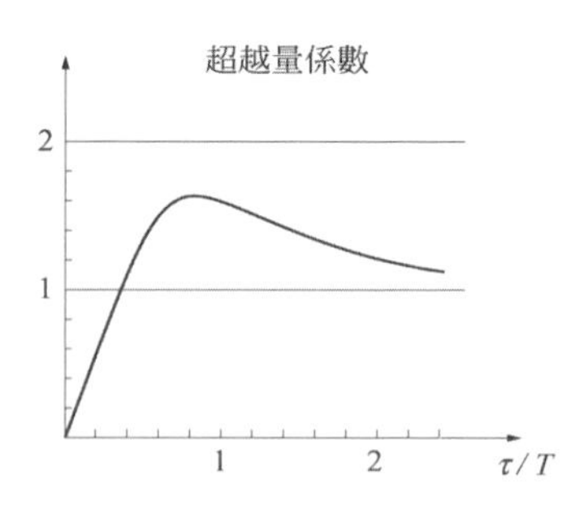

圖 6.26　2 種陣風造成的超越量比

〔3〕轉子橫搖（擺頭運動）時，離心力、旋轉力、柯氏力造成的短期外力

機艙因橫搖驅動或方向控制對風車行橫搖運動 $\gamma(t)$ 時，即使是角速度 ω 穩定旋轉，仍會引起極為複雜的慣性力作用在葉片軸（spar）上（圖 6.27）。

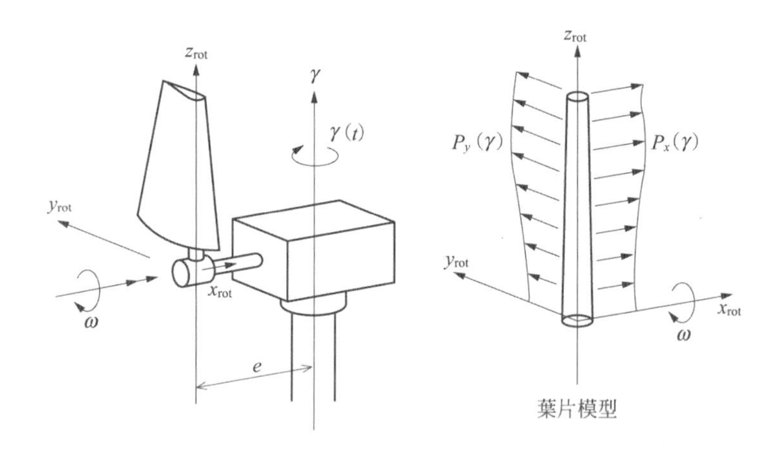

圖 6.27　橫搖運動 $\gamma(t)$ 引起的慣性力的負荷 $P_x(\gamma),\ P_y(\gamma)$

為了簡化問題，沿著座標系統 $x_{rot}-y_{rot}-z_{rot}$ 的 z_{rot} 軸上，假設質量是連續性的分布（質量分布為 $\mu(r)$）。將旋轉面與風車塔中心軸的間隔設為 e。作用於葉片軸的慣性力所造成的負荷如下所示，

$$P_x(r)=\mu(r)\left(-\ddot{\gamma}r\sin\omega t-\dot{\gamma}^2 e \qquad -2\dot{\gamma}\omega r\cos\omega t\right)$$

$$P_y(r)=\mu(r)\left(\ddot{\gamma}e\cos\omega t-\dot{\gamma}^2\frac{1}{2}r\sin 2\omega t\right)$$

$$P_z(r)=\mu(r)\left(-\ddot{\gamma}e\sin\omega t+\dot{\gamma}^2 r\sin^2\omega t \qquad +\omega^2 r\right) \tag{6.49}$$

(1)　(2)　(3)　(4)

項目(1)是橫搖的加速度運動所產生的力，項目(2)為橫搖的離心力所產生的力，項目(3)為柯氏力，項目(4)是轉子旋轉時所產生的離心力造成的分布負荷。（如何導出各項請參考圖 6.28）

與空氣動力的外力相同，這些負荷也使葉片剖面產生剪力、彎曲力矩。橫搖驅動所產生的橫搖運動通常是極為緩和的，因此 $\ddot{\gamma}=\dot{\gamma}=0$ ，慣性力不會造成任何問題。算式（6.49）中，只留下表示離心力的第 4 項，表示只有離心力納入考慮。在固定速度 $\dot{\gamma}=const$ 產生橫搖運動時，則不考慮橫搖加速度的第 1 項。橫搖變位 $\gamma(t)$ 的運動方程式藉由估算機艙的慣性及橫搖驅動或葉片造成的驅動轉矩求得。

〔4〕煞車過程

驟然的煞車會在圓周方向產生很大的慣性力。對於軸的圓周方向的負荷分布，以下為有效算式。

$$P_y(r)=\mu(r)\dot{\omega}r=-\mu(r)rM_B(t)/\Theta_{tot} \tag{6.50}$$

$M_B(t)$ 為煞車力矩。Θ_{tot} 為葉片、輪轂、軸、發電機的合計旋轉慣性，$\mu(r)$ 為葉片的軸方向質量分布。

〔5〕葉片重量造成的週期性負荷

如之前所敘述過的，大型風車的葉片重量大，是必須考慮的負荷。對中型風車（ $d=20m$ ）而言，葉片重量的影響不大，小型風車（ $d<5m$ ）時可以完全不考慮（並非質量，而是重力產生的效果）。由式（6.51），可藉由重力得到剖面力的變動週期曲線。（參照圖 6.29）。

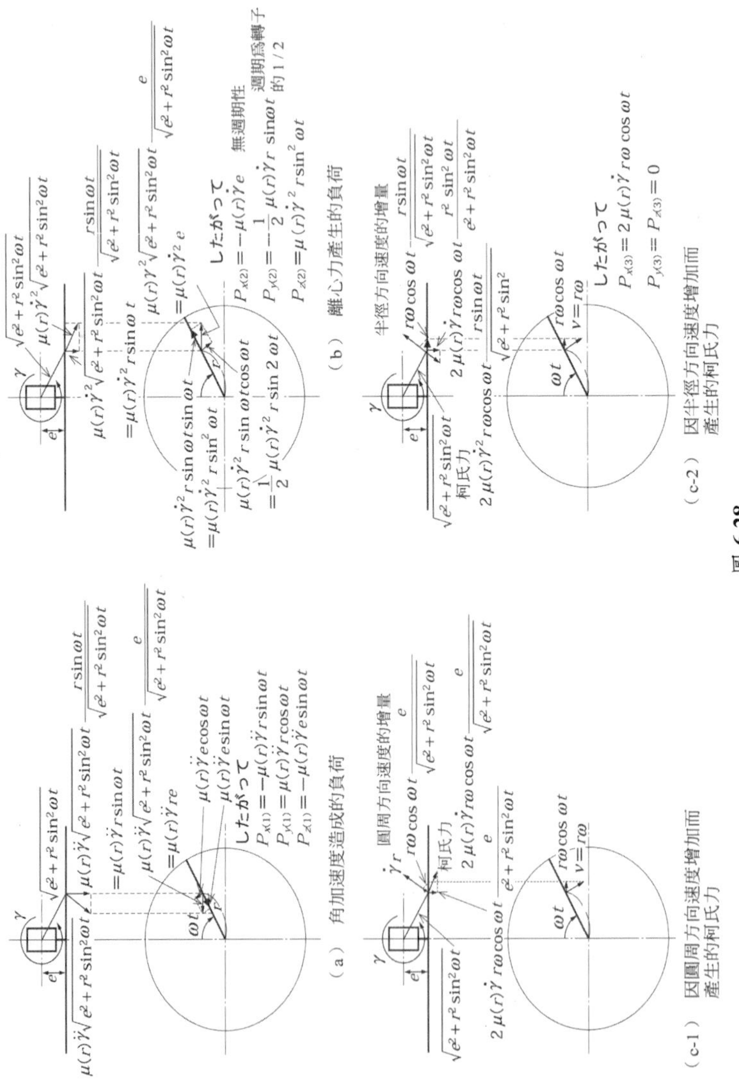

（a）　角加速度造成的負荷
したがって
$P_{x(1)} = -\mu(r)\ddot{\gamma} r \sin\omega t$
$P_{y(1)} = \mu(r)\ddot{\gamma} r \cos\omega t$
$P_{z(1)} = -\mu(r)\ddot{\gamma} e \sin\omega t$
（b）　離心力產生的負荷
したがって
$P_{x(2)} = -\mu(r)\dot{\gamma}^2 e$　無週期性
$P_{y(2)} = -\frac{1}{2}\mu(r)\dot{\gamma}^2 r \sin\omega t$　週期爲轉子的 1/2
$P_{z(2)} = \mu(r)\dot{\gamma}^2 r \sin^2\omega t$
圓周方向速度的增量
柯氏力
$v = r\omega$
（c-1）　因圓周方向速度增加而產生的柯氏力
半徑方向速度的增量
柯氏力
したがって
$P_{x(3)} = 2\mu(r)\dot{\gamma} r\omega \cos\omega t$
$P_{y(3)} = P_{z(3)} = 0$
（c-2）　因半徑方向速度增加而產生的柯氏力

圖 6.28

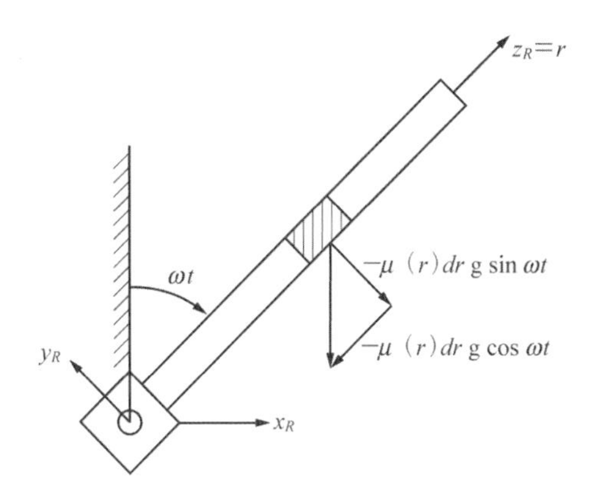

圖 6.29　作用在軸上的週期性負荷

$$
\begin{aligned}
&P_x(r) = 0 \\
&P_y(r) = \mu(r) g \sin \omega t \\
&P_z(r) = \mu(r) g \cos \omega t
\end{aligned}
\tag{6.51}
$$

〔6〕風車塔造成氣流阻塞，或氣流遮蔽所產生的週期性負荷

上風型風車的風車塔對葉片的氣流造成的影響小。但是，會因風車塔造成的氣流阻塞，或是遮蔽效果，攻角產生些微變化。對於下風型風車，此效果變得很大。(參考圖 6.30)

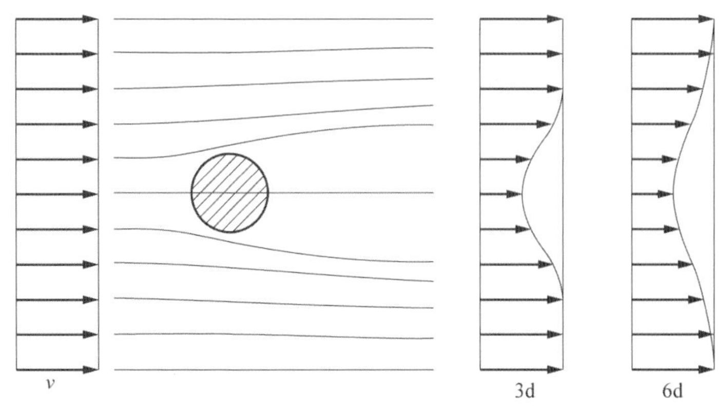

圖 6.30　風車塔尾流的遮蔽效果與速度分布

風車塔所造成的氣流遮蔽效果影響葉片的圓周與推力方向負荷，因此也對輸出與轉矩造成不小的影響。各個葉片跨越週期性的速度不均勻分佈，轉矩與輸出也產生週期性的變化，風車的葉片數愈多，轉矩與輸出的變化愈小。

這些週期性負載的振動頻率，為轉子轉速或是為其整數倍。對於預防葉片及風車的共振，擁有這種程度的知識已相當充分（動態反應請參考專門書籍）。

〔7〕關於偏斜風及地表附近的邊界層形狀

圖 6.31 表示葉片在最高點位於垂直位置時，偏斜風造成的影響。在最低點，角度 δ 為負值。葉片在水平位置時，相對風速 w 擁有與葉片軸平行方向的成分。偏斜風在高度分佈的影響如圖 6.32 所示，使用的線性近似值處理。

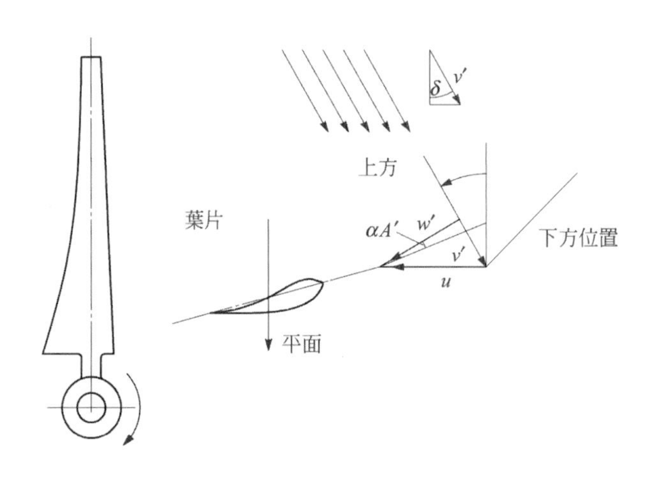

圖 6.31　葉片位於垂直位置時偏斜風造成的影響

6.2.3　施加於發電機機艙及塔的負荷

施加於機艙及風車塔上最大的負荷，主要是與轉子相關的推力、轉矩，以及自體重量。轉子的推力負荷，必須考慮旋轉平面內風的分布。推力負荷的中心不與轉軸一致時，轉軸上會產生彎曲力矩。若將分佈推力負荷轉換為集中推力負荷 $T(v)$ ，則在相同彎曲力矩情形下可導出集中負荷的偏心量 e。

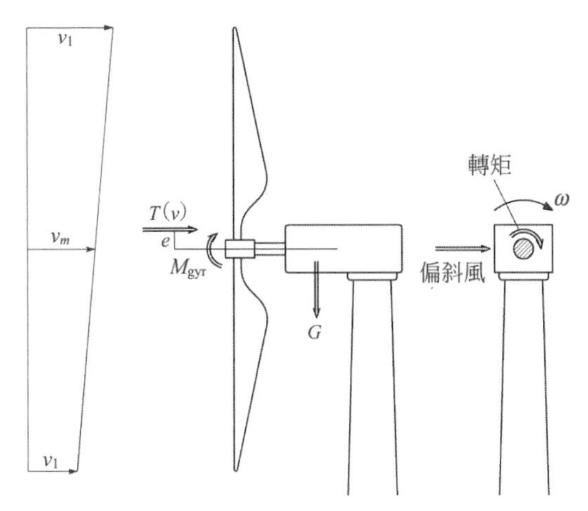

圖 6.32　風對機艙及風車塔的影響

急遽的橫搖運動時，會產生旋轉力矩 M_{gyr}

$$M_{gyr} = \Theta\omega\dot{\gamma} \tag{6.52}$$

式中，Θ 為轉子輪轂與發電機的極慣性力矩，$\dot{\gamma}$ 為（穩定）橫搖角速度。2 片葉片的情況下，旋轉力矩的變動與轉子轉速 ω 同步。

受到偏斜風吹拂時，機艙上有橫向的負荷及彎曲力矩 M_y。因此，強制性的橫搖運動時，偏斜風造成的力在風車塔上產生彎曲及扭轉。

6.3　風車用發電機的基礎

風力發電用的發電機，在第二次大戰後由丹麥的 J. 尤爾提倡系統互連方式前，皆使用小規模地方自治團體發電用的直流發電機。之後作為系統互連用機型，開始使用感應發電機。近期考慮風車大型化及系統互連，也使用感應發電機以外的同步發電機等機種。

6.3.1　風力發電機的構造及系統互連

用於風力發電的發電機，感應發電機和同步發電機大相逕庭，前者有轉子為籠型的「鼠籠式」，以及在轉子上繞線的「線圈式」，後者有使用激磁器，以及使用永久磁石的機型。其中，截至目前為止最為廣泛使用的是，小型、輕巧、低成本的鼠籠式感應發電機。現今使用的風力發電機，多由風車、加速齒輪、發電機、變電器、控制裝置等構成。各種發電機的典型設計如圖 6.33 所示。

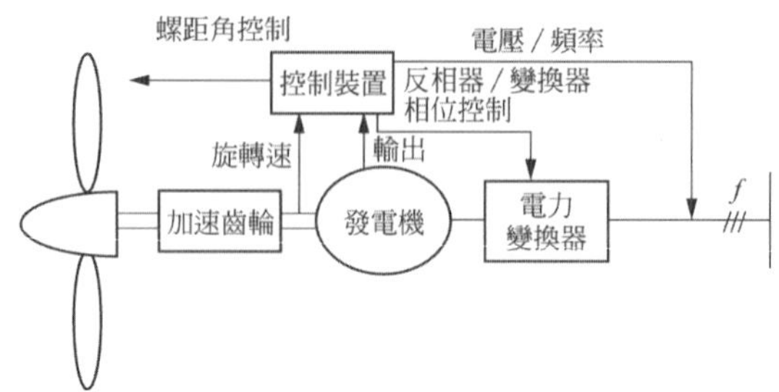

圖 6.33 風車發電機的典型設計

另外，風力發電機產生的電力，通常是藉由電力系統供給需求者使用。將風力發電機的輸出與電力系統連接稱為系統互連，但因為自然風的風向、風速會改變，造成發電輸出也會變動。因此，系統互連時，必須考慮風力的發電電力對電力系統造成的影響。互連時應該注意的事項有：發電機的輸出頻率、電壓、有效及無效電力的調整、高次諧波控制、與系統的保護協調等項。

風力發電機和電力系統互連時，首先應該考慮的是整合風力發電機的輸出頻率及電力系統的頻率。有 2 種方法可整合頻率，第 1 種方法是將發電機輸出直接與電力系統連結，依螺距角控制或失速控制，將風力發電機的旋轉數控制在一定值。此方法稱為固定速率控制。第 2 種方法是藉由電力電子轉換器與電力系統併接的方法，容許發電機的轉速在某程度內變動，控制電力電子轉換器的輸出頻率配合系統頻率。因為發電機未與系統直接連結，不需要正確的轉速控制。此方法可變動轉速，因此稱為可變速控制。另外，關於電壓，發電機的交流輸出藉由變壓器升壓，使之與系統側的電壓整合，

6.3.2 使用於風力發電的發電機[8)]

使用於風力發電的發電機，如前述有感應發電機和同步發電機。最普及的鼠籠式感應發電機堅固又平價，但其缺點為湧入電流大。另一方面，線圈

式感應發電機因控制二次側阻抗及轉差輸出，可壓抑湧入電流及控制出力功率為其特徵。同步伐電機有需要激磁器的機型（附激磁器）及使用永久磁石不需要激磁器的機型（使用永久磁石激磁）。特別是近年來使用釹等稀土類金屬提昇磁性材料的特性，不需要激磁器的永久磁石激磁型同步發電機變得廣為使用。另外，將多數磁極並排，開發了多極同步發電機，無齒輪型的同步發電機也實用化了。

運用在風力發電上的各種發電機統整，如圖 6.34 所示。

以下為系統互連的實例。

〔1〕感應發電機

感應發電機是藉由將旋轉數設定為略高於同步旋轉數，並可簡單發電，系統互連時可進行感應發電機的運轉，至今廣為利用。尤其是在欠缺自動啟動性的打蛋型風車的系統互連中，利用感應發電機的馬達模式啟動風車是不可欠缺的。

感應發電機有鼠籠式和線圈式 2 種。鼠籠式的轉子呈籠型，此方式是將鼠籠式發電機與系統直接連結，發電機可供給的電力為感應性的負載。另外，線圈式感應發電機控制二次側線圈阻抗型（RCC 發電機）是控制在線圈式轉子上的阻抗變化，進而改變流經線圈的電流量。此型發電機可控制啟動電流或改變電力的頻率，便可在 7% 程度的範圍內控制轉速，風力負載的減低及系統的電力變動可藉由轉差控制來降低其衝擊。

圖 6.35 為線圈式感應發電機的控制二次線圈阻抗型（Double-Fed 發電機）。控制二次線圈轉子的電流，操作風車產生的電量與頻率。系統互連藉由 AC/AC 變換器進行。因為二次側與轉差輸出電壓及系統電壓互連的緣故，連接 AC/AC 變換器。整合轉差的頻率與系統電壓的頻率，藉由同時控制相位，可控制無效電力，也可調整系統側所出力的功率。

〔2〕同步發電機

進行風力發電的系統互連時，在有弱系統線路，湧入電流限制，或伴隨風速改變的電壓變動問題的地點，為了消除感應式馬達的電性弱點則建議改使用同步發電機。圖 6.36 為附加激磁器的同步發電機的系統互連，此方法使用附有激磁器線圈式同步發電機與系統直接連結。同步發電機中，可藉由激磁器控制供給轉子的電流，藉此可供給無效電力，且可控制功率，也可以輸出給不論是感應性、容量性的負載。

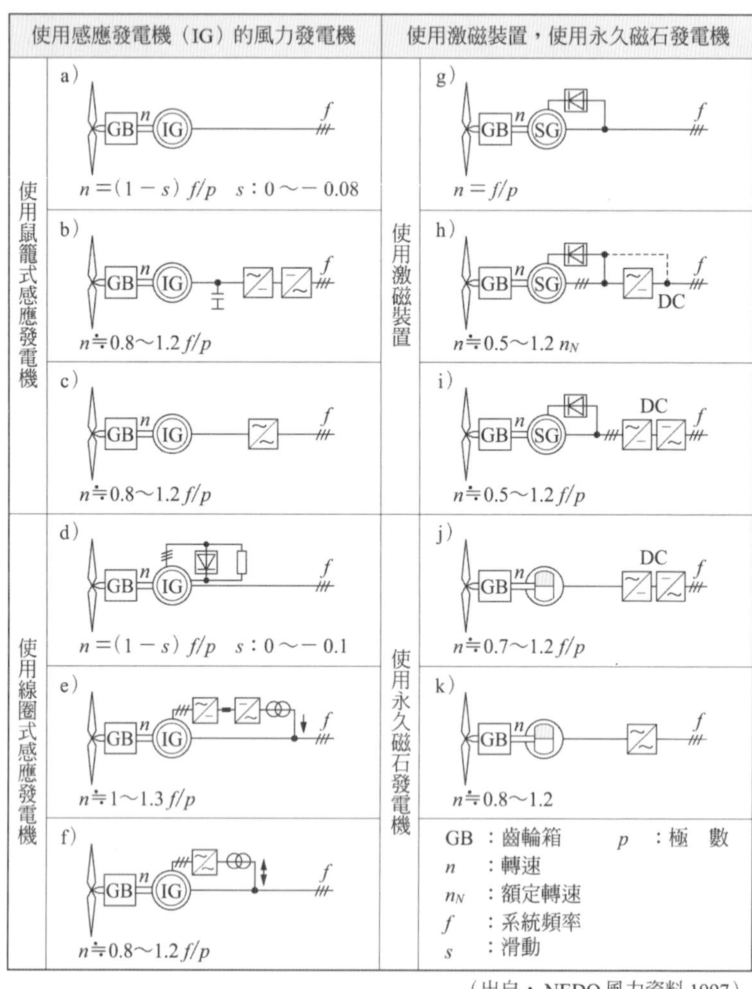

圖 6.34　各種風力發電機

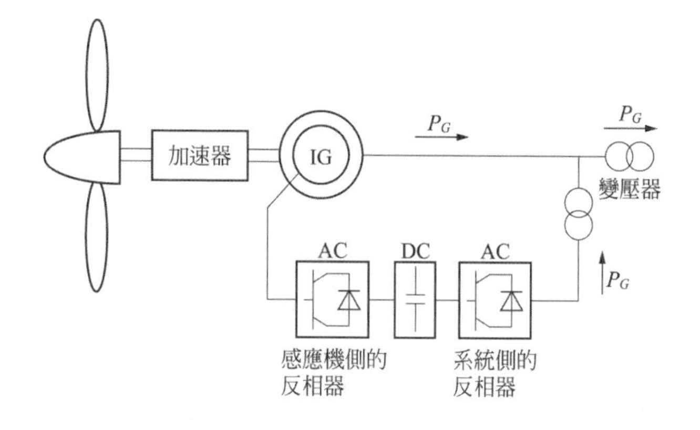

圖 6.35

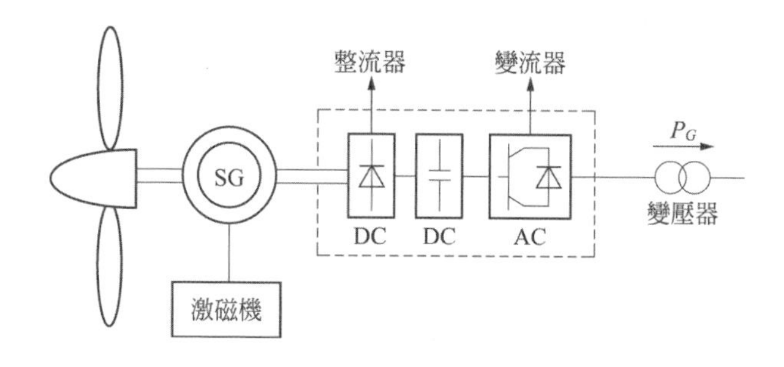

圖 6.36　附有激磁器的同步發電機

圖 6.37 表示永久磁石式同步發電機的系統互連。此種方式是將同步機中的激磁器以永久磁石取代。此種發電會先將產生之交流電力暫時轉變為直流電，與系統側的電力整合後再變換為交流電的 AC-DC-AC 連接方式，因可變速，而可達到提高風車的空氣力學效率及減低風的負荷，為其優點。另外也有可依據多極化去除加速齒輪這項特徵。若與 AC/AC 連接，也可控制無效電力。

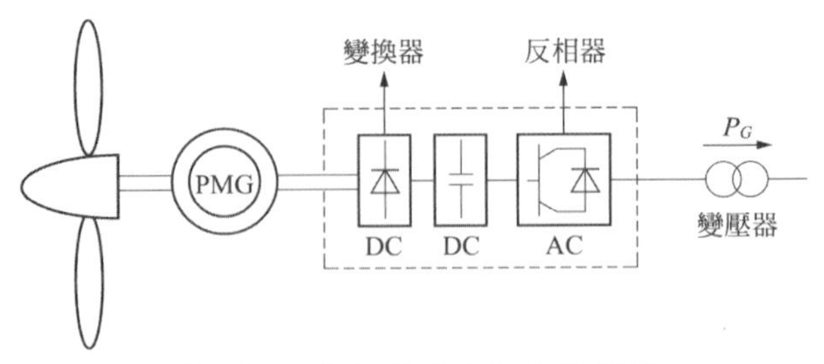

圖 **6.37** 永久磁鐵式同步發電機

6.3.3 系統互連時電力品質的確保

系統互連時，除了調整頻率、電壓、有效及無效電力以外，控制風力發電機的輸出變動，控制變電器造成的高諧波等，確保既存電力系統的電力品質是必要的。高諧波是因使用軟啟動器及反相器產生，結果造成電力用電容器過載、功率調節器或變壓器溫度提昇、螢光燈的聚光器或安定器溫度提昇、儀表測量產生誤差、影響電流迴路等，尤其是對電容器設備的影響最大。

另外，風力發電機與系統互連時，系統側因意外等原因切斷系統電源的情況下，有可能發生只有互連中的風力發電設備繼續發電，只供給局部電力的狀況。此為孤島運作狀態，如果發電機產生的有效電力與負載消費的有效電力達成平衡；以及發電機接收的無效電力及電容器供給的無效電力亦達成平衡時，即使風機切離系統也可以繼續發電。然而實際上這幾乎是不可能的事，但是，萬一發生孤島運作狀態，可能會造成觸電意外或機器損傷。關於此點，「電力系統互連技術要件指針'98」中有所論述。另外，對既存電力系統的保護協調是根據必要的技術基準而定。

6.4 日本風力發電系統的開發 [9) 10)]

隨著日本各地風力發電的持續普及，日本嚴苛的運轉環境條件明顯的與歐洲不同。丹麥的風力發電故障率一年內平均 1 座約 0.78 次（2001.11 ~ 2002.10），相對於此，日本國內一年內 1 座約 2.59 次（2000.4 ~ 2001.3，NEDO FT 產業）。約為丹麥的 3 倍。

此高故障發生率的背後，有歐洲沒有的，如日本的颱風、山岳地帶特有亂流，以及日本海側強力的冬季雷。2004 年，日本的風力發電裝置，有 9 成以上自丹麥或德國輸入，這些風車的設計適合穩定的歐洲環境條件，一般認為不適合日本的環境為其原因。本節中將針對風力發電，介紹什麼是日本的特殊環境，並探討日本風力發電該如何適應環境。

6.4.1　日本風力發電所處的環境—颱風[11) 13)]

〔1〕颱風造成的風車損失

2003 年 9 月 11 日襲擊沖繩縣宮古島的 14 號颱風，吹拂最大瞬間風速為 74.1m/s（宮古島地方氣象台的觀測值）的強風，帶來死亡 3 人，受傷 95 人，371 棟房屋損壞的重大損失。此颱風造成 7 座設置在宮古島的風力發電機中，有 3 座從風車塔根基崩毀，3 座葉片折損，剩下 1 座的機艙也受到損傷，受到幾乎全毀的重大損失。

〔2〕熱帶低氣壓與發生地區

颱風是指在北太平洋西部產生的熱帶低氣壓中風速超過 17.2m/s 的低氣壓（圖 6.38）。同類的熱帶低氣壓，還有發生在印度、南太平洋的氣旋，以及發生在北美大陸的太平洋側和墨西哥灣的颶風。另一方面，世界上風力發電量多的國家，德國、美國、西班牙、丹麥等，即佔了全球的 8 成以上，這些地區皆為高緯度地帶或內陸，都是不會產生熱帶低氣壓的地方。

其中只有第 5 名的印度，以及第 8 名的日本會受到氣旋或颱風的猛烈影響。與日本同樣受到熱帶低氣壓影響的印度，在 1998 年 6 月，印度洋西北沿岸受到強勁氣旋的襲擊，造成 2000 人以上的犧牲者及 129 座的風力發電機損壞，為留名於風力發電史上的重大災害（圖 6.39）。估計此時的最大瞬間風速為 72m/s。這些熱帶低氣壓造成的意外，與風力發電誕生的故鄉－歐洲不同，為日本及印度的特別現象。

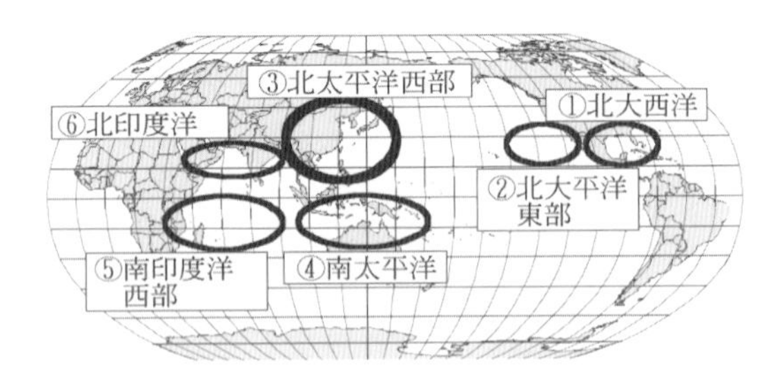

圖 6.38 世界發生熱帶低氣壓的區域

圖 6.39 印度的意外（1998 年）

〔3〕風車的強度與風速

風力發電機的設計、製造以國際基準 IEC 61400-1「風力發電系統的安全要求」為基準。根據此基準風力發電系統的耐風強度設定為可以承受 50 年內可能會發生 1 次的最大風速（極端風速），如表所示，從弱風 Class IV 到承受強風的 Class I 分為 4 個等級（表 6.3）。使用者根據風力發電機設置地點的風力強度，選擇適合風的強度等級的風力發電機。

表 6.3 耐風速設計基準（IEC 61400-1）

強度階級	極端風速
Class I	70m/s
Class II	59.5m/s
Class III	52.5m/s
Class IV	42m/s

前述直撲宮古島的 14 號颱風，宮古島地方氣象台所觀測到的最大瞬間風速為 74.1m/s，但不一定與風車設置地點的風速一致。由當時測得的風速資料模擬風車設置地點的風速，報告指出作用在損毀風車上的最大瞬間風速為 80.7 ~ 81.8m/s。在宮古島上受到損壞的風力發電機設計耐風強度等級為 Class I 及 Class II，不足以應付 14 號颱風的風力。

6.4.2 日本風力發電所處的環境—亂流[11) 12) 13)]

在平地少，山岳地約佔了 7 成的日本國土上，風力發電多建設在山岳地帶。近年來，相繼建設大規模的風力農場，但多建於高原、山嶺、海岸台地等類屬山岳地形的土地上（圖 6.40）。在日本亂流被認為發生重大故障及損壞的原因之一。造成風力發電機的葉片搖晃、軸承或齒輪受損，可看到與製造國丹麥及德國不同的故障型態為其特徵。

因為山岳地為凹凸不平的複雜地形，風的速度及方向頻繁的變動造成強大亂流。對於風力發電機而言，風的變化會對葉片、發電機、加速器、軸承及風車塔造成動態負荷，影響各部位的強度及壽命。另外，風車的輸出也對應產生變動，使實際的發電效率低下。輸出不安定會造成電力的輸電、配電系統的電壓及頻率等電力品質低落。

在如前述的國際基準 IEC 61400-1 中，規定了風力發電所遭遇到的亂流標準。此標準基本上是根據平地多的丹麥或德國的風況觀測結果設定，不包含日本這類多亂流的山岳地的特性。圖 6.41 為設置於三重縣鈴鹿山脈的野登山，產業技術綜合研究所的風力發電實驗場的亂流實測值。根據此圖，觀測到比 IEC 61400-1 高出許多的亂流值，可知亂流也是日本較歐洲環境條件較嚴苛的原因。

6.4.3 日本風力發電所處的環境－雷[15) 16)]

風力發電裝置的防雷措施有一般其他結構沒有的問題。這些問題主要由下列事項引起。

圖 6.40 山岳地的風力農場

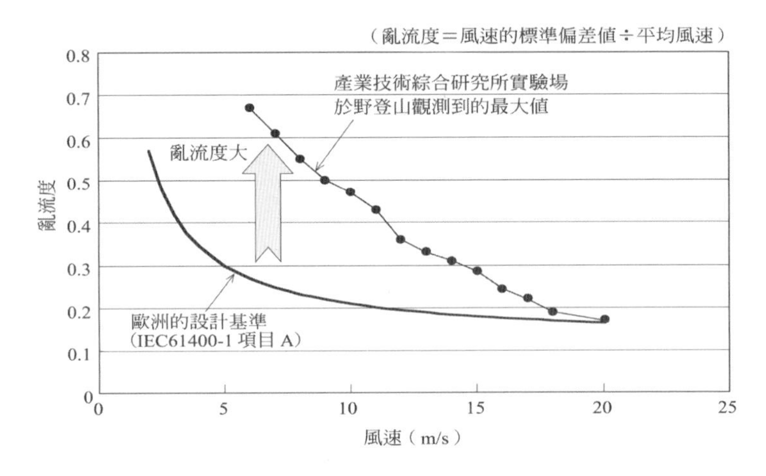

圖 6.41 日本與歐洲風的亂流值比較

- 風車構造的高度超過 100m
- 風車經常設置在容易遭受雷擊的地方
- 葉片或機艙之類置於最外側的構造，無法直接承受雷擊，或是以不通電的複合材料製造
- 葉片及機艙旋轉中
- 雷的電流必須經由風車傳導至大地，因此雷的所有電流實際上皆流經所有的結構及其周遭
- 風力農場的風車，時常互相聯繫，設置在環境狀況惡劣的地點

由歐洲數國維護的風車資料庫，包含了 4000 座以上的風車。第一手資料以月報的形式，由風車所有者及運作者自發性的，或是因應地區特定補助金計畫的要求條件提出。政府機關，或是提供補助金的組織每個月或每年統整這些統計資料。由資料庫收集到雷所造成的故障、損害的統計資料有助於認識其風險，並幫助風車製造業者及所有者評估避雷裝置，決定機型。

1990 年代的 10 年間，在德國、丹麥、瑞典因雷所引起的故障，每 100 座中，一年約在 3.9～8 座當中變動，由此可預測北歐一年當中每 100 座風車中有 4～8 座受到雷的破壞。根據故障現象的產生因素分類，可有效評估風險。圖 6.42 為德國的資料，圖 6.43 為丹麥的資料，此 2 圖以圖表表示各項故障的百分比。雖然項目不同，必須注意雷造成的控制系統損傷佔全報告現象的 40～50%。在日本，雷也是造成風力發電機停止運作、故障的最大主因，佔全體的 24%。相較於此，歐洲的雷電災害在德國是 8%，丹麥為 4%，與風力發電先進國相比，可知日本的雷電災害為壓倒性多數。

風力發電遭到雷擊時，由玻璃纖維複合材質製成的葉片受到損傷的案例很多。遭到雷擊時，葉片受到的損害比其他結構嚴重，常發生燒毀、破裂、龜裂的狀況，需要花費長時間修理，包含運轉損失時，則損失相當嚴重。IEC 61024-1 規定對風力發電中落雷的要求，訂定了保護等級，其中最嚴格的等級 I 的要求值，以及觀測日本的雷擊所得到的值如表 6.4 所示。

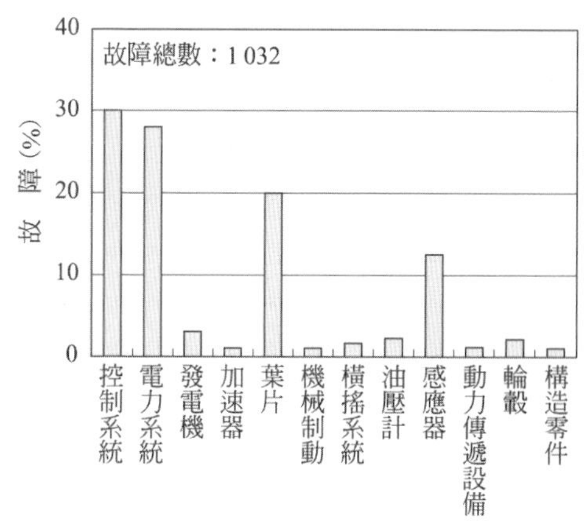

圖 6.42　在德國由落雷造成各結構故障的狀況

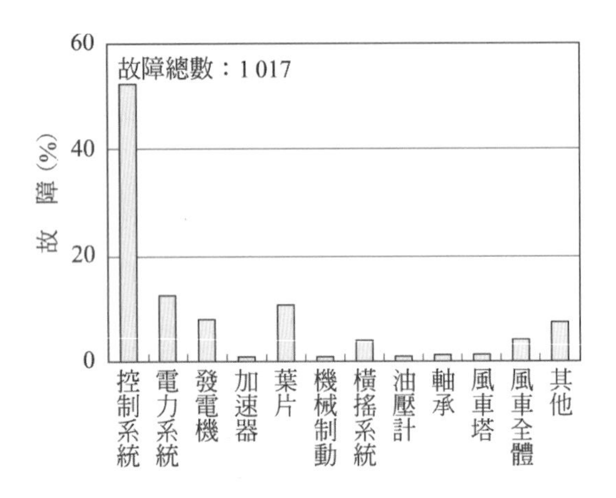

圖 6.43　在丹麥由落雷造成各結構故障的狀況

表 6.4　雷的保護等級規格和日本的雷電強度

		電流〔**kA**〕	固有能量〔**kJ/**Ω〕	平均電流提昇率〔**kA/**μs〕	全電荷〔**C**〕
IEC 61024-1 保護等級 I		200	10000	200	300
日本	夏季雷	24	1000	80	20
	冬季雷	150 以上	100000	1000	3000

日本的夏季雷是積亂雲所產生的陰極雷。另一方面，冬季雷多是冬天在日本海側發生的陽極雷，以向上方放電開始。西伯利亞大陸的冷氣團度過日本海時，因為溫度較高的海洋所產生的上升氣流，在日本海上空生成高度低、覆蓋範圍廣的雲，冬季雷由此種雲造成，成為日本海側的冬季風情。從圖 6.44 可知冬季雷集中在日本海側的東北至北方。而且在全世界也很難找到能和冬季雷相提並論的強烈雷電，容易雷擊到高大建物，電荷和雷擊能量也異常的大。和日本海冬季雷相同的雷，只有在挪威灣發生，因此在風力發電領域中，可看做日本特有的現象。

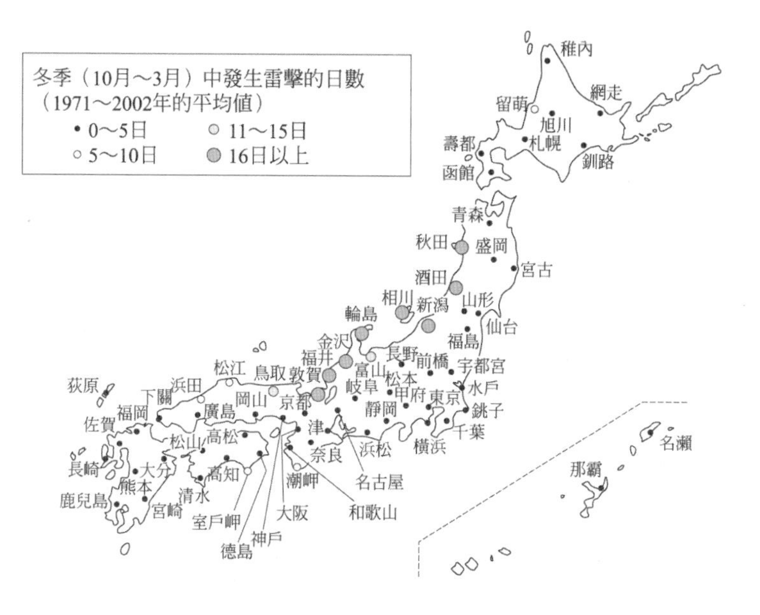

圖 6.44　冬季雷日數

6.4.4 配合日本國土民情的風力發電系統 —NEDO 離島用風力發電系統的開發

如前述，日本的風力發電運用在比誕生地的德國、丹麥還要嚴苛的條件中。日本除了本土 4 島及沖繩本島以外，還有 425 個共 146 萬人居住的離島。離島的電力多由設置在島內的柴油發電廠供給，發電成本為 40 元/kWh 左右，比本島昂貴。另一方面，大部分的離島地區具有年平均風速 6m/s 以上的優越風況。在這樣的離島上，要應用歐洲型的大型風力發電系統有很多困難。其理由有以下 3 點。

① 有強烈颱風襲擊，耐風速強度不足

② 建設用的大型建設起重機搬運困難

③ 風力發電的比例高時，很難維持電力品質

新能源．產業技術綜合開發機構（NEDO），從 1999 年度至 2002 年度的 4 年之間，著手開發適合日本離島環境的風力發電系統。此離島用風力發電系統的開發目標如下所示。

- 發電成本；20 元/kWh 以下
- 系統併入率 40％以上
- 設計壽命：20 年以上
- 設計極端風速：80m/s 以上
- 建設不使用大型重型機具（20 噸級）
- 與柴油發電機的混合運轉

由富士重工業委託開發，設計、製造了 2 座離島用風力發電系統，設置在沖繩縣伊是名島上（圖 6.45）。經過 1 年的實地運轉測試，在 2002 年滿足所有的開發目標，結束研發。雖然只是小規模機型，但脫離了歐洲型的設計基準，對於實現適合日本環境的風力發電機有重大意義。

圖 6.45 NEDO/富士重工離島用風力發電系統

6.4.5 邁向風力發電系統的自主開發[15)]

研發適合日本特殊環境的風力發電，NEDO 離島用風力發電系統為 100kW 的小規模風力發電，並解決「承受颱風」、「不使用重型機具」、「與弱小系統混合使用」等日本特有的課題。

另一方面，風力發電系統為追求經濟性，每座平均輸出達 1000kW，也有超過 2000kW 的風力發電機出現在市面上。即使是擔任日本可再生能源中心的大型風力發電機也必須跳脫歐洲型風力發電設計的框架，使用真正適合日本國土條件、環境條件的設計手法，儘快確立設計基準。

此種適合日本環境的風力發電機稱為 J 級風力發電系統，2003 年以後，為了實現此種風力發電系統，相關省廳、研究機構、團體等開始進行具體、積極的行動。

從平成 14 年開始歷經 15 年，財團法人新能源財團（NEF）及 NEDO 藉由日本運用風力發電的企業家、自治團體等進行實況調查，提出現場的問題點及課題，作為行動計畫完成對策方案。

關於雷擊，測量全國主要風力發電機遭受雷擊的狀況，把握實際的狀況，進行大規模的調查，研究機械結構及推動對策方法的研究。另外，關於山岳地區的亂流及強風，計測各地風力發電相關的風況，開始進行符合日本的風車模組的製作計畫。另一方面，為了減少關於風力發電的不便及意外，也在 NEDO 內設立調查委員會。

圖 6.46 表示與歐洲相異的日本外部因素，為了讓從歐洲誕生的近代風力發電機適應日本的特殊環境，開始進行廣範圍的開發活動。由此產生的日本型風力發電系統，有可能成為同樣存在熱帶低氣壓的印度、大洋洲、亞洲東岸，或是多山岳地形的紐西蘭、南美等的低緯度、多山岳地區的世界標準。以擴大風力發電市場為背景，從日本出發，提出獨特新式實際風車標準以為國際貢獻。

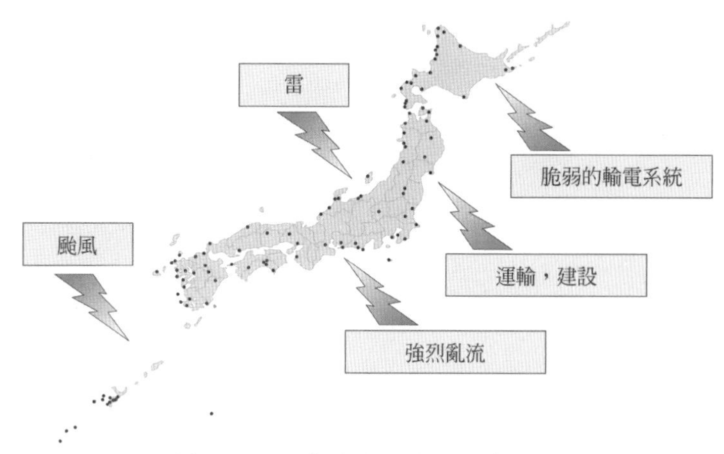

圖 6.46　日本特有的外部環境因素

第 7 章　風車的系統控制

關於利用風力的抽水系統或發電系統的設計有極多種的選擇。由於輸入的風能變化很大，所以在影響全體風車系統的設計因素中，風力的控制法非常的重要。

7.1　控制的種類[1)]

防止風車過度旋轉的結構只會在發生陣風或強風的緊急狀態下啟動，正常運作時不會啟動。防止過度旋轉的結構是普遍都會附加的保護系統，丹麥使用系統互連的失速控制方式，在風力渦輪機驅動感應式發電機上，設置依離心力大小來啟動的擾流片。這些擾流片會在電力系統發生故障或風車的轉速超過 20%以上過度旋轉時啟動，當轉速降低至額定轉速的 60%，擾流片回歸原狀，成為所謂的開關控制。

另外，藉由將離心力作為開關，也可打開機械性啟動的油壓閥，若油壓系統的壓力降低，加壓彈簧開始進行控制。小型風車中，也可以離心力啟動機械煞車器。

7.1.1　常規控制及強風對策

常規控制及強風對策不只是為了防止風車轉子過度旋轉限制輸入功率，也抑制強風時影響風車塔的轉子推力。一般而言，這種控制在轉子轉速及風壓超過某個界限時會持續運作。從設計的觀點來看，這是比例控制，直接使用離心力或風壓作為控制的力，可在沒有外部供給能源的情況下啟動。

7.1.2　高速控制系統

與常規控制系統相同，高速控制系統也是持續性的限制轉速和力。例如作為獨立電源的風車系統，為了能夠在運作中固定提供 50Hz，必須以高速進行螺距控制。

對於陣風情況，必須要有高速電磁－油壓伺服器，這種高速控制不用於小型風車，主要是用於高成本的電子儀器及油壓機械相對之下不會佔太大比重的 100kW 以上大型機型。此種高速控制系統可減輕加諸在風力發電裝置設備的負載，特別是對大型風車而言具有經濟效益。風車轉子各種的控制法如表 7.1 所示。

表 7.1 風車轉子的控制

		高速控制	常規控制	防止過度回轉
機械式煞車器				○
發電機負載		○	○	○
空氣力學的控制	全跨距可變螺距	○	○	○
	葉尖可變螺距		○	○
	擾流片襟翼		○	○
	葉尖煞車器	○	○	○
	轉子面偏向		○	○
	降落傘			○

7.2 風力發電裝置的控制[1)]

不僅是風力發電，所有發電機的額定輸出（最大輸出）都是被限制的，對於額定風速以上的風速，必須控制風車的輸出。控制輸出的方式主要有以下 4 種，可變螺距控制、葉尖控制、失速控制（stall control）、結合失速及葉片可變螺距結構的主動失速控制。圖 7.1 表示螺旋槳型風車的螺距控制及失速控制所造成的不同輸出性能。

〔1〕可變螺距控制

可變螺距系統是檢測風速及發電機輸出，改變葉片全體的螺距角，使轉子能夠以最大的效率運作。通常是以油壓進行，小型機型中，也有使用機械調速器等機械式方法。這種螺距控制系統，不僅控制輸出，在遇到颱風或是春天第一道南風等強風時，增加螺距角，呈現葉片與風向平行狀態使風逸失，控制旋轉，除了控制過度旋轉之外，也兼具安全．煞車機能。結構上，輪轂的構造變複雜，必須具備擁有充分力量的動力系統。另外，保養與修理時，要將全部的葉片從輪轂取下。

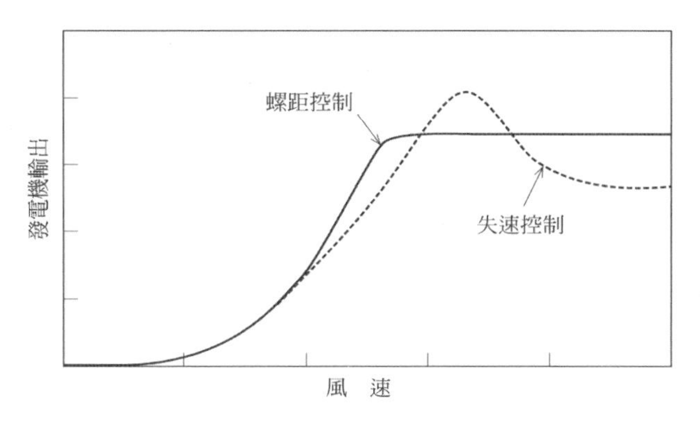

圖 7.1　螺距控制與失速控制的差異

〔2〕葉尖控制

葉尖控制（tip control）系統如圖 7.2 所示，只控制葉片端的螺距，簡化輪轂及葉片根部。另外，進行作動器及葉尖軸承的保養檢查時，可以不用將全體葉片取下。但是，葉片內部必須有裝設作動器的空間，高旋轉窄幅葉片的空間較小是其問題。

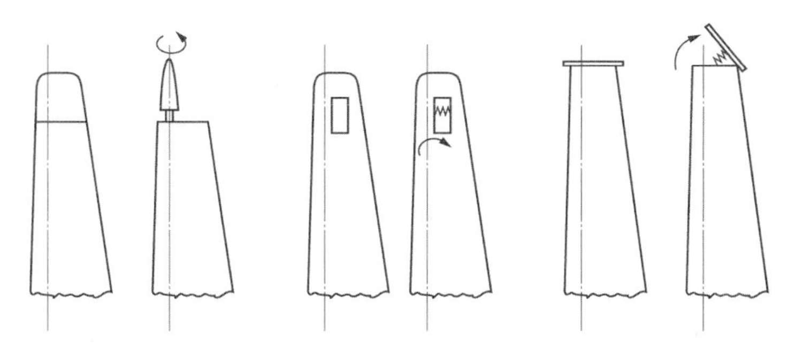

圖 7.2　葉尖控制系統範例

〔3〕失速控制（stall control）

失速控制是固定螺距角，利用風速達到界限以上時，流入轉子葉片的風的相對流入角度增加，在葉片背面產生分離現象成為失速（stall）狀態的控制方式。葉片喪失升力，抑制風車轉速，輸出也降低。這種失速控制最簡單，是一低成本的控制系統，可使用單純的輪轂及一體型葉片，不需要設置作動器所需的輔助動力，不能單獨控制轉子的轉速。另外，為了防止過度旋轉，多設有某種空氣動力煞車器。至今，此種方式主要用於丹麥製風車，多用在500kW以下的機型，但也有使用失速控制的1000kW級機型。

〔4〕主動失速控制

使用失速控制的葉片形狀，改變葉片的安裝角度，與螺距控制比較，可使運作中的葉片動作控制在最小的限度中。葉片前端不是空氣煞車，而是組合螺距控制和失速控制的控制方式。一般大規模風車使用螺距控制，對於葉尖控制和全跨距控制的選擇還沒有明確的基準。圖 7.3 表示可變螺距控制，圖 7.4 表示失速（stall）控制的結構。2 種方式都是在切入風速開始發電，達到額定輸出以前，以風速立方成比例增加。

7.3　橫搖系統

設計風力渦輪時，前述的風力控制法佔極為重要的地位，另外，因為風向變化頻繁，就水平軸風車的情況而言，必須下功夫讓風車轉子面對風向，有效率的取出風能。有自由橫搖和動力橫搖二類。

〔1〕自由橫搖

自由橫搖系統通常以下列 3 種方法啟動。

(a) 尾扇：如圖 7.5 所示，利用安定風向標用的扇葉精確運作，但僅限於小型風車。

(b) 尾葉：等同於風向標安定板，如圖 7.6 所示，此系統在小型風車中最廣為使用。

(c) 下風轉子：此方式廣泛運用在小型風車至大型風車上，不可避免會有前述的噪音、疲勞等問題。

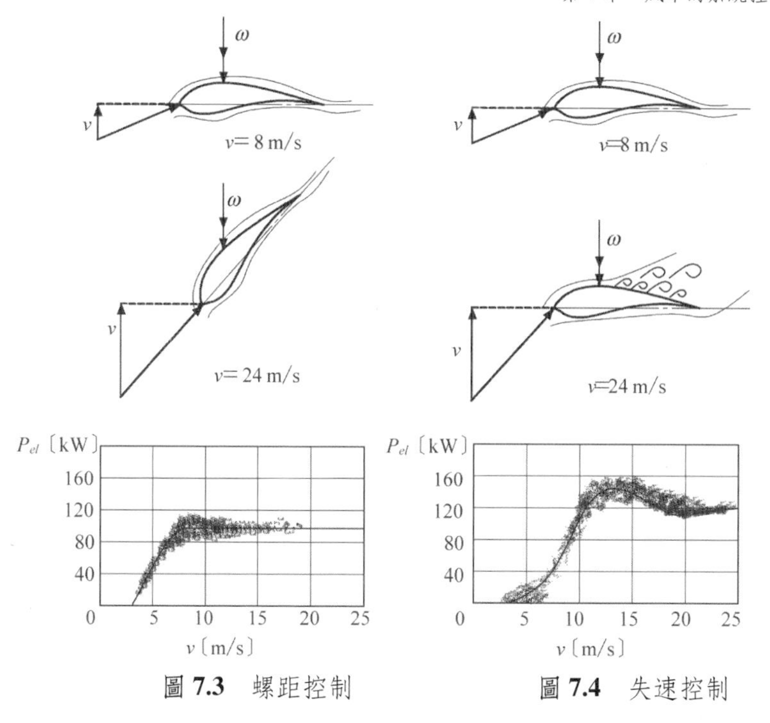

圖 7.3　螺距控制

圖 7.4　失速控制

圖 7.5　使用尾扇控制方向

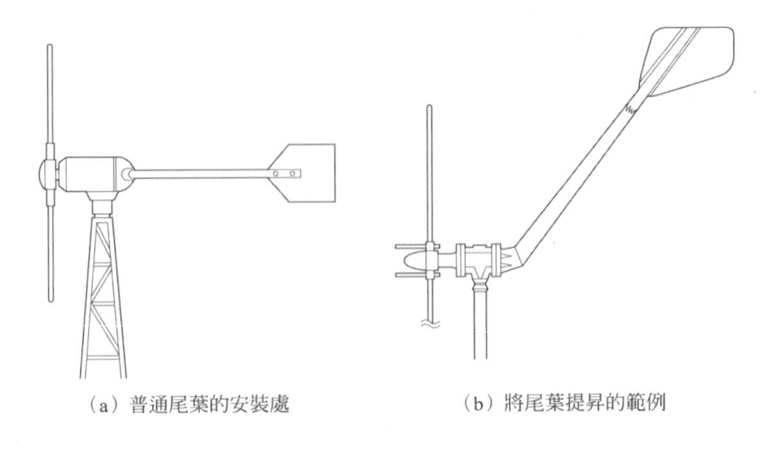
（a）普通尾葉的安裝處　（b）將尾葉提昇的範例

圖 7.6　尾葉（風向標安定板）的範例

〔**2**〕**動力橫搖**

幾乎所有的橫搖系統，是由設置在風車塔最高處齒輪的轉子作動器構成，使用風向感應器檢測與轉子相對的風向，進行方向控制。此種系統廣泛運用在數 kW 級到數 MW 級的機型上。

7.4　塔的負荷及運作條件

將風力發電系統的運作狀態及加諸於風車轉子或風車塔的負荷納入考慮時，一般而言，多在暴風時，風力負荷產生對地基最大傷害的應力。

〔**1**〕**額定運作時**

- 風車輸出額定發電量時的風速
- 額定輸出以上的風速時，以螺距控制或失速控制方式進行輸出控制
- 通常額定風速為 10 ~ 14m/s

〔**2**〕**關機時**

- 為了防止危險，停止風車旋轉、中止發電的風速
- 通常為風速 24 ~ 25m/s 時

〔**3**〕**共振風速時**

- 風力負荷的動態作用力，在風向的直角方向產生自激振動時

〔4〕暴風時

- 在設計時所預想的最大風速作用在風車上時
- 暴風時，中止轉子的旋轉及發電

一般在防波堤及地基等的設計中，很少以地震時的負荷作為風力負荷的考量。但在風車的情況下，原則上將額定運作時的風力負荷作為外力使用。

關於此種風力負荷的計算，可將建築基準法、起重機構造規格等土木建築關係基準的風力負荷計算列入參考。但是，這些計算法是以靜止狀態為前提進行，沒有估計將風車運作時，葉片旋轉中的外力列入計算。另外，因為至今還沒有訂定關於風車負荷的日本基準，作用於風車頂的風力負荷，是使用風車製造商提出的數值。

當風車停止時為暴風的情況，可適用於根據適當設定風壓係數的「建築基準法實行令第 3 章第 87 條」的基準。另外，國際電力標準會議的風力發電關聯的基準（IEC TC-88）中，風力發電的安全基準正進行 JIS 化，此基準是依據風速作等級分類，但因為是以沒有颱風的歐洲諸國風況為前提，設計基準也不能全面信賴。因此，如第 6 章所述，制定適合當地風況的基準是不可或缺的。

第 8 章　風能利用系統

8.1　獨立電源的小型風力發電

8.1.1　小型風力發電的發展背景

小型風車的利用歷史自古即有，在美國，1930 年代的賈克布風車或風充電型（wind charger）風車廣為所知。日本在昭和 20 年後在北海道的開墾地區等處大量使用山田風車等。雖然這些都是極為受限的利用，但以 1970 年的石油危機為契機，歐美各國出現了許多小型風車的製造業者，其數量在全球超過了 100 家。30 年後這些小型風車業者才稍具產業規模，唯以全球來看現今的商業規模與成長速度，仍稱不上大型規模。

美國風力能源協會（AWEA）的基層組織「小型風力發電部門」(SWTC）在 2002 年 6 月，發表了美國的小型風力產業道路圖，闡述了至 2002 為止的小型風力發電領域的展望。其中，美國的小型風力發電機的銷售實績在 2001 年度雖只有 13400 座，但訂立了在 2020 年時，由小型風車供給美國電力消費的 3%，5 千萬 kW（相當於 5 千萬座 1kW 機型。）的宏偉計畫，除此之外，也同時表明實現此計畫所需面對的課題。

近年來，伴隨地球環境問題浮現檯面，積極發展環境負荷小的風力發電，日本的大規模風力發電應用量在 2004 年末已達到 80 萬 kW。大型風車的發電成本也已達到可與火力發電競爭的階段，另外在經濟面，以及 CO_2 的削減效果也可說是極有成效。

另一方面，輸出為數 kW 下的小型風力發電系統的應用也相當盛行，日本已經有 5000 座以上的小型風車運作。這些小型風車為路燈或無線電的中繼站，或是山中休息所的獨立電源。另外，公園等公共場所，甚至是私人住宅設置的案例也正在增加。相對於以同樣目的使用的太陽能電池是靜止的，承受風力輕快地回轉的風車，除了電源的實用目的外，同時成為環境．能源的象徵是其優點。

2004 年度以後，日本環境省視風能為因應地球暖化對策的一環，對 20kW

以下小規模風力發電的設置提供補助金，預期今後的小型風力發電應用會愈加活躍。

8.1.2　小型風力發電的用途及設置場所[1) 2)]

IEC（國際電力標準會議）的風力發電技術委員會在 2000 年以後，將小型風車的迎風面積由 40m^2 以下擴大至 200 m^2 以下，日本 JIS 也比照修訂。上限為 200m^2 迎風面積相當於輸出 50kW 級，如圖 8.1 所示，幾乎所有此規模的風車皆為與大型風車相同的系統互連方式，擁有風車相關專門知識和技術的業者從企劃階段即參與其中。相對於此，作為獨立電源的數 kW 以下的風車，尤其是 1kW 以下的微型風車，因為對象多為不具備風車相關專門知識的一般民眾，並且多希望設置在市區中，故有多種問題產生。

圖 8.1　100kW 風車（富士重工業製造）

小型風車的用途大致區分為獨立電源型、商用電源備用式獨立電源，以及商用電源系統互連系統。

〔1〕獨立電源型

獨立電源型中，分為①單獨使用風力發電，以及②整合其他的後援獨立電源，微型風車的用途多為前者。但在弱風地區無法得到良好成果，即使電池容量大，若發電量少即無法蓄電。要達到基礎發電量，系統全體的的契合是很重要的。使用實例有山中休息所的電源、牧場的電源、教育用實驗設備、個人興趣等。圖 8.2 為公共設施用，圖 8.3 為個人家庭用的範例。另外，設置在弱風的市區等地的風車並非實用型風力發電，而是作為象徵和地標。

後者多利用風力與太陽光的互補效果，此種整合電源系統在發揮其最大效能時，必須有某程度以上的強風。單純組合風車與太陽能電池並不能達到整合系統的機能。整合系統中，風車與太陽能電池的功能分配比率是很重要的。使用範例有路燈和防盜燈，或是離島燈塔用系統等。圖 8.4 為設置在幼稚園的範例，圖 8.5 為整合戶外燈的系統構造。

圖 8.2　公共場所的設置範例（東武鐵路．足利市站前）

圖 8.3　個人住宅的設置範例（作為防盜燈使用）

圖 **8.4** 幼稚園的設置範例（風力＋地標）

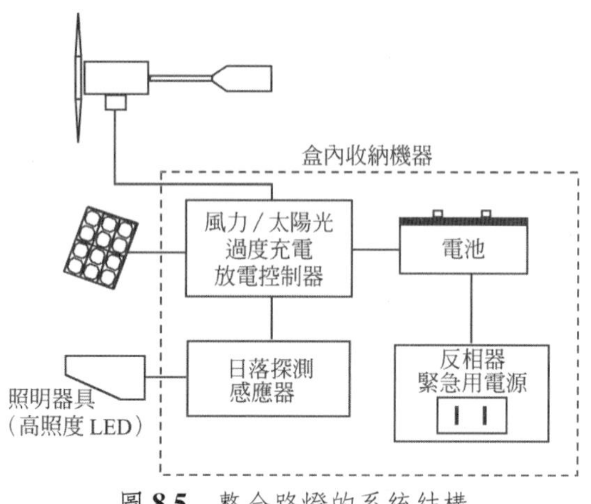

圖 **8.5** 整合路燈的系統結構

〔**2**〕商用電源備用式獨立電源

照明用的獨立型電源有很多應用，但也有許多作為幫浦用的電源。因為幫浦用需要較多的電流，所以若非大型風車很難實際應用。所謂商用電源備用式，是指平時監視電池電壓，當達到某電壓以下時切換為商用電源的方式。雖然缺乏經濟性，但在維持幫浦機能上為有效系統。圖 8.6 為此種電源系統的範例。

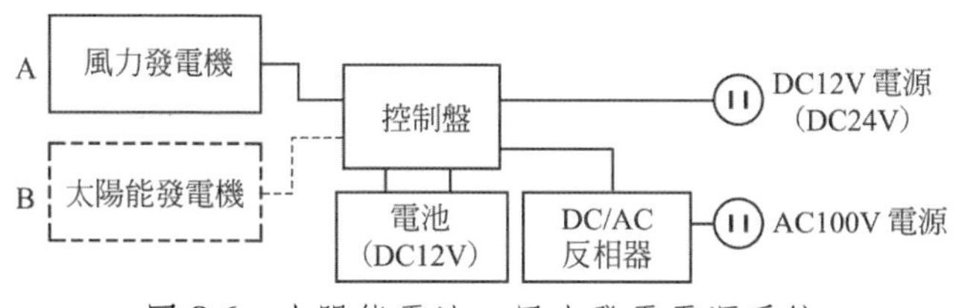

圖 8.6　太陽能電池 · 風力發電電源系統

〔3〕商業電源系統互連

有①有回溯流與②無回溯流 2 種方式。小型風車即使可以進行系統互連也會有回溯流，一般而言只要風速不強便很難進行。問題癥結點在於，因為風速不固定，很難研發出風力專用的變流器（inverter），必須要使用太陽能發電變流器。最近，因為開發了無電池的小型風力專用變流器，可望因應往後某種程度的需求。

8.1.3　小型風車的應用[3)]

在此闡明應用微型風車時的注意事項。開發的順序為分為 ① 開發計畫，② 設計，③ 安裝，④ 維護管理。其中最重要的為 ① 開發計畫階段，此時若不慎重檢討，會造成 ⑴ 風車無法回轉，⑵ 無法發電，⑶ 噪音，⑷ 損壞，⑸ 景觀問題，⑹ 無法達成其功效，⑺ 無法維修等問題產生。

具體而言要如何進行開發作業，圖 8.7 列出一個開發程序範例。首先，① 計算具體用途及必要電力（幾小時、幾瓦特），接著，② 選定設置場所，③ 1 年內出現最多次的風向方位，是否有阻礙風的建築物或障礙物。④ 在都市的住宅區中，必須注意風車的影子是否有遮蓋到鄰居的住宅空間，或是噪音問題。

根據以上步驟決定設置地點時，接著是 ⑤ 選定風車機種。可參考小風車製造商的「風車型錄」，深入了解規格中所包含的 ⑴ 額定輸出及額定風速，⑵ 開始運作風速及開始發電風速，⑶ 可承受風速，⑷ 轉子的直徑、材質、葉片數，⑸ 方向控制，⑹ 轉速控制，⑺ 發電電壓，⑻ 重量等內容。

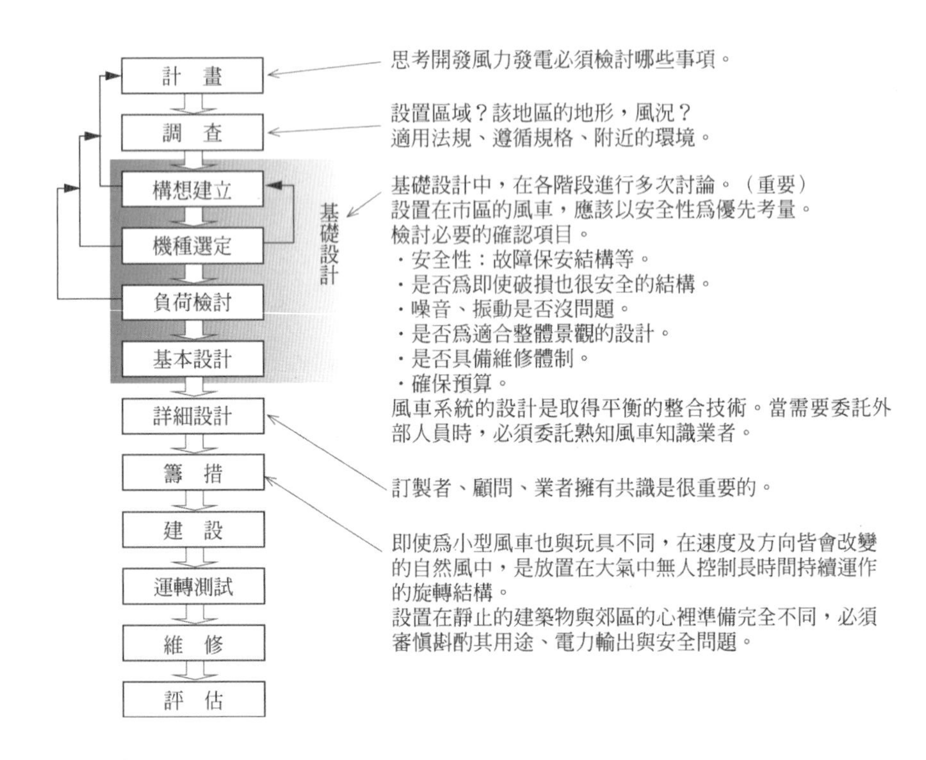

圖 8.7 小型風力發電系統開發檢討流程

例如，將風車導入社區總體營造時，因為市區為弱風地區，所以此時對於小型風車的應用觀念與大型風力發電機不同。總而言之，期待市區當中能夠有實用型的風力發電是很困難的，但是也有像是大樓風的風力資源，具實用價值的可能性。圖 8.8 為其中一個範例。

另外，選定機種時，確立概念的方法如圖 8.9 所示，(1) 地標，(2) 提昇遊樂性，或是地標＋實用型，(3) 實用發電型，以這 3 個方向去思考為佳。對應此圖的風車如表 8.1 所示。

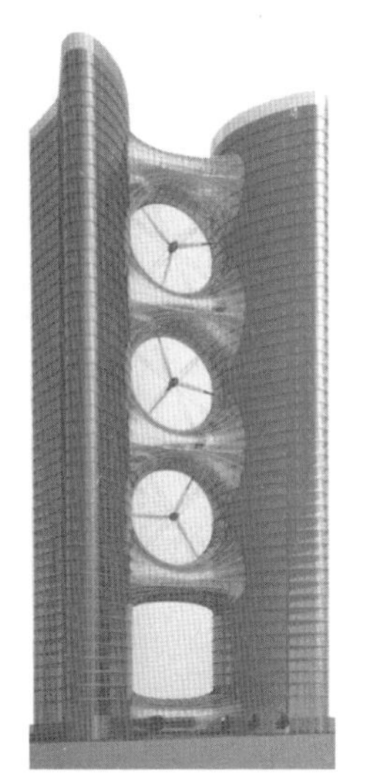

圖 **8.8**　內裝形式的大樓一體型風車

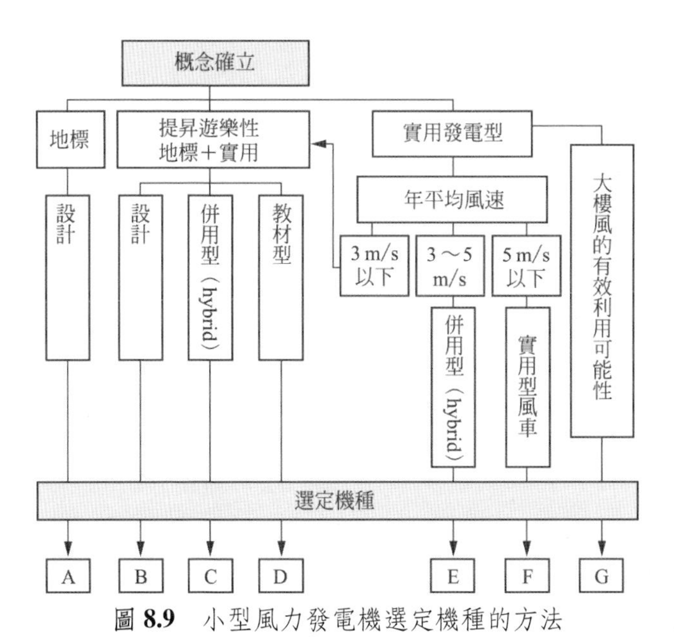

圖 **8.9**　小型風力發電機選定機種的方法

表 **8.1** 代表的風車種類

種類	水平軸式風車								垂直軸式風車		
	2片葉片		3片葉片				多葉片		桶形	交叉氣流型	直線葉片
	直徑 1.5m 以下	直徑 1.5m 以上	直徑 1.5m 以下		直徑 1.5m 以上		直徑 1.5m 以下	直徑 1.5m 以上			
			I	II	I	II					
A	※	※		※		※	◎		◎	◎	
B	※	※		※	☆	※	◎	◎	◎	◎	◎
C	※	※	◎	※	◎	※	○	○	◎	◎	◎
D	※	※	◎	※	☆	※	◎	○	◎	◎	◎
E	※	※		※	☆	※	◎	○	○	○	◎
F	※	※	×	※	×	※	×	×	×	×	◎
G	※	※	×	※	×	※	×	×	☆	☆	◎

◎：適合　○：雖費工但適合　×：因為是低轉速型故不適合
※：雖然不適用於市區，但適合在人煙稀少的強風地帶
☆：今後的課題　I：葉片弦長寬　II：葉片弦長窄

8.1.4 市售的小型風力發電機

電池充電式的小型風力發電機已有近 100 年的歷史，尤其是在 1980 年代以後，已成長為一個紮實的產業。1980 年代中期，一年內的累積生產數為 38000 座（380 萬美元）左右的世界小型風力發電機的市場，在 1997 年成長為 2400 萬美元，近 5 年來顯示了 35％左右的成長率。

主要的製造商為美國的 Bergey Windpower Co.，Atlantic Orient Co.，Southwest Windpower，英國的 Ampair，Gazelle Wind Turbines Ltd.，LVM Ltd.，Marlec Engineering Co.，Proven Engineering Products，法國的 Vergnet，澳洲的 Westwind，芬蘭的 Windside，Shield，西班牙的 J.Bornay，荷蘭的 Fortis 等。日本也有 10 家左右的製造商以及 10 家以上的經銷商。詳細情形刊載於日本風力能源協會的「風力能源」，請參考此書[4)]。

8.1.5　小型風車面臨的課題

今後，為普及小型風車必須克服幾個課題。可大致分為〔1〕經濟性，〔2〕技術革新，〔3〕安全性，〔4〕設置與保養。以下詳細檢討各項內容。

〔1〕經濟性

一般而言，目前可再生能源的成本比化石燃料高，為了填補這個差距，政府可提出補助。政府對於太陽能發電的補助制度奏效，對其產業化及普及化有很大的影響。日本目前尚未對小型風力進行正式的補助制度。但是，在此應該先認知風力的資源分配不像是太陽光般的公平。太陽光發電只要在屋頂上裝設太陽能電池即使是一般住宅也可以發電，但住宅區的風力弱，起風與無起風地區的發電成本差異性大，因此很難追求其經濟性。

如果適合發電的 6 ~ 7m/s 左右的風不分季節吹拂的話，轉子直徑 1m 左右的風車也可得到 3.5kWh/日以上的發電量。此種狀況下，裝設一組 30 萬日圓上下的設備，電力售價為 24 日圓/kWh 時，10 年左右可以回本，由此可知較現今的太陽能發電有利。AWEA 的報告中指出，在 2020 年應該將小型風力發電機成本從現在的 3500 美元/kW 降至 1200 ~ 1800 美元。另外，預測其發電量在一般家庭中可增加至一年 1200 ~ 1800kWh（一天 3.3 ~ 5kWh）。

另一方面，關於製品的成本，必須平均壓低風車本體、風車塔及周圍器具等總體成本。因此，風車本體的重量愈輕即愈有利。

〔2〕技術革新

要使小型風車普及，達到前述的經濟性，必須先有降低成本的革新技術。民生電子的性能與機能都有飛越性的進步，成本隨時間降低，這是不斷進行新技術研發的結果。因此，也可期待小型風車藉由組合流體力學、電子工學、數位技術、控制技術、新式材料等技術，能在未來的短期間之內達到飛越性的進步。以下提出幾點主要重點：

① 發電效率

要提昇風力發電機的效率，風車本體基本上要採用高葉尖周速比的風車，但這又會違背安全性、噪音、振動等課題。不過這些課題可藉由小型風車相關技術革新解決。另外，要提昇低風速地區的效率，適當的升阻比與提昇低轉速時發電機的效能等，整合葉片的空氣動力特性和發電機的特性是重要的課題。

② 肅靜性

小型風車的狀況與大型風車相同，風車葉片產生的空氣動力噪音時常成為問題。尤其小型風車多設置在市區，白天因為周圍背景噪音沒有注意到的風車噪音在夜晚將招致許多不滿，也有因此必須停止運作及抑制轉速的案例。

為此在葉片的形狀上下功夫，另外也有參考貓頭鷹等捕捉獵物時不產生聲音的飛行，從翅膀的舉動得到靈感，修正葉片表面，大幅減少噪音的例子。

③ 控制技術

小型風車與大型風車相同，對於使用條件及自然條件的變化，正確控制風車的技術是不可或缺的。代表技術為制動器（Brake），制動器有電力制動器及機械制動器，小型風車必須具備其中之一，或是兩者兼具。但是，必須注意若風車沒有進行妥當的設計，電力制動器會有無法正常運作的情況。

④ 耐久性和信賴性

一般大型風車的設計壽命多為 20 年，小型風車的耐久性也很重要，根據設置狀況及利用型態，必須有 10 年至 15 年。依據金屬疲勞或沿岸的鹽害所造成的腐蝕等，設置地點的不同會造成製品壽命也會有很大的差異。以最低條件為基準進行設計的話，會造成成本高漲，因此必須詢問製造業者的產品開發概念。

〔**3**〕安全性

小型風車與必須設置在特定地點的大型風車不同，不管何處都可以設置的便利性為小型風車的特徵，相對於大型風車的操作必須交由具備電力主任技術者等資格的專家，小型風車可由不具備專門知識，也就是所謂的門外漢操作，兩者相當的不同。

小型風車的意外原因大致可分類為，正常的使用狀態下產生的機械故障造成的意外，預測外的嚴苛自然條件造成故障的意外，機器的設計、製造失誤產生的意外，操作者的不慎引起的意外等。不管是哪種狀況，都必須留意避免造成人身傷亡的意外。

製造小型風車的企業以中小型企業為多，與製造大型風車的大企業不同，設計、製造現場的技術水準參差不齊，但市面上要求提供根據 JIS 基準等小型風車安全基準，可安心使用的製品。

〔4〕設置與保養

為了促進小型風車的普及，必須注意設置費等附加費用不會提高整體成本。例如，若想要提高風力發電效率，提高風車塔的高度較有利，但會與經濟性和安全性呈反比。因此，小型風車的供給業者同時也必須處理風車塔，並應該同時確保安全性及降低成本。

另外，機器的保養檢查是極為重要的，若由沒有專門知識的一般人操作，機械的設計應盡可能的不需要維修為最理想。但是，必須準備使用者可簡單發現的異常聲響及振動此種最低限度的手冊，也必須設置可通報異常狀態的網路服務中心之類的系統。為進一步促進小型風車的普及，供給者必須藉由全球網路消除隔閡，邁向全球化。

8.1.6 小型風車今後的動向

大型風車的設置場所從以往的強風平地正一步步擴展至山岳丘陵地、離島，甚至是海洋上，現況也正轉變為「不論何處，風車皆追尋著風的腳步」。因此，除了在規模優勢很重要的海上風力以外，也將策劃小型風車在山岳丘陵地、離島用，或是注意到與市區的環境共存而和建築物一體化的風車系統等。另外，作為環境教育及能源教育的一環，具象徵性的地標風車等也有大的發展空間。

未來實際應用的領域，包括以下幾點：

- 一般家庭中的興趣與實際使用
- 山中休息所等無電源地區的生活電源
- 緊急用電源設備等安全設施
- 學校等的環境教育
- 離島、偏遠地區的電源
- 地震儀等無人觀測站等的電源
- 路燈
- 無線電中繼站
- 大樓等屋頂綠化的電源

- 淨水設備的電源
- 營地的攜帶用電源
- 災害避難所的獨立電源

除此之外，其利用範圍應該可藉由機器成本、提昇信賴度擴大。

8.2　風力發電的系統互連[6)]

現在，大規模風力發電系統與所有電力系統連接，進行系統互連運作。但是，因為自然能源具有被氣象條件左右的缺點，造成風力發電的輸出會產生大幅變動，系統容量可容許多少風力發電量便成為重要的課題。

8.2.1 電力系統的組成

一般而言，將電力從遙遠的發電廠傳送至大都會需求地區的電力系統，其系統組成可大致分為以下 2 種。

〔1〕放射狀、樹枝狀，或是梳狀系統

電力一邊由上向下擴展一邊單向通行的流動，如圖 8.10（a）所示，此種方式稱為放射狀、樹枝狀，或是梳狀。將遠方的發電場與大都會需求地個別以高壓送電線連結，集結需電住戶建設送電線，以樹枝狀延伸出去，是自然發生的方式。此種方式的電流流動單純、方便管理，當某系統發生意外時，只要將其系統切離，意外便不會波及到其他系統。但是，當發電廠與需求地區相距遙遠時，系統的連結性降低，不適合進行高電力的送電。另外，對意外的修護速度也低，不適用於高電力系統。

日本的電力系統基本上採用此方式，愈往末端前進，系統效能愈弱。但是，因為強風的風力發電適宜地點幾乎是人口稀少或非居住地的地區，故多電力系統弱，或是不存在的情況。因此，與風力發電產生輸出電力的電力系統互連成為重大課題。

〔2〕環狀系統

在連結發電廠與需求地區的送電線或是需求地區的送電線上架設複數的電路，使旁路能夠運作的方法，如圖 8.10（b）所示。電經過許多路線前往需求地區，電力系統的安定度，以及信賴度大大地提昇。但是，因為無法指定電流流動的路線，電流變得複雜，系統控制也愈加複雜為其缺點。

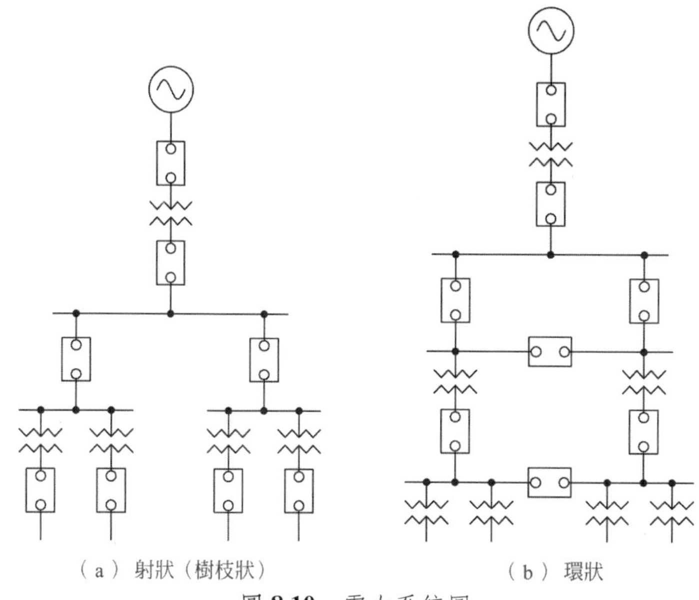

圖 8.10　電力系統圖

歐洲諸國的電力系統基本上使用此種方式，因為歐洲諸國由強力的環狀電力網絡連結，由風力發電產生的電力可較為簡單的與電力系統連接，因此頻率的變動幅度也小。另外，電力公司負擔互連電線的費用，更容易發展風力發電。

8.2.2　日本電力系統的結構

日本的電力系統是 50Hz 及 60Hz 共存，並且由 10 間電力公司獨占各地區使用，除了沖繩以外，全國土、全電力公司的基層系統皆已互連，完成擁有極高信賴度的電力系統。電力系統的完成度指標，停電時間極為短暫，一年內的停電時間中，相較於美國 122 分鐘，英國 80 分鐘，法國 69 分鐘，日本展現了僅有 6 分鐘的驚異數值[1)]。

全體的電力系統如圖 8.11 所示，因地理條件形成各電力公司縱列全國，稱為「迴形系統」的系統。各電力公司間的互連電線中流通高電力且長距離送電，容易造成安定度問題。

不遠的將來，日本的總人口開始減少，預測日本社會達到成熟狀態。伴隨此狀況，也預測電力需求在 2030～2050 年達到飽和，尖峰電力為 2.5 億 kWh，發電電力量為 1.3 兆 kWh/年左右，呈現極限狀態。此時恰當的電源設備為 3 億 kW 左右（現今為 2 億 kW）。電源結構是以抑制供給成本、確保燃料安全性、因應地球溫暖化等項的平衡來決定。

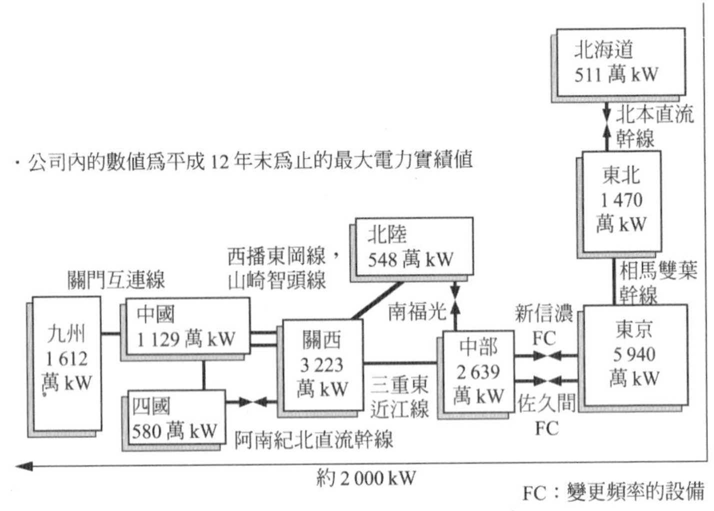

圖 8.11　日本的電力系統圖

8.2.3　風力發電的系統互連 7)

以風力發電產生的電力與電力系統連接時，通常高電壓的電路可接納較大容量的電。電路根據電壓，區分為低壓（100/200V），高壓（6600V），特別高壓（22000V），但原則上只要風力發電所的輸出達 2000kW 以上時，便與特別高壓電路（主要是送電線）連接，未滿 2000kW 時則與 6600V 的高壓配電線連接。但是，送電線不是能無限連接，根據電力系統的規模及狀況產生頻率變動及電壓變動的問題，與之互連的風車規模會被限制。

風力發電用的發電機如前述的交流發電機種類，有感應式發電機和同步發電機 2 種機型，前者有輸出變動的問題，但因構造簡單和成本低廉而廣為使用。後者因為可以控制電壓，對系統造成的影響小，優點是可獨立運作，但成本高為其缺點。

將這些交流發電機的輸出與系統互連時，如圖 8.12 所示，有藉由變壓器直接與電力系統連接的 AC 連結方式，以及將發電機輸出的交流電暫時轉變為直流電，再將直流電轉變為與系統同樣頻率的交流電的變流器（inverter）等組成的 DC 連結方式。因為 AC 連結方式的輸出變動會直接影響電力系統，必須具備軟啟動器與電壓調整器等系統，發電機的轉速與系統頻率的關係呈固定比例，故轉子也以固定轉速運轉。

另一方面，DC 連結方式是將發電機輸出的交流電暫時轉變為直流電，再應用變流器轉變為與系統同樣頻率的交流電，雖然成本增加，但不會發生風力系統的輸出變動問題，是高品質電力與系統互連的方法，主要運用在可變速運作系統。這種可變速運作是因應風的強度改變轉子轉速的運轉方法，減輕葉片或主軸上的負荷，結構設計變得較為簡單，因多不使用加速器，可追求輕量化。

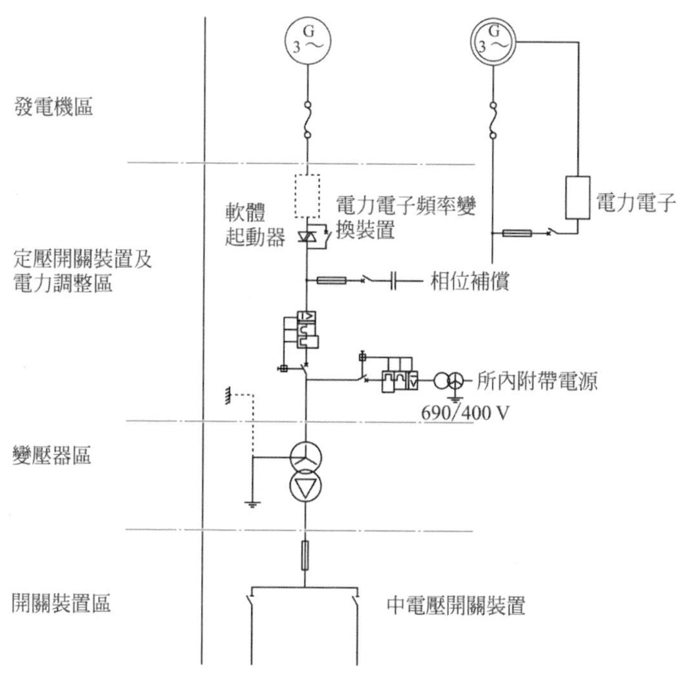

圖 8.12　系統互連風力發電機中的電力設備主要結構

8.2.4　風力發電系統互連所面對的課題[8)]

一般而言，因為電力是不能儲藏的，生產量與消費量必須相同，若沒有達到，頻率便會產生變動。電力系統內的全體發電機進行同步運作，系統內的總需求量超出總發電量時，頻率便會降低，相反地，低於總發電量時，頻率則會上升。也就是當無法維持下列算式的等式時，頻率會產生變化。

$$P_G = P_L + P_{loss}$$

其中，P_G：系統內的發電電力（有效電力），P_L：需求電力（有效電力），P_{loss}：送電損失。

實際上，在某地區發生不平衡的狀況時，各地區的電力和頻率會振動至達到新的平衡點。離島等封閉性電力系統中，在電力需求減少的低負荷深夜，當風力發電電力增大時會產生頻率上升的現象。此時，將運作中的火力發電廠的輸出降低以外，同時也有必須限制風力發電機的運作。頻率的偏差超過0.2Hz 時，便會在需求住戶側產生問題，頻率變動時，發電機側為了防止渦輪葉片及發電機軸扭曲，必須停止發電機。

因為日本不像歐洲各國般與他國有系統互連，系統容量小和頻率容易變動為其特徵。另外，美國德州及加州等地的規模與日本相似，但因為需求變動的幅度不像日本這麼大，並且在美國多火力發電，容易進行調整，故不會產生像日本一般的頻率變動。

為了維持電力系統的頻率，火力發電必須因應需求變動的變化速度改變，以此為基礎，進行以下的控制方式。

- 短週期（數分鐘內）　→　調速器自由運轉
- 中週期（數分鐘～十幾分鐘）→　自動頻率控制（LFC）
- 長週期（十幾分鐘以上）　→　運轉基準輸出控制（EDC）

在此，調速器自由運轉方式對應 LFC 無法因應的需求與供給不平衡負載變動（數秒至數分鐘左右的週期），LFC 是對應很難預測需求的負載變動（數分鐘至十數分鐘左右的週期），EDC 對應較長時間的負載變動（十數分鐘到數小時左右的週期），並配合需求預測進行事前控制。

各電力公司自己系統內發生的負載變動在各自的系統內處理，從調整容量及調整速度兩方面確保必要的調整能力。LFC 調整容量可確保總需求的約±1～2%（東京電力的情況），但核能等的固定輸出電源的比率增加，可調整的電源減少，當到了低負載時，確保需求量變得相當困難。

關於風力發電的系統互連，因為存在輸出變動的課題，尤其是頻率問題，故必須一邊評估對電力系統的影響，一邊策劃應用計畫。

將連結風力發電輸出的系統頻率變動設為 ΔF ，依照電源的調整量 ΔG ，需求變動 ΔL ，及風力的輸出變動 ΔL_w 之間，存有以下關係。

$$\Delta F = \frac{1}{K}\left(\Delta G - \left(\Delta L + \Delta L_w\right)\right)$$

此處的 ΔF ：系統的頻率變動，K：各系統的常數（系統常數），ΔG ：依照電源的調整量，ΔL ：需求變動，ΔL_w ：風力的輸出變動。

風力的輸出變動變大至某程度以上時，若不備有更高的調整能力，則無法使頻率維持現狀。因此，為了能維持電力品質，又能增加風能輸入量，有以下 2 個對策。

- 擴大系統的調整能力：增加電源的調整量 ΔG 的變化幅度。也就是試圖增設 LFC 調整容量的擴大來調整電源。
- 控制風力的輸出變動：減少風力的輸出變動 ΔL_w 的變化幅度。相對於此，有使用蓄電池的輸出平滑化等方法。

這些對策所需的成本也是必須檢討的課題。因此，風力發電業者與電力公司之間會進行協調，在電力需求量少的年末年初或 5 月大型連續假期等很難確保系統調整能力的時期，進行風力發電的保養檢查或修理。

在日本，尤其是北海道、東北地區等地，因為風況良好的地點很多，風力發電集中在這些電力管轄範圍內相當明顯。九州地區的系統互連量也正在增加，必須取得和評估其風力輸出變動的實際資料來進行檢討。若確立預測風力發電輸出的方法，便可預測數小時後的發電量，並可反應在 EDC 上。另外，若可以預測數分鐘或數十分鐘後的發電量，便可節省 LFC 調整量。其結果，應該會增加系統互連的可能發電量。

8.3 利用風力機械力的系統[9)]

8.3.1 風力抽水系統

以前的風力利用，有抽水與製作麵粉兩大利用方式。尤其是荷蘭的抽水（排水）廣為所知，利用幫浦將比海平面低的圩田的水排出，有「風車製造出荷蘭的土地」這種說法。即使是現在，使用風車抽水的例子還是很多，在美國使用了 15 萬座左右的風力抽水幫浦。另一方面，也有許多地方使用風力製作麵粉。此節介紹風力的機械力利用系統－風力抽水幫浦系統。

在歐洲諸國，利用風能抽水的歷史可追溯至 14 世紀。無論是經濟面或歷史面都很重要，有荷蘭沿岸地區低窪地的排水用、克里特島拉西契盆地馬鈴薯田的灌溉用、美國中西部牧場裡的抽水幫浦等。現今的先進工業國僅剩少量使用風力抽水情況，但是，也有許多沒有進行電力供給的發展中國家仍在利用風能供水，為經濟又環保的一個方法。

藉由風力幫浦系統將風能轉換為水力能源時，由風力渦輪、齒輪箱，以及幫浦組合成的風力抽水幫浦和水力機械設備，形成一套風力抽水系統。普遍而言，大多沒有過度旋轉的控制系統，風速的變化會直接引起抽水量的變化。另外，水井水位變化等抽水條件的變化會影響能源變換效率。圖 8.13 為結合風力渦輪及幫浦的風力抽水幫浦系統基本設計。

目前風力幫浦的利用，與先進國家相比，是以發展中國家為主。其用途分為以下 4 種：

- 飲用水的供給
- 家畜用水
- 灌溉
- 排水

發展中國家中，利用風車幫浦在灌溉或供給飲用水及家畜用水，使開發中國家的農業具有相當大的潛力。

為了將風能轉變成水力能源，蓄水處相當重要。根據水的利用型態使用地下水或地表水，對於水力可用下列關係式表示。

$$P_{hydr} = \rho_w g Q H \qquad (8.1)$$

此處的 ρ_w：水的密度，g：重力加速度，Q：抽水量，H：總水頭。根據式（8.1），在高抽水量低揚程的情況與小抽水量高揚程的情況中，抽水的功率相同。抽水條件分成以下 3 種範圍。

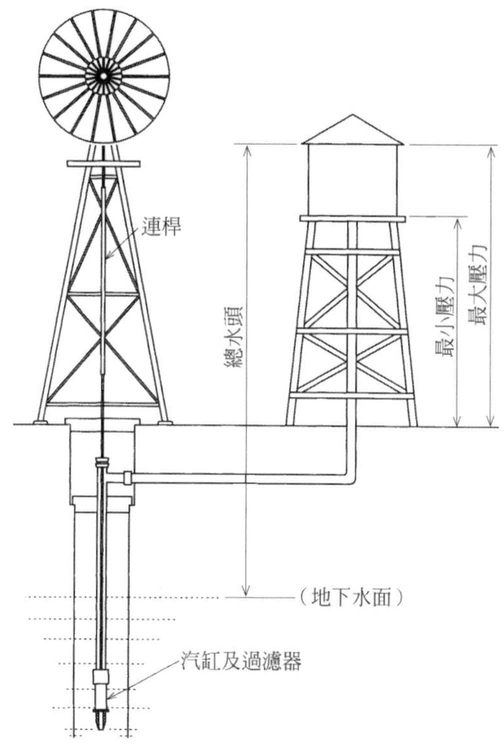

圖 8.13　風力抽水幫浦系統

① 從揚程 20m 以上的深水井中抽取少量的水。

② 從揚程 5m 至 20m 的水井中抽取適中的水量。

③ 從揚程 5m 以下的水井中抽取大量的水。

這些抽水條件如何因應上述 3 種幫浦的應用如圖 8.14 所示。以風力渦輪直徑為 5m 的普通尺寸風力抽水系統，求取各種組合的對應值如圖 8.15。此圖表示假設 1 天中以固定風速 V 運作 8 小時，當水頭為 H 時，1 天中的抽水量 Q_d 有多少。另外，此圖可用於各種應用範圍中，假使風速 $v = 4$ m/s，揚程 $H = 3$ m 時，1 天大約可得 70m^3 的抽水量，可灌溉 1ha（10000m^2）的田地。

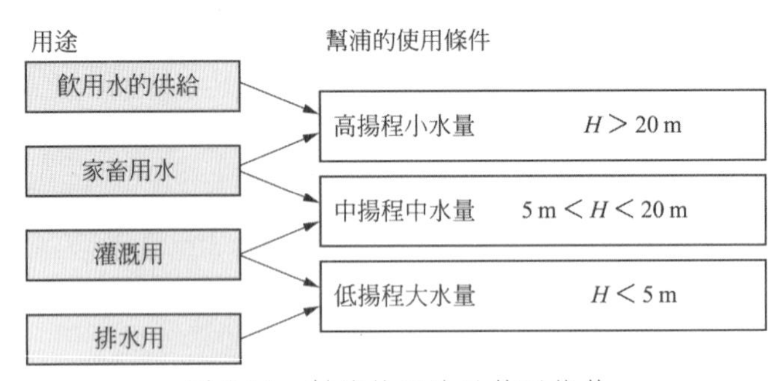

圖 8.14 幫浦的用途及使用條件

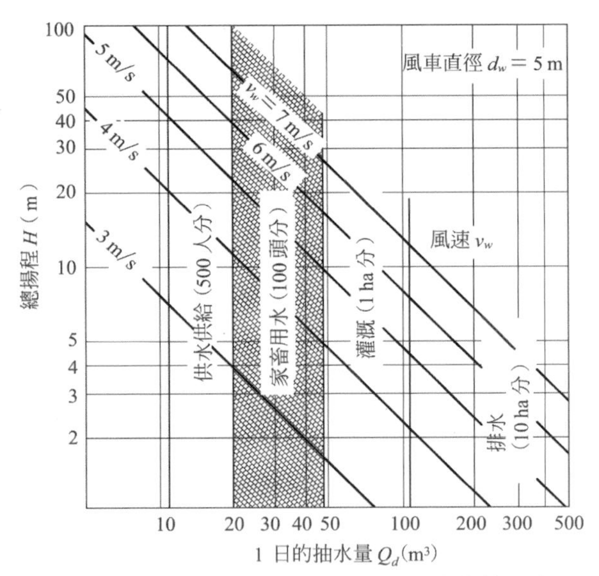

圖 8.15 1 天的抽水量（運作 8 小時的情況）

8.3.2 風力抽水幫浦的種類

幫浦普遍的定義是「汲起水等介質，或是增加高度等級、增加流體能量等級的機器」。每單位時間的能量輸入，也就是流體功率 P_{hydr}，是質量流量 $\dot{m}$ 和每單位流量抽水作功 Y 的積。

$$P_{hydr} = \dot{m}Y = \rho_w QY \tag{8.2}$$

每單位流量的抽水功率與抽水量，可藉由如圖 8.16 所示的組合型裝置測定。使用安裝在幫浦前方與後方的壓力計，可測得靜壓 P_s 和 P_d。測出吸入處的流速為 v_s，流出處為 v_d。

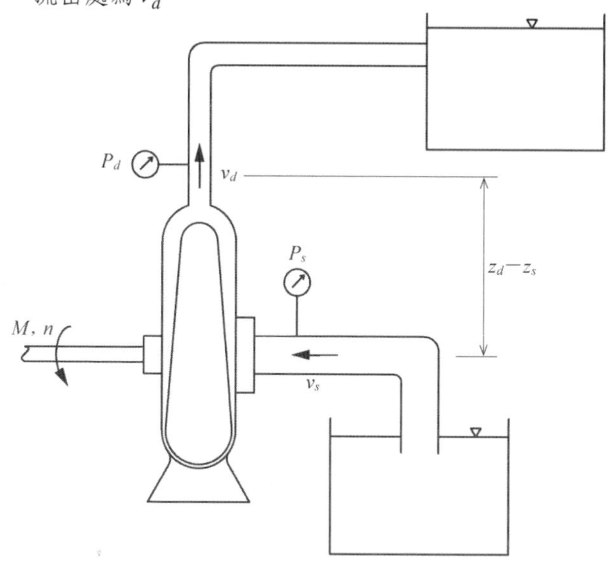

圖 8.16 幫浦的啟動原理

每單位流量的作功 Y，可使用白努利定理，求出幫浦吸入處及流出處的能量差。

$$Y = \left(g\left(z_d - z_s\right) + \frac{P_d - P_s}{\rho_w} + \frac{1}{2}\left(v_d^2 - v_s^2\right) \right) \tag{8.3}$$

速度或壓力差與高度差相比可忽略，一般多使用總水頭 H 代替每單位流量幫浦所作的功。

$$Y = gH \tag{8.4}$$

根據式（8.2），流體功率如下所示。

$$P_{hydr} = \rho_w gQH \tag{8.5}$$

幫浦的機械力為轉矩 TQ 與轉速 n 的乘積，如下式所示。

$$P_{mech} = 2\pi TQn \tag{8.6}$$

測出這些量便可決定幫浦的效率 η。

$$\eta = \frac{P_{hydr}}{P_{mech}} \tag{8.7}$$

風力抽水幫浦的應用、條件與功能，根據需要，範圍廣且變化多。因此，不同種類的用途，幫浦的設計就必須不同。圖 8.17 表示與風力渦輪組合使用的幫浦種類及特徵。

作動原理	位移方式			連續流方式		汲取方式		氣升方式
幫浦形式	活塞	膜片	離心螺旋	離心幫浦		螺旋幫浦	鏈幫浦	猛獁幫浦
				1段式	多段式			
區分記號	A	B	C	D	E	F	G	H
概要圖	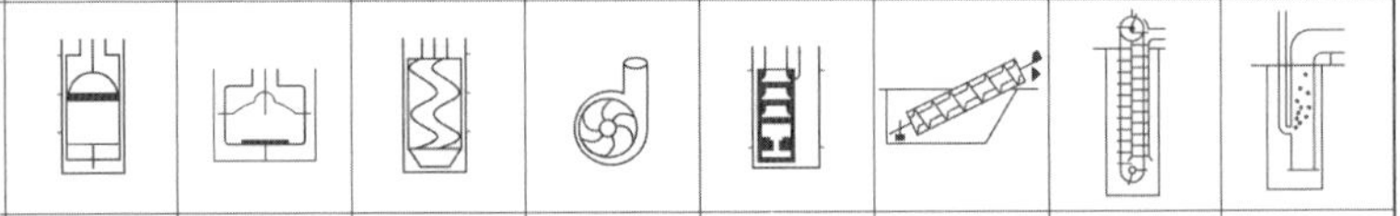							
H	10÷300m	2÷4m	10÷300m	1÷10m	10÷300m	1÷3m	2÷5m	5÷30m
H-Q 曲線	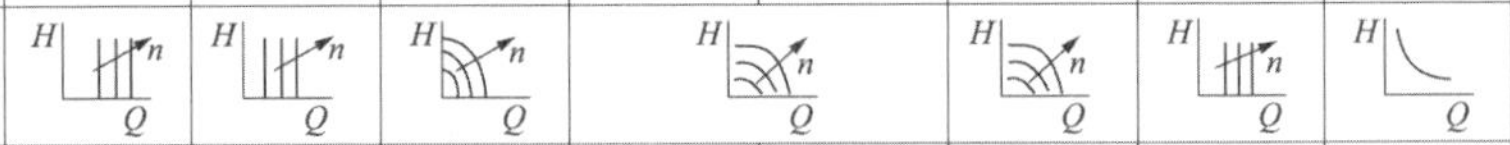							
n_q	0.01÷5min^{-1}	1÷3min^{-1}	1÷5min^{-1}	20÷50min^{-1}	0.7÷50min^{-1} *多段 20÷100min^{-1}	1÷3min^{-1}	1÷3min^{-1}	—
TQ-n 曲線	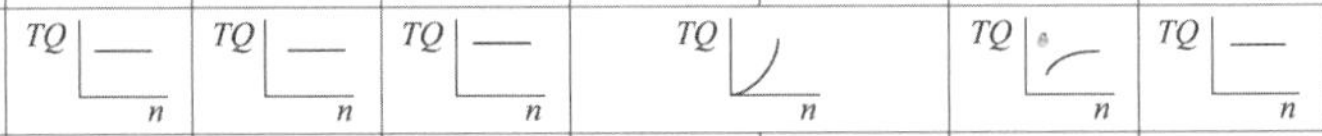							—
n_{optmax} 曲線	85%	70%	75%	75%	75%	65%	50%	50%

圖 8.17　比較各種風力抽水幫浦的特性

簡易活塞幫浦等的幫浦設計多運用在風力幫浦上，離心螺旋幫浦等類的設計僅有少數用於實驗上。此圖所示的數據資料是依據市售風力幫浦的市場調查、研究、實驗裝置的文獻。

幫浦的詳細內容可參考專門書籍。圖 8.18 表示比速率 n_q 下各種風力抽水幫浦及其應用範圍的關係，包含各種幫浦揚程範圍的組合如圖 8.19 所示。可藉此求得對應 3 種幫浦使用條件的適當幫浦組合。

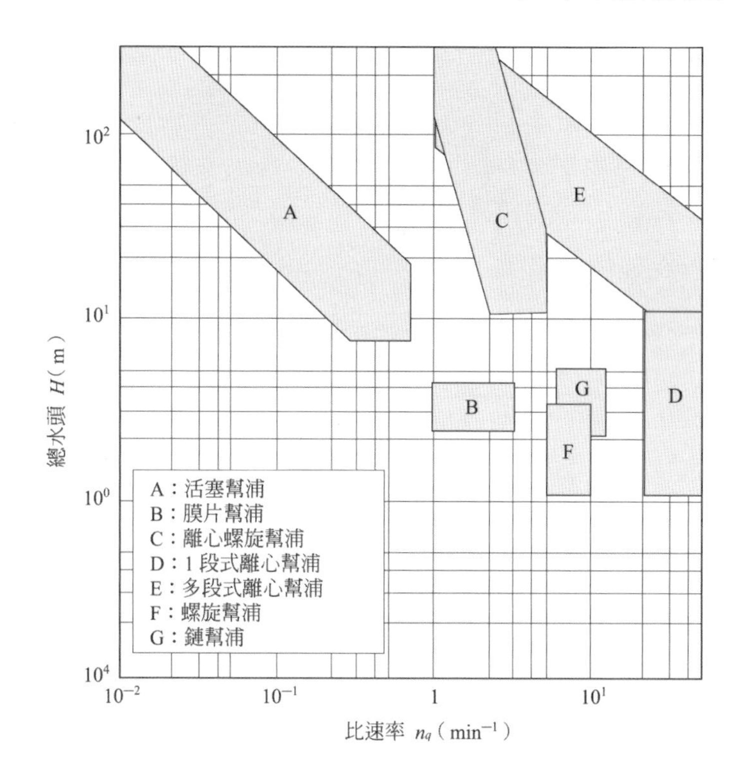

圖 8.18　各種幫浦的適用範圍

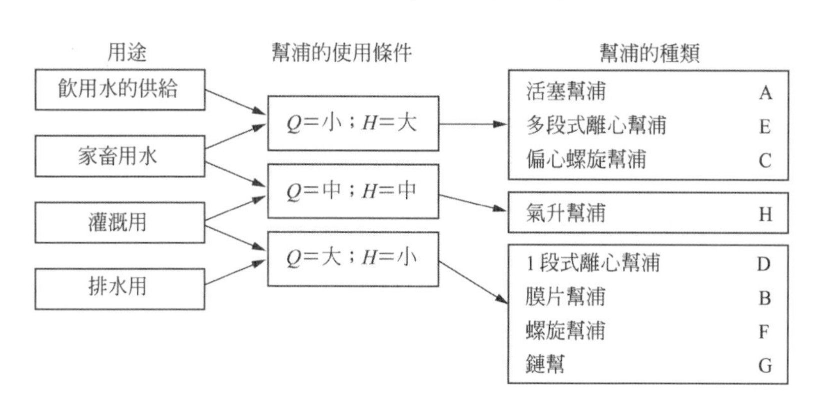

圖 8.19　幫浦的用途、使用條件和種類

8.3.3 風力渦輪與幫浦的組合

幫浦的選擇與運轉條件的選定，係根據利用條件來決定風力幫浦的設計。另一方面，必須考慮風力抽水幫浦設置點的局部風況，個別決定適合的風力渦輪、減速比及幫浦。

要適當地組合風力渦輪與幫浦，和一般組合引擎及驅動機器的情況相同，需要比較風力渦輪和幫浦的轉矩特性。選擇風車與幫浦的組合時有兩個重點。

一個是風力渦輪的轉速和幫浦的轉速必須藉由傳動齒輪調整至一致。另一個是必須考慮可使風車幫浦達到理想啟動狀態的啟動轉矩。

圖 8.20 是不同類型幫浦的運作轉速及揚程的典型範圍，風力渦輪的直徑設為 $d_w = 5m$。大多數的場合中，因為無法以風車狹隘的轉速範圍抵補幫浦的廣轉速範圍，故使用傳動齒輪調整轉速。圖 8.20 左側區域的幫浦，通常必須使用傳動齒輪減速，相對於此，圖右側區塊的幫浦必須使用傳動齒輪加速。另外，如此圖所示，可知葉尖周速比小的風車適合驅動 A、B、F、G 等的幫浦，C、D、E 等的幫浦適合與高葉尖周速比的風車組合。

藉由風車及風力幫浦的總運作範圍所能得到的最大系統效率選出傳動齒輪比。對應風的條件和齒輪比計算，決定風力渦輪與幫浦達到最高效率時的額定風速。

另外，除了調整轉速外，風力渦輪和幫浦的組合中，必須考慮啟動幫浦的風力渦輪轉矩和幫浦的所需轉矩相比是否夠大。活塞幫浦和膜片幫浦或偏心螺旋幫浦等位移形式的幫浦必須具備高啟動轉矩，離心幫浦只需較小的轉矩。

圖 8.21 中表示風力渦輪及幫浦對於揚程的適當組合，此圖所示的每個風力幫浦都被限制在可得良好效率的利用範圍中，此利用範圍主要以風車與幫浦組合的運作特性決定。

8.3.4 活塞型及離心型的風力幫浦的定性比較

以最為重要的幫浦形式－活塞幫浦和離心幫浦為例，由圖 8.22 的 $H-Q$ 曲線可得知此 2 種幫浦形式在特性上的不同。為了表示性能特性上轉速不同所造成的影響，以參數表示幫浦的轉速。

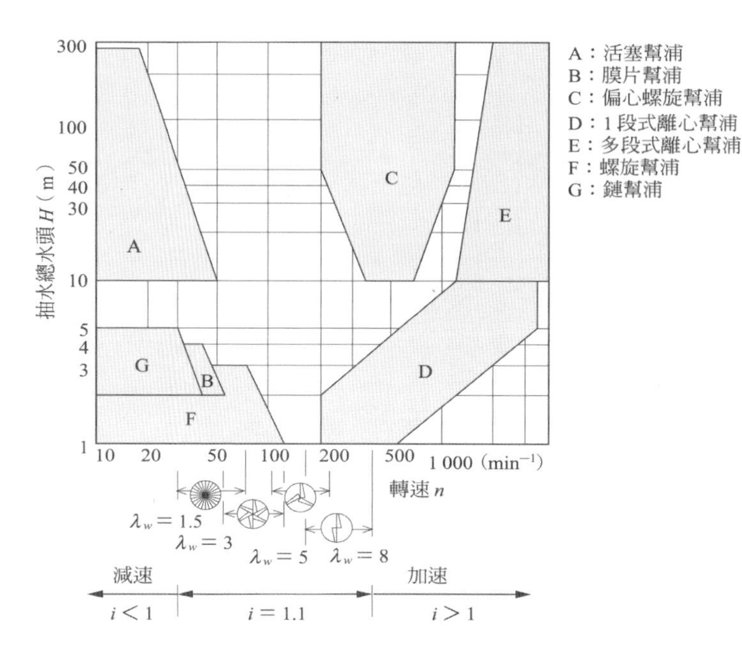

圖 8.20　各種水平軸風車（直徑 5m）的啟動範圍

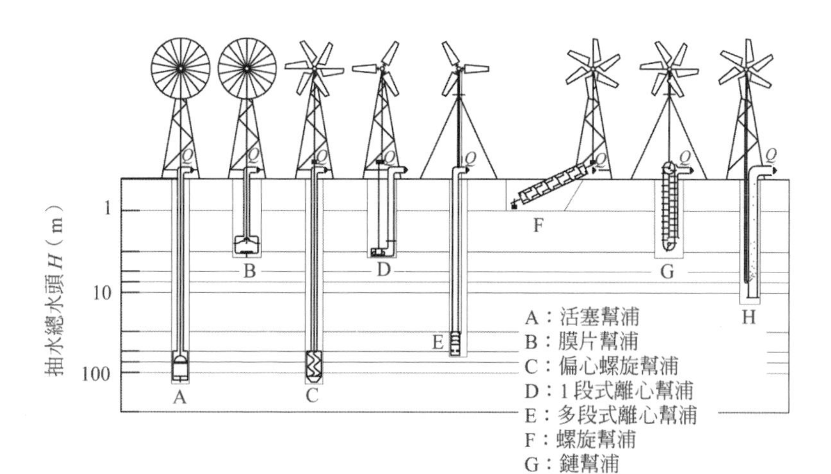

圖 8.21　風車與幫浦的適當組合

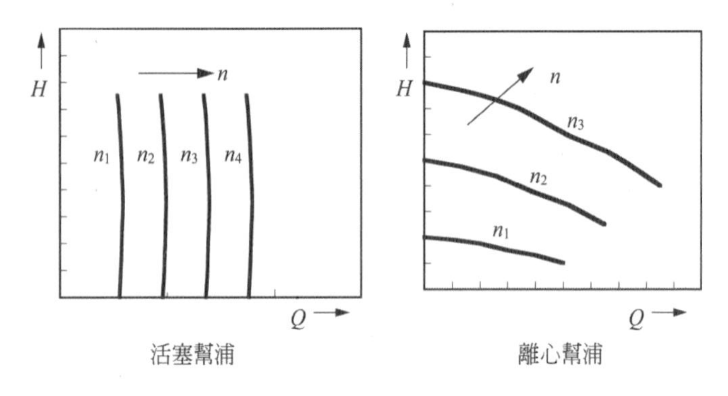

圖 8.22　活塞幫浦及離心幫浦的 $H-Q$ 曲線

對於活塞幫浦的特性曲線，設幫浦的活塞容量為 V_{hub}，活塞的直徑為 d_p，曲柄臂的長度為 r_c，考慮活塞與氣閥損失的容積效率為 η_{vol}，便成立下列關係式。

$$Q = V_{hub} n \eta_{vol} = \frac{\pi d_p^2}{4} 2 r_c n \eta_{vol} \tag{8.8}$$

離心幫浦的特性曲線，在不低於雷諾數某界線的數值時，使用相似定律，如圖 8.23 所示，可從 $H \sim n^2$ 及 $Q \sim n$ 的關係顯示 H_p 與 Q 之間關係。

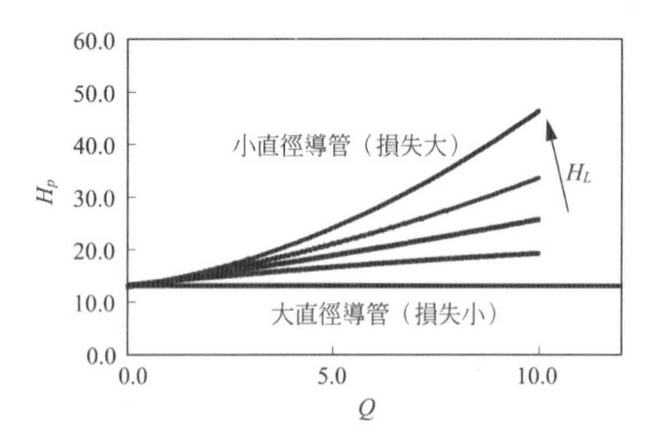

圖 8.23　幫浦的 H_p-Q 曲線

由幫浦產生的水流經導管搬運，依據水井和導管的尺寸，可計算其水力

機械設備的水頭 H_p，由幫浦水頭 H_{geo} 和水頭損失 H_L 計算而得。

$$H_p = H_{geo} + H_L \tag{8.9}$$

此處的水頭損失 H_L 由導管的尺寸產生，根據平方定律與導管內的流速成比例增加，因此與抽水量的平方成比例。

水力機械設備的水頭為 H_p，如圖 8.24 所示，由抽水量 Q 及幫浦揚程 H 表示，水力幫浦和機械設備的啟動點為 $H-Q$ 曲線圖中特性曲線的交點。關於活塞幫浦和離心幫浦中的此種關係，分別如圖 8.25 所示。

為了設計適合多種用途的風力抽水系統，必須整合選定幫浦的特性與風車的特性。如圖 8.25 所闡明的，相對於左圖活塞幫浦的平均轉矩不受回轉數影響成固定數值，右圖離心幫浦的轉矩和回轉數的平方成比例增加。

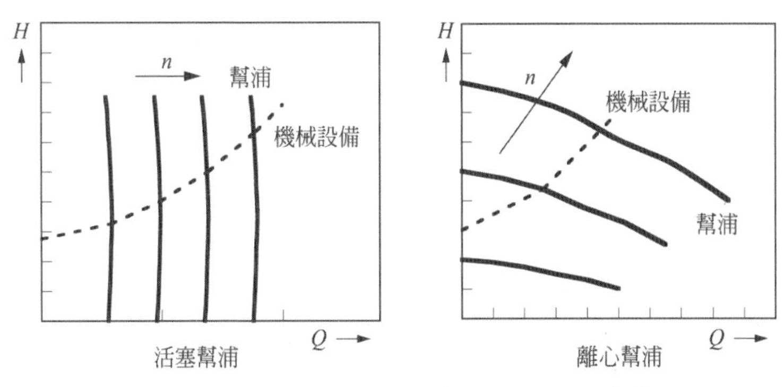

圖 8.24　活塞幫浦及離心幫浦的 $H-Q$ 曲線

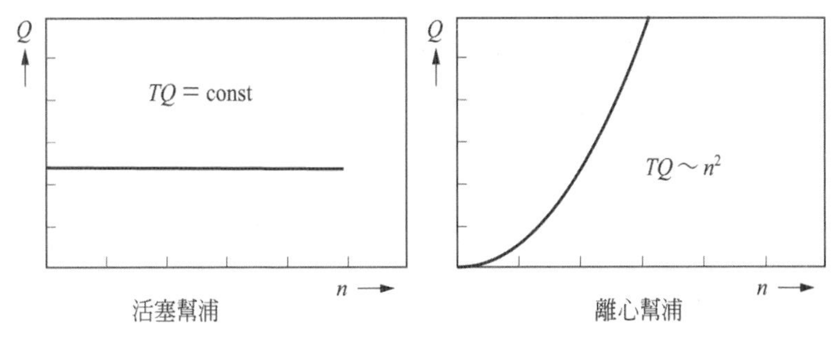

圖 8.25　活塞幫浦與離心幫浦的轉矩特性

8.3.5 風力抽水系統的設計程序

關於風力抽水系統的設計，必須檢討每個性能不同的利用系統。不論是風力發電還是風力抽水系統，基本觀點是相同的。首先，進行設置風力抽水系統預定地風況資料和利用系統的內容分析，接著設計風車系統，進行經濟性評估，直到滿足條件為止。

因為 M.M.謝曼爾在聯合國的專家委員會上發表詳細的檢討報告，在此介紹關於抽水風車系統的設計程序[10)]。圖 8.26 為其流程圖，在此範例中，全體程序大致分為 3 個步驟。第 I 步驟調查系統設計所需的抽水條件和風況等資料和個別分析項目。第 II 步驟是根據輸入資料分析相互的設計因子，此步驟的重點是，選定風車與幫浦的種類，以及決定最恰當的額定風速和幫浦的額定動力。最後，在第 III 步驟中，進行各因子的具體設計及調整，進行抽水系統的製作、實驗。

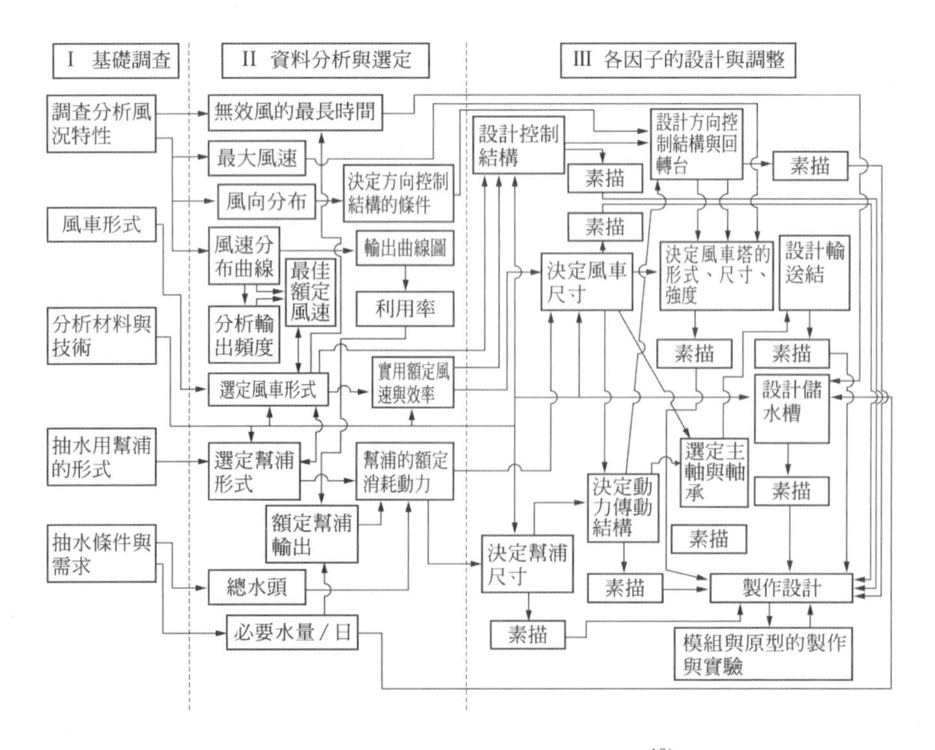

圖 8.26 風力抽水系統的設計程序[10)]

第 9 章　風力發電的經濟性

9.1　風力發電產業的制度演變[1) 2)]

以 1973 年的石油危機為契機，日本正式展開關於新能源的政策與技術開發。風力發電和太陽能發電都是在 1970 年代後半開始，作為國家事業中陽光計畫中的一環，加速了技術的開發。

但是，這些利用自然資源發電的輸出仰賴自然、氣象條件是最大的弱點。彌補此弱點的方法，在小型系統中使用電池儲藏電力，大型系統中則使用系統互連，藉由此方法可暫時避免自然能源發電的弱點。

1992 年根據通產省所示的分散電源系統互連相關技術要件指導方針，同時規定電力公司的剩餘電力購入目錄制度化。此制度是遵循指導方針，當風力發電或太陽能發電的產出電力發生剩餘的情況時，電力公司必須以供電的相同費用購入剩餘電力。但是，這是接受原本電力公司的電力供給，以活用自然能源為前提所設的補助制度，對於將風力發電作為產業，在價格、購買期間的穩定性等項目上有問題。

1997 年各電力公司相繼創設了風力發電產業的新制度。其內容為當設置大規模風車並剩餘大部分的發電電力時，與剩餘電力購入目錄不同，為長時間、以固定價格買進的制度。價格與期間雖然依電力公司不同多少有差異，但幾乎相同，價格為 11 日圓/kWh，期間為 15 年至 17 年。

對於計畫發展風力發電的產業而言，改善了以往剩餘電力購入目錄價格及買進期間不穩定的缺點，對電力公司來說，在抑制買進價格上具有實質意義。

但是，此制度也在 1999 年因北海道電力提出以招標方式決定買進價格而支解，其他的電力公司也追隨此種方法。另外，2002 年成立了日本版的 RPS 法（電力業者使用新能源等的相關特別處理方法），北海道電力的買進價格降至 3.3 日圓/kWh。RPS（R 指再生可能）法是指供給電力中必須有經濟產業大臣所訂定的固定比率電力是由新能源提供，此為供電給需電用戶的電力公司等電力業者的義務。

此法律的運用中，將新能源發電設備所發電的電力區分為「電力本身的價值」與「新能源相應量」，「電力本身的價值」是可轉讓給系統互連的電力公司，「新能源相應量」是可讓渡給有需要的電力業者。接受轉讓的電力業者可將此充當自己公司的義務新能源使用量。上述北海道電力的風力發電買進單價降至 3.3 日圓/kWh，是「電力本身的價值」，與「新能源相應量」是不同的。

因此，為了使 RPS 法有促進風力發電應用的實際效用，表明到 2010 年為止，將現在的應用目標值 1.35％向上大幅修正一位數，另外應該去除不可再生「垃圾發電」。因為不這麼做的話，電力公司會優先購入成本低廉的垃圾發電電力。

9.2 風力發電產業的成立條件

規畫風力發電時，企業與自治團體等在企業本質上略有不同，但基本上，都必須製作顯示風力發電產業相關的初期投資、收入、支出等現金流動的現金流動清單，以此為根據使用 DCF 法（Discount Cash Flow）等財務分析研究分析經濟性，檢討此地點的風力發電是否合乎經濟性是很重要的。

以下仰賴太平洋顧問股份有限公司的協助，說明製作現金流動清單等事項。

9.2.1 現金流動清單的製作

風力發電產業的初期投資、收入、支出相關的整理前提，製作現金流動清單的各項費用模式是必須具備的。

〔1〕初期投資

初期投資中所需的主要費用如下所示。

- 設　計　費：事前調查費、實施設計費、申請業務費
- 風力發電設備費：風車本體費用、運輸費、安裝費
- 土木工程費：土地工程費、基礎工程費、區域內的整地費
- 電力工程費：電力工程總體相關費用

- 電 力 負 擔 金：系統互連對策費、架設專用線路等
- 補　　助　　金：由國家等的贊助制度提供給初期投資的補助金

〔2〕收入模式

產業的收入是藉由將風力發電的電力全數賣給電力公司而得。每年的收入以下列算式計算。

- 年發電量〔kWh/年〕＝ 風力發電設備總容量〔kWh〕× 設備利用率〔％〕× 8760〔h〕
- 年收入＝ 年發電量〔kWh/年〕 × 售電單價〔元/kWh〕

〔3〕支出模式

與風力發電產業有關的主要支出費用如下所示。根據企業本質在稅金等支出項目會有不同。

- 定期檢查費用：風車的定期檢查費用
- 大規模修理費：零件費用等
- 人　　事　　費：電力主任技術者等
- 保　　險　　費：火災保險、機械保險、企業費用利益保險、天候金融衍生商品等
- 通訊等管理費：發電資料等測量、紀錄費
- 土 地 租 金 ：交土地租金給土地所有者
- 支 付 利 息 ：籌措資金利息等
- 固定資產稅
- 折　　舊　　費

〔4〕現金流動清單

根據該地點的前提條件，製作如以下所示的現金流動清單（表 9.1）。

9.2.2　經濟面的敏感度分析

初期投資、設備利用率或是發電量、售電價格等是嚴重影響風力發電經濟性的因素。以下根據靈敏度分析驗證這些因子影響風力發電產業的程度。

〔1〕設定初期投資

表 9.1 現金流動清單

項目		備考
總容量：kW		單座輸出 × 座數
初期投資		
A：初期投資總計		①～⑤的合計－⑥
	①【設計費】	
	②【風力發電設備費】	
	③【土木工程費】	
	④【電力工程費】	
	⑤【電力負擔金】	
	⑥【補助金】	設定補助率
收入模組		
B：收入總計		④
	①【設備利用率】	
	②【發電電力量】	總容量×設備利用率×8760 小時（年）
	③【售電單價】	
	④【售電營業額】	發電電力量 × 售電單價
支出模組		
C：支出總計		①～⑩的合計
	①【定期檢查費用】	
	②【大規模修理費】	
	③【人事費】	
	④【保險費】	
	⑤【通信費等管理費】	
	⑥【土地資金】	
	⑦【利息付款】	定期的必要支出
	⑧【固定資產稅】	
	⑨【折舊價】	
	⑩【其他】	
D：扣稅前利益		
E：法人稅等		
F：扣稅後利益		
G：折舊價補償		
H：自由現金流動		

初期投資中，地區特性大幅左右土木工程費及電力負擔金等費用。關於補助金的補助率，也根據企業本質、企業規模等而異。就初期投資而言，考慮各企業本質的現實面設定費用，分析初期投資造成的影響。

〔**2**〕設定設備使用率

知道風車設置候選地點的年平均風速，可由經驗設定平均設備利用率。在日本，由目前 NEDO 頒發的補助金來看，以年平均風速 6m/s 為指標，相當於設備利用率 25％左右。在此將設備利用率設為以下 3 種情況，A：良好風況地區為 30％，B：預估風力發電業者的平均設備使用率為 24%，C：如 NEDO 的手冊上所示，以 17%作為產業性的判斷基準值，估算發電量。表 9.2 表示進行總容量 1200kW 的風力發電時，各情況下的年發電量。

再者，即使為相同企業規模，因為風車的機艙高度、型式、功率曲線等不同，發電量也不同，表 9.2 中不將此相異處列入考慮。

表 9.2　設備利用率與年發電量的關係

情況	總容量〔**kW**〕	設備利用率〔％〕	年〔日〕	年發電量〔**kWh**〕
A	1200	30	8760	3,153,600
B	1200	24	8760	2,522,880
C	1200	17	8760	1,787,040

〔**3**〕設定售電價格

風力發電的發電電力如前節所述，根據 2003 年實施的 RPS 法，有電力價值與 RPS 價值（新能源相當電量）2 種價值，可分開個別販售。但是，風力發電的售電單價依電力公司設定不同，今後的方向也還不明確。因此，關於售電單價，根據現在日本交易的售電單價資料，在 6～10 日圓/kWh 左右的範圍中設定 2～3 種情況，分析售電單價造成的影響最為理想。

作為現金流動清單的實際範例，2 座額定輸出 600kW 的風車，進行總容量為 1200kW 的風力發電時，就自治團體企業（設備利用率為 20％與 30％時）與民間企業（設備使用率 30％）的情況，於表 9.3～表 9.5 表示其數據，藉此，風力發電產業的經濟性變得明確。

表 **9.3** 試算情況①風力發電產業（自治團體企業 · 600kW×2 座）設備利用率為 20％時

項目		備考	建設前	第 1 年
風車單座輸出〔kW〕600				
座數 2				
總容量〔kW〕 1200		單座輸出×座數		
建設單價[千圓/kW] ¥218		¥371（不利用補助金的情況）		
評估指數				
自由現金流動〔千日圓〕		考慮該年次中現金收支物價上升率、利息等的數值	¥－261,194	¥14,023
折扣率 4％				
初期投資				
A：初期投資總計〔千日圓〕		①～⑤的合計－⑥	¥261,194	
	①【設計費】			
	②【風電設備費】		¥309,645	
	③【土木工程費】			
	④【電力工程費】			
	⑤【電力負擔金】		¥135,320	
	⑥【補助金】	41.3％	¥183,771	
收入模組				
B：收入總計 〔千日圓〕		發電量×售電單價		¥18,922
	①【設備利用率】％			20%
	②【發電量】 kWh	總容量×設備利用率×8760 小時(年)		2,102,400
	③【售電單價】日圓/kWh			¥9.0
支出模組				
C：支出總計		①～⑩的合計		¥13,096
	①【定期檢查費用】	定期檢查費、人事費等		¥3,784
	②【大規模修理費】			
	③【人事費】			
	④【保險費】			¥72
	⑤【通信費等管理費】			¥237
	⑥【土地資金】			
	⑦【利息付款】			
	⑧【固定資產稅】			
	⑨【折舊價】			¥8,197
	⑩【其他】	電費		¥806
D：扣稅前利益		B－C		¥5,826
E：法人稅等				
F：扣稅後利益		D－E		¥5,826
G：折舊價補償		與 C 的⑨相同		¥8,197
H：自由現金流動		F＋G		¥14,023

表 **9.4**　試算情況②風力發電產業（自治團體企業 · 600kW × 2 座）設備利用率為 30％時

項目	備考	建設前	第 1 年
風車單座輸出〔kW〕600			
座數 2			
總容量〔kW〕 1200	單座輸出×座數		
建設單價〔千圓/kW〕¥218	¥371（不利用補助金的情況）		
評估指數			
自由現金流動〔千日圓〕	考慮該年次中現金收支物價上升率、利息等的數值	¥－261,194	
折扣率 4％			
初期投資			
A：初期投資總計〔千日圓〕	①～⑤的合計－⑥	¥261,194	
①【設計費】			
②【風電設備費】		¥309,645	
③【土木工程費】			
④【電力工程費】			
⑤【電力負擔金】		¥135,320	
⑥【補助金】	41.3％	¥183,771	
收入模組			
B：收入總計 〔千日圓〕	發電電力量 × 售電單價		¥28,382
①【設備利用率】 ％			30％
②【發電量】 kWh	總容量×設備利用率×8760 小時(年)		3,153,600
③【售電單價】日圓/kWh			¥9.0
支出模組			
C：支出總計	①～⑩的合計		¥13,096
①【定期檢查費用】	定期檢查費、人事費等		¥3,784
②【大規模修理費】			
③【人事費】			
④【保險費】			¥72
⑤【通信費等管理費】			¥237
⑥【土地資金】			
⑦【利息付款】			
⑧【固定資產稅】			
⑨【折舊價】			¥8,197
⑩【其他】	電費		¥806
D：扣稅前利益	B－C		¥15,286
E：法人稅等			
F：扣稅後利益	D－E		¥15,286
G：折舊價補償	與 C 的⑨相同		¥8,197
H：自由現金流動	F＋G		¥23,483

表 **9.5** 試算情況③風力發電產業（民間企業 · 600kW×2 座）
設備利用率為 30％時

項目	備考	建設前	第 1 年
風車單座輸出〔kW〕600			
座數 2			
總容量〔kW〕 1200	單座輸出×座數		
建設單價〔千圓/kW〕¥218	¥371（不利用補助金的情況）		
評估指數			
自由現金流動〔千日圓〕	考慮該年次中現金收支物價上升率、利息等的數值	¥－296,645	
折扣率 4％			
初期投資			
A：初期投資總計〔千日圓〕	①～⑤的合計－⑥	¥296,645	
①【設計費】			
②【風電設備費】		¥309,645	
③【土木工程費】			
④【電力工程費】			
⑤【電力負擔金】		¥135,320	
⑥【補助金】	33.3％	¥148,320	
收入模組			
B：收入總計 〔千日圓〕	發電電力量 × 售電單價		¥28,382
①【設備利用率】 ％			30％
②【發電量】 kWh	總容量×設備利用率×8760 小時（年）		3,153,600
③【售電單價】日圓/kWh			¥9.0
支出模組			
C：支出總計	①～⑩的合計		¥21,364
①【定期檢查費用】	定期檢查費、人事費等		¥3,784
②【大規模修理費】			
③【人事費】			
④【保險費】 0.5％	初期投資的①～⑤合計×批發價與零售價的比		¥2,225
⑤【通信費等管理費】			¥237
⑥【土地資金】			
⑦【利息付款】			
⑧【固定資產稅】1.4%	（初期投資的①～⑤合計－類別折舊價）－1.4％		¥6,115
⑨【折舊價】			¥8,197
⑩【其他】	電費		¥806
D：扣稅前利益	B－C		¥7,019
E：法人稅等	實效稅率：D×40.87％		¥2,869
F：扣稅後利益	D－E		¥4,150
G：折舊價補償	與 C 的⑨相同		¥8,197
H：自由現金流動	F＋G		¥12,347

9.2.3 經濟面的評估指標

評估風力發電產業經濟性的方法有多種手法，在此介紹常用於決定產業投資意願和評價產業價值上的 DCF 法（NPV、IRR）等。另外，DCF 法（discounted cash flow）法，是使用折扣率將未來的現金流量（預測值）換算為現在價格來判斷投資的方法，DCF 法主要有 NPV（淨現值）及 IRR（內部報酬率）。

〔1〕**NPV（Net Present Value：淨現值）**

各期所得的現金流動中，比較使用折扣率初期的回扣累積額與初期投資，進行專業性的判斷。

$$NPV = -I + \frac{CF_1}{1+r} + \frac{CF_2}{(1+r)^2} + \cdots\cdots = \sum_{t=1}^{\infty} \frac{CF_t}{(1+r)^t} - I \tag{9.1}$$

此處的 I：初期投資，CF_t：t 時的現金流動，r：折扣率。

〔2〕**IRR（Internal Rate of Return：內部報酬率）**

各期所得的現金流動中，比較使用折扣率初期的回扣累積額與初期投資，進行專業性的判斷。一般 IRR 有 5～10％左右時便可判斷為有採用性。IRR 為算式（9.1）中 $NPV = 0$ 時的折扣率 r。由專門的顧問公司提供的具體估與諮詢較為理想。

9.3 風力發電產業的未來

風力發電產業的社會性意義，有保護環境（削減溫室氣體的排出，減少釋出 SO_x、NO_x）、能源安全性（能源多樣化、國產能源），以及經濟效果（製造僱用機會、活化地區經濟）。因此，風車發電的重要性今後會愈來愈大，但現實中，風力發電的周遭制度環境卻愈來愈嚴苛。電力買進價格降低，RPS 法的「電力本身的價值」與「新能源相應量」2 種價格，增加交涉價格的複雜度。原因在於風力發電電力的買取制度是從民間電力公司的自主開始，即使是現在，本質也沒有改變。

本來，保護環境及能源安全性的課題是行政的責任，為此當然必須付出成本。因此，必須有個不是將風力發電看作單純的能源，將其與保護環境能力也納入評估，考慮社會的「環境成本」。RPS 法中，以法律規定新能源的義務此點雖可賦予正面評價，但沒有考慮各新能源所擁有的環境保護能力和電力業者必須直接承擔成本為問題所在。

今後，環境稅或二氧化碳排出權買賣的制度化等新的社會動向備受矚目，但基本上是在國際化的時代中，要如何對建構永續社會做出貢獻。

9.4 綠色電力制度[3)]

近年來，雖然企業日漸增強對 CSR（企業的社會責任）的關心，另一方面，NPO（非營利組織）開始重視產業性，營利與非營利的區隔日漸模糊。尤其市民出資的風力發電（市民風車）和自然能源的普及，應推動風力發電的各種法律制度。

〔1〕關於綠色電力

日本開始正式建設發電用風車是在 1980 年代初期，經過將近 10 年，由國家、製造商、電力公司等進行研發的時期，90 年代以後，從地方自治團體的時代進入商業時代。尤其是 90 年後半，國家提供的風車設置補助制度和電力公司以高價購買電力，促使風力發電的開發及普及。

1990 年代以後，對地球暖化的憂慮急速攀升，根據能源市場自由化的進展，電力公司也提出「銷售」「顧客」的計畫。例如，對於「為了可安心生活，想要使用自然能源的電力」、「為了提昇企業形象，希望利用風力發電」此類的顧客需求，需求側可選擇實質電源的方式，10 家電力公司協議後提出「綠色電力證書系統」。

一般而言，綠色電力是指自然能源的電力或是使用者自發性參與其設備時可做選擇的電力流程。這種結構的產生，是以民主化後歐美的能源環境政策進展的流變為背景。尤其是以加州的沙加緬度國營電力公司起頭名為「太陽能先鋒」的計畫開始，快速拓展到全美各州，以及歐洲和澳洲，在各國、各地區的政治風土和市場中各自發展。

〔2〕日本的普及

日本的綠色電力與歐美相比起步較晚，但是可看做第一個綠色電力企劃的範例是，北海道的消費者生活協同組織在 1999 年開始的「北海道綠色基金」。此事例是在支付給北海道電力的電費中追加 5％的綠色基金，與參加者的電費一同徵收，即「綠色電費」。

隔年的 2000 年開始，電力公司經過協調後訂立了「綠色電力基金」和「綠色電力證書」2 個計畫。綠色電力基金是全國 10 個地區同時參加的計畫，是為了普及自然能源的支援基金。這個基金是向希望為減少 CO_2 等環境維護做出一點貢獻的人們募集捐獻，用以幫助建造風力發電或太陽能發電設施（圖 9.1）。具體而言，參與其中的一般家庭需與電費一併支付每人 500 日圓的捐獻（關西電力為每人 100 日圓），設置於每地區作為綠色電力基金，地區產業活性化中心會將募得的捐獻金用以普及太陽能及風力等自然能源，電力公司將捐獻相同金額的資金交給管理團體，促進公共團體的太陽能或風力發電設施的一種計畫。為了確保營運的透明性和公平性，綠色電力基金產業必須與其他產業和會計事務做明確的區分，同時由有專門知識及經驗的人員、消費者團體代表、研究機關研究員等構成認證委員會，進行有關協助或營運的審議。筆者擔任東京電力管轄的 GIAC（廣區域關東圈產業活性化中心）的綠色電力基金的認證委員，但不一定具有高認知度，就參加者而言，略缺乏參與自然能源事業的實在感受。

另外一方面，以東京電力為中心的新興產業（日本自然能源股份有限公司．正田剛社長）開始發行綠色電力證書，自然能源的「環境附加價值」以綠色電力證書這種形式發行，主要以企業為對象，為了顧客的環境而販售的計畫。以和 NPO 的合作為基礎，建立綠色電力認證這種規定，2005 年雖然還停滯在 1 間公司的狀態，但也順利地大規模成長為國際級。筆者也擔任此處的認證委員。

東京電力完成創造綠色電力證書的理想，因此，SONY 成為綠色電力的「第一名顧客」。現在，SONY 向千葉縣的風車等購入綠色電力證書，在 2005 年，總計約 450 萬 kWh 中約 200 萬 kWh 用在位於大阪．心齋橋的 SONY 塔的「綠化」上。剩餘的約 250 萬 kWh 則使用在 SONY 本公司，約此棟大樓的年使用電量的一半。SONY 集團開始在全國 5 個城市（札幌、仙台、東京、大阪、福岡）的大型 live house “Zepp” 使用綠色電力，由風力發電供給所有在那裡舉辦的演唱會及活動的用電。另外，Sky PerfecTV！的音樂專門頻道「Viewsic」中，開創日本傳播業界中，第一次使用綠色電力，24 小時無停歇播放的音樂節目全都是由風力發電提供電力。

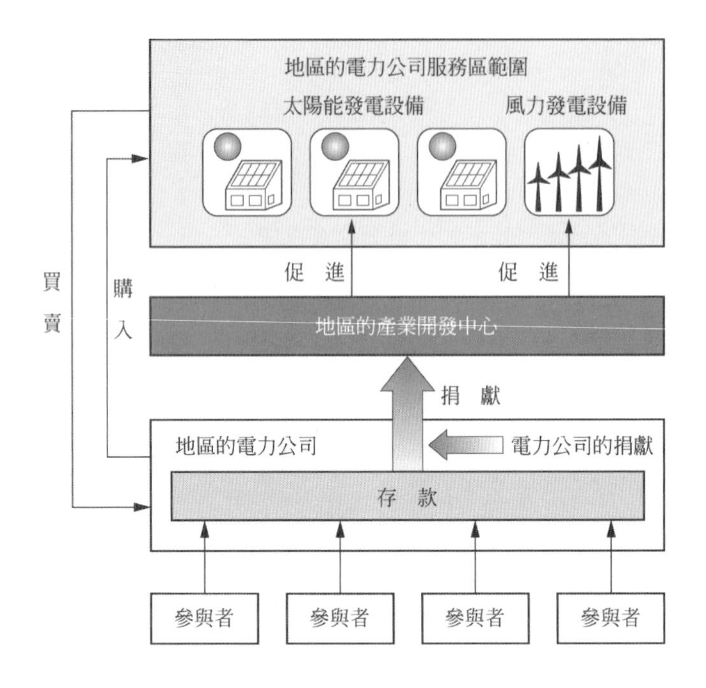

圖 9.1　綠色電力基金的構造

另外，汽車業界最大規模的豐田也是綠色電力證書的重要客戶，每年購入約 100 萬 kWh 的綠色電力證書。豐田作為日本的先驅，在美國也成為綠色電力的使用者。

除了企業之外，商品本身也出現了有綠色電力證書的事例。池內毛巾使用風力發電的電力生產「天使的風」系列毛巾的事備受讚揚，並在美國接獲獎項。也出現了以綠色電力出版風力發電相關書籍的出版社（紀書房）或東武鐵路授予新販售住宅綠色電力證書的例子，日本也正揭起「綠色電力銷售」時代的簾幕。

除此之外，筆者執教的足利工業大學為第 1 個取得綠色電力證書的大學，越谷市、板橋區等的大學或地方自治團體的綠色電力證書也正在發展。

〔3〕日本的國內課題

今後日本的綠色電力要如何發展呢？這將會受到政府政策的大幅影響。

就本質而言，有 2 種政策的影響較大。一個是與自然能源普及政策的關係，另一個與是地球暖化對策的關係。

自然能源普及政策是 2003 年所實施的「電力業者利用新能源等的相關特別處理法」，與新能源 RPS 有直接的相互作用。此法案實行後，電力公司購入的「電力單獨價格」從綠色證書交易中協議的 6 日圓/kWh 左右的價格降至 3 日圓多/kWh 的同時，證書價格與 RPS 證書也被強制抬高價格水準(圖 9.2)。此外，風力發電產業本身也因電力公司的系統互連對策問題及新能源 RPS 法，成長略為遲緩，新式電源也未必順利成長。由這 2 方面看來，實際上綠色電力證書不一定能帶來大幅的成長。為了讓風力發電等可再生能源有效率的普及，2010 年為止將新能源 RPS 法的目標值 1.35％提昇至如英國等國多一位數的數值，使 RPS 證書以高價格水準買賣的情況最為理想。

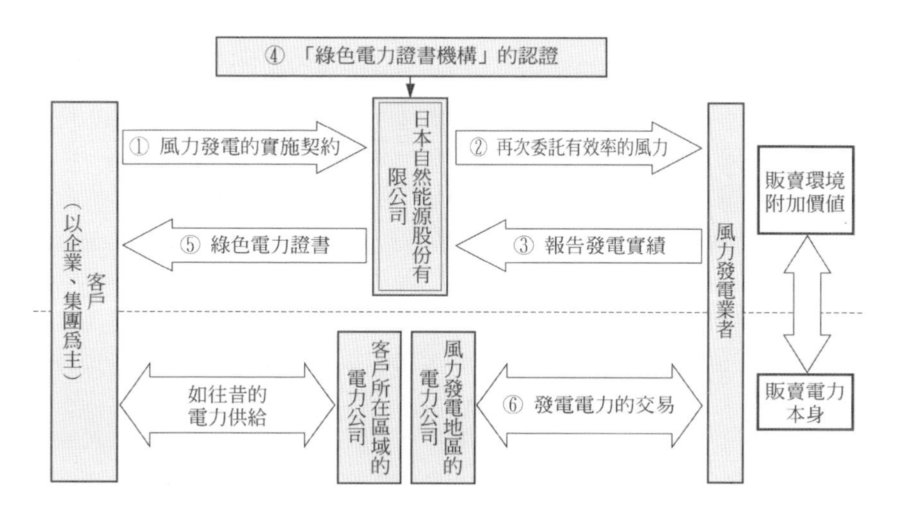

圖 9.2　綠色電力證書系統的概要

另一方面，作為地球暖化政策，若發展二氧化碳排出量的交易，確定綠色電力證書中的碳價值，有可能解決前述企業無法支付綠色電力虧損的困難。但是，因為交易的碳價值（數百～數千日圓/CO_2 噸）與綠色電力證書的價值（約 4 萬日圓/CO_2 噸）有 1 位數以上的價格水準差異，單以二氧化碳的價值不具有競爭力。制度層面之間的調整為一大課題。

〔4〕世界的綠色電力

關於綠色電力，若將目光朝向海外，風力發電在德國顯著的普遍程度最引人注目。全球的風力發電在 2004 年末，累計量達 4400 萬 kW。歐洲在 2004 年累計超過 3000 萬 kW，佔全球的 75%，其中，使用固定價格制（FIT, Feed in Tariff）的德國和西班牙分別以 1461 萬 kW、641 萬 kW 脫穎而出，加上丹麥的 311 萬 kW，3 國便佔了歐洲全區風力發電的 83%。

德國中，風力發電的發電量佔總發電量 250 億 kWh 的 5%，不僅達到僱用 4 萬 5 千人（自然能源總共僱用 13 萬人）和 30 億歐元（自然能源總共為 80 億歐元）的經濟效果，利用自然能源削減了 3500 萬噸（2000 年）的二氧化碳，為防止暖化付出一份心力，正是象徵環境與經濟整合的存在實績。

站在「顧客選擇的自然能源」的角度上來看，即除了綠色電力計畫，還有在丹麥藉由合作社誕生、發展的風車共有結構（市民風車）。現在，丹麥的首都－哥本哈根的海面上有 20 座 2MW 風車組成的米德爾格倫登海上風力發電。其中半數不僅是哥本哈根市民出資組成的風力合作社，並在計畫階段時即反應市民的意見，考慮景觀問題將風車以彎曲型排列。

綠色電力或市民風車這種「由顧客以自己的意願選擇的自然能源」，從米德爾格倫登海上風力發電的例子來看，不僅提高了社會對自然能源的接受度，也藉由自發性的參加深入關心能源與環境問題，有助於促進市民的行動。另外一方面，也有要求使用基於污染者負擔原則成立的公共政策普及自然能源的一面。綠色電力的普及是協調雙方的關鍵，可說是未來公共政策的一大課題。

第 10 章　風力發電對環境的影響

如第 1 章所述， 20 世紀的人類能夠擁有豐饒生活是建立在大量消費煤、石油、天然氣這些化石燃料上。這種能源供給構造在 1970 年代的石油危機面臨到「資源枯竭」課題，並在 1990 年代以後，嚴重的地球暖化問題，使「地球環境問題」成為全球的課題。

COP（聯合國氣候變遷公約締約國大會）中，為了抑制地球暖化，應優先致力實施的政策之一，是提倡使用風力和太陽光等可再生能源。

使用這種稀少的可再生能源時，要如何實行高效率低成本的發電，是技術層面、經濟層面的課題，風力發電被視為現今最有效率的發電系統之一，全球各國積極推廣應用風力發電。1998 年日本在北海道苫前鎮建設大型風力農場，在風況良好的地區建立巨大的風車。這些風力發電裝置代替化石燃料、成為「對環境良好」能源的代名詞，但近年來，也發現了風力發電會對地區環境造成負擔。

規畫風力發電，在選擇設置地點時，候選地區的風況是決定設置地點最重要的條件，若想要能提高發電效率，並盡可能得到較大的發電量，風力發電機的巨大化是必然的，商業化風力發電機的平均輸出規模超過 1000kW，轉子平均直徑為 60m。

不論風況多麼良好，因為有候選地點的各種社會條件限制風車的建設，故社會條件的事前調查相當重要。

社會條件的檢查項目有，指定區域、土地利用、配電線、送電線、運輸、道路、噪音、電磁波干擾、景觀生態系等，本章闡述風力發電對環境的影響。

10.1　風力發電的環境評估[1) 2)]

關於火力、水力、核能等的電源開發，根據環境影響評估法（平成 9 年法律第 81 號），環境評估已成為義務，但關於風力發電，2004 年尚未將這種環境評估歸為義務。至今為了取得 NEDO（新能源產業技術綜合開發機構）

或是經濟產業省的補助金，風力發電業者實際上實施自主性的環境評估，今後為了得到居民的同意，應會漸漸體認到此程序的重要性。一般而言，風力發電廠發生的環境影響，主要有以下 5 點：

- 風力發電機運作時發生的機械噪音及轉子葉片前端的風切噪音所造成的影響
- 葉片旋轉或巨大的風力發電機本身的存在所造成的電磁波干擾
- 鳥類衝撞旋轉中的葉片，對動物生態環境的影響
- 以風力農場形式大規模建設風車，其配置對景觀上的影響
- 伴隨建設風車必須開採林木等造成動植物生態環境的影響

關於這幾點，NEDO 的「風力發電的環境影響評估手冊」中也列為標準項目加以規範。以下說明風力發電所造成的各式獨特影響。

10.1.1 噪音

風力發電機產生噪音以葉片旋轉時造成的風切噪音和機艙內部的加速機等所產生的機械噪音。這些噪音的傳導方式與氣象條件，尤其是風向、風速有相當大的關係，因此必須從風車噪音這點來考慮候選地點與周遭住家的距離。

風車噪音的等級依機種而異，如圖 10.1 所示，通常，離風車愈遠噪音等級愈弱。設置風車時，必須考慮此種距離衰減及風車種類來決定設置地點。另外，噪音等級指標請參考圖 10.2。

發生噪音問題時的解決方案，當對象是機械噪音時，以產生噪音的機械為處理對象，如在機艙內部安裝隔音材質，通風孔做隔音處理等。當對象為風切噪音時，除了改變葉片形狀或處理葉片表面的設計改變得到改善之外，風車設置後，可對受到影響的個別住戶進行兩層窗框或通氣口的隔音處理等一般噪音解決措施。

10.1.2 電磁干擾

電磁干擾可由產生原因大致分為遮蔽干擾及反射干擾。將風力發電機和大樓般的一般建築物比較時，因為對電磁波來向的投影面積小，很難成為收訊干擾的原因，但是也有可能因為風車的規模及設置座數等引起收訊干擾。

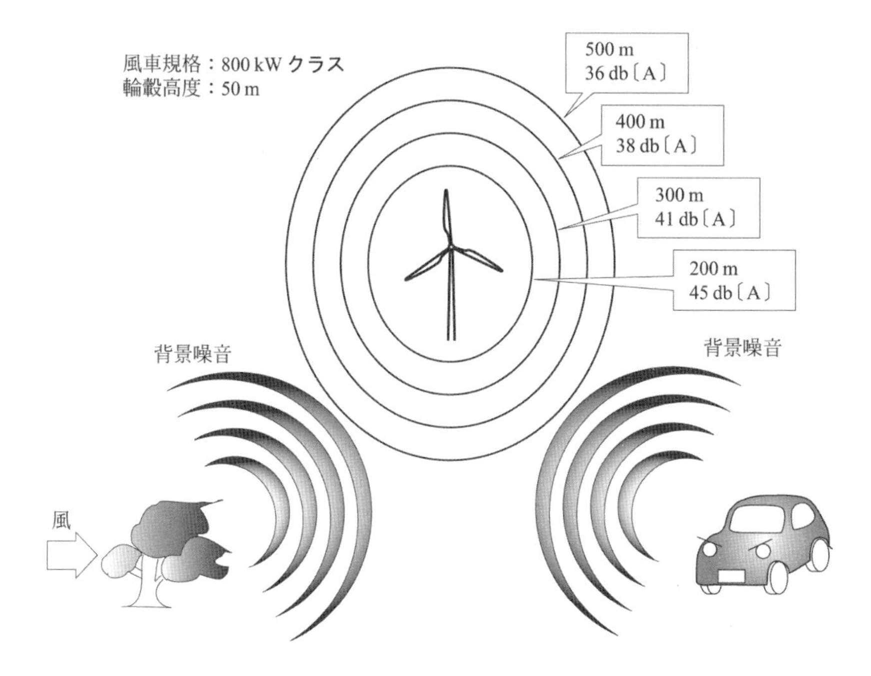

圖 10.1　風車噪音的距離衰減

	噪音 db〔A〕	
音樂工作室內	120	
噴射機	110	大型編制交響樂團
大型卡車	100	卡啦 OK 鋼琴
汽車	90	加工工廠內
喧鬧	80	地下鐵車內
吸塵器、洗衣機 電話鈴聲	70	汽車內
	60	會話
住宅區	50	安靜的辦公室
	40	寢室
	30	耳語聲

圖 10.2　噪音等級指標

有可能因為風車的風車塔及機艙多使用金屬材質而造成電磁波干擾，因此必須事先調查電磁波路線，並迴避其路線設置。以下所列為電磁波法所訂定的重要無線電或其他生活基礎上重要的電磁波使用者，包括有電視台及廣播台等廣播業務用、電信局等電子通訊業務用、軍隊或警察等維持治安用、漁業無線電中繼基地台、氣象業務用、電力產業用、鐵道產業用、市鎮村的防災無線電等。

再者，週邊有住家時，最嚴重的問題是電視電磁波干擾，因播送地點、風車地點、接收地點的位置關係及風車規模而異。必須依據事前的預測，將候選地點設置在反射區域及遮蔽區域不與住宅地區重疊的地方。

10.1.3 景觀[3)]

景觀是相當主觀性的，因此很難做客觀性的評價，基本上以設法和周遭景觀協調為大前提。

2003 年由環境省國立公園課舉辦的「國立、國定公園內的風力發電設置方法的相關檢討會」是日本第 1 個在正式場合中討論風力發電影響景觀問題的事例。筆者也作為委員參與檢討，但是由於景觀問題無法制定標準，而會加入個人的主觀看法，不同的個人看法更增加此問題的困難點。

大型風力發電機作為防止地球暖化的象徵，與高壓電塔等相比給予人們較好的印象，也有許多地方自治團體提出的建設請求，選定地點普遍在山稜線（skyline）、海岸線、山頂等視野遼闊的地區，因此在國立、國定公園內必須有以下的保全措施。

- 為保護自然景觀，迴避核心地區
- 避免將地點設在作為眺望景觀的山陵線上等醒目的地方
- 遠離重點瞭望地區
- 避免進入重點眺望景觀的範圍之中
- 將規模設為不會損害背景地形
- 色彩需容易融入背景

以此為基礎，歸納出「國立、國定公園內風力發電設置方法的相關基本策略」，根據此策略訂定的審查基準在 2004 年 4 月之後開始實行。但是，具體的「自然公園法行為許可的運用基準」中的條例也會受到主觀因素而影響到條文的解釋，故在實際的運作上應會產生地區差異。

相對於西歐認為自然與人類是處於對立關係，東洋或是日本認為，人類為自然的一員，並由自然而生，此種與大自然和諧共處的想法可說是融入了日本人的感性。關於景觀，也產生了「借景」、「添景」、「修景」等日本獨特的概念。因此，即使是公園內的風車，「提昇景觀的風車」這種定位也是十分重要的。

此種景觀爭論今後也會愈演愈烈，因此想要設置風車的企業或自治團體，和站在維護環境立場的環境省，應該以資料共有、達成協議的程序為基礎，進行風車的建設。除了景觀以外，也能與野生動植物共存。

10.2　對生態系的影響（對野鳥的影響）[4) ~ 9)]

雖然設置風車對動植物而言幾乎沒有不好的影響，但是，道都府縣的環境課等必須調查保護的動植物物種是否存在有絕種可能性，尤其是必須留意屬稀少猛禽類的金鵰、鷹雕、蒼鷹，其他種類的物種也需因應其需求，評估其影響。另外，關於鳥類的遷徙路線與中繼地點的關係，最好也要進行檢討。尤其是為了評估對生態系的影響，不能像過去一樣僅有設置前評估，設置風車後對野鳥及野生動物造成了什麼樣的影響，這種事後的評估也是不可或缺的。

隨著風力發電設備的增加與擴大，鳥類撞擊旋轉中風車葉片的危險性從以前開始就是一個令人擔憂的問題，日本以 2003 年 11 月的「鳥擊發電用風車的相關會議」為契機，正式提出此問題。在此提出鳥擊問題對生態系的主要影響。

鳥擊對飛機造成的問題相當嚴重，有時只是造成飛機的損害，但有時會成為失事墜毀的原因。例如，根據德國鳥擊委員會（GBSC），從 1960 年至 1996 年為止在全球發生了 16 件相關重大事故。在此時，飛機被視為被害者，鳥類被視為是加害者。

一般而言，鳥擊很少發生在飛機及風車上，如圖 10.3 所示，大樓、電塔、送電線、燈塔、汽車或列車，甚至是看似無衝突的農藥傷害或貓所造成的死亡率極高。

風力發電所造成的鳥擊問題，是在 1980 年代加州設置大量風車時提出。當時的風車塔為網格狀構造，有許多橫樑，由於許多鳥類將其作為棲木在上面築巢，造成多起鳥擊事件。現在使用稱為單殼的圓筒狀風車塔可有效防止鳥擊。另外，各國基於保護鳥類的立場也統整出防止鳥擊的方針。

環境保護團體的綠色和平及 WWF 會推廣風力發電，是因為風力發電有助於削減鳥類棲息的地球環境的 CO_2，若沒有轉向使用可再生能源，便不能達到防止氣候變動、防止暖化，以及保護動植物的目的。美國的愛鳥團體 Audubon、英國的皇家鳥類保護協會（RSPB）等也站在相同立場。

英國的 English-Nature，RSPB，WWF-UK，以及 BWEA（英國風力能源協會)在 2001 年 3 月公開了 "Windfarm development and nature conservation"（「開發風力農場與保護自然」）此文件。此份文件成為自然保護團體及風力開發業者在進行風力農場的建設、提案時的指南，其中也記載了環境影響評估及監控方法，並表明政府會支持此計畫。

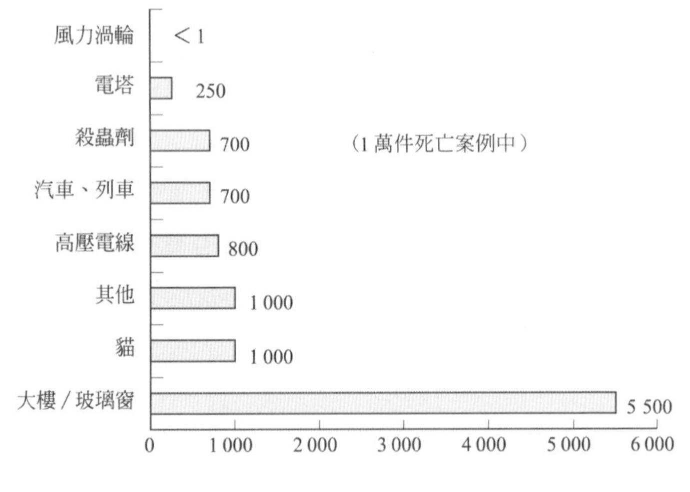

圖 10.3 美國的野鳥死亡率

另一方面，財團法人日本野鳥協會中在 2003 年 10 月統整出風力發電設備設置基準的相關意見，提出必須對野生生物進行充分的事前調查及影響評估，保護猛禽類等大型鳥類，強制進行關於設備設置的事前調查及影響評估，調查候鳥的遷徙及棲息地、繁殖地等數個課題。

10.3　圓滿的環境評估[2) 10)]

2004 年為止仍沒有關於風力發電環境評估的法律規定，即使有自主性的評估，必須努力將其發展為環境影響評估法的依據，並且成為能夠與地區居民達成圓滿協議。此時的重點是，必須先認知沒有通用於所有地區的環境評價手冊的概念。因此，勘查地區的特性、進行調查是很重要的事，透過提供地區情報，聽取廣泛的意見，對於調查的方法及產業規畫，盡可能的聽取地區的意見並反映在報告中是不可或缺的。

再更進一步的是戰略性評估，和現在的產業評估相比，是將評估方法用在更近一步的計畫或政策上。對企業而言，其優點是從策劃產業計畫開始便試圖與地區居民溝通，而可建構出更好的產業。關於此方法，稚內市訂定了「稚內市風力發電設備建設指南手冊」等可以作為自治團體致力推行的典範。

第 11 章　風能的未來展望

位於歐洲大陸西端的葡萄牙，境內的最西端是羅卡角。在此處，刻有葡萄牙最受敬愛的詩人賈梅士的詩「路濟塔尼亞人之歌」的開頭句“陸止於此、海始於斯”的石碑，面向大西洋佇立著。這是稱頌瓦斯科·達伽馬拓展印度航路的偉業，也可說是宣告 16 世紀大航海時代的開始。

21 世紀的風力發電，正是「陸止於此、海始於斯」。丹麥已經無法在陸地上設置風車，便向北海海上擴展，21 世界是海上風力的時代，四周環海的國家應該迎向海上風力的時代。

11.1　風力發電「從陸地邁向海洋」

1990 年代，歐洲風力發電的推展，以德國、丹麥、西班牙為中心急速發展。因此，風況良好的廣大土地大量使用，也造成噪音和景觀等環境問題，因此，未來的海上風力發電備受注目。

海上有容易取得足以展開巨大計畫的廣大面積，離陸地愈遠風速愈高，風的亂流因素也較少。與陸地相比，產生風切的邊界層較薄，有風車塔高度不需要太高等優點。尤其是，丹麥、荷蘭、英國、瑞典等，正在推行大規模的海上發電開發計畫。日本發展風力發電的速率正急速攀升，但在陸地上，有設置地點不足及土地價格、交通道路、強化弱小電力系統等問題，造成風力發電開發上的一些限制。因此，今後一定要向具有強大風能的海上發展。

11.1.1　海上風力發電的現況

〔1〕歐洲海上風力發電現況與未來

歐洲海上風力發電的調查與研究從 1980 年代開始，實際的建設從丹麥、瑞典及荷蘭開始起步。2003 年末時，已建設了 19 座海上風力發電設備，總設備容量達 700MW。

今後的設置計畫，2004 年以英國的 768MW 為首，將拓展至 1466MW，

2005 年以德國的 1205MW 為首，將擴大至 2344MW，2006 年也是以德國的 1891MW 為首，將發展至 2787MW，2007 年還是以德國的 1560MW 為首，將擴大至 3204MW 等目標，不僅在陸地上，德國的發展方向在海上也備受矚目。

〔2〕海上風力發電的課題

① 選定地點與配置風車

一般而言，以海上風況圖上風力強、吹拂安定、深度淺並流速低的地點最為理想。海上風力農場為大規模建造，必須設置在不妨礙定期船舶或飛機的地點。關於鋪設電線、電力供給等層面，若是淺海的海底狀況，設置工程較容易進行，也可減低經費。另外，選擇不會影響動植物棲息的地點也是有其必要。

關於風車的配置，必須避免風車尾流的影響和互相干涉。近沿岸的地方必須留意景觀問題。丹麥的米德爾格倫根據問卷調查聽取居民的意見，如圖 11.1，最後決定將 20 座風車以弧形排列。

圖 11.1 丹麥米德爾格倫的海上風車

② 土木、安裝工程、風車塔強度

土木基礎的設計條件，必須估算波浪與風力組合的最大負荷和疲勞強度，估算最大風力與冰載的最大組合負荷是其課題。另外，也必須考慮造成風車列中特定 1 座故障後，造成亂流、疲勞負荷的增加、性能衰退，及對風車地基的影響等。

③ 電力設備、系統互連

要從大規模的海上風力發電廠送電至陸地上的電力需求點，一定要增強送電系統。但是，近年有許多人反對建設高架的交流高壓電線。加上高壓交流電在技術上、經濟上都不適合做長距離（100km 以上）大容量（300MW）的送電，高壓直流電較為適合。另一方面，為了讓不穩定的風力發電踏入電力市場，開發精確預估風力發電輸出的預測技術是不可或缺的。

④ 發電系統的設計

陸地用的風力渦輪每年進行大型化，海上的風力發電，為了得到尺寸優勢，一般認為風車容量應在 2MW 以上。另外，為了要在海上風力發電，風車結構的需求包括確保風車塔與機艙的密閉性、納入除濕系統、表層防止腐蝕加工、500kg 能力的機艙起重機、大型零件用起重機安裝設備、變壓器、可收納至機艙內的斷路器等。

⑤ 經濟性

估計海上設備的經費比陸地設備多 1.5 倍，為了降低經費，需要再次檢討風車的構造形式，考慮港灣、海底地形、流冰、風況、浪高等因素，決定最佳地基構造設計法，來減低成本。

海上風力發電的發電成本隨著技術進步降低，現在已達 4 ~ 6ECU/kWh，在經濟面上也進入了實用階段。

⑥ 事前調查

關於海上風力開發的事前調查內容，分為風況條件、設計條件、選定地點條件、環境條件等進行調查，其概要如表 11.1 所示。另外，關於海上風力與陸地風力環境條件的比較如表 11.2 所示。

表 11.1　海上風力開發的相關事前調查內容

風況條件	各種風況特性、風況模擬
設置條件	海象條件（波浪、流況）、海底地形、地質
選定地點條件	水域利用（漁業、船舶航行、休閒）
環境條件	海生生物、鳥類、景觀、電波、海底地質、考古學物件

表 **11.2** 海上風力與陸地風力的環境影響比較

環境影響	與陸地比較海上的情況為：
景觀問題	減少：遠離視野
噪音問題	減少：離收音側遠
鳥類的撞擊	根據地點而定
電磁波干擾	減少
微波干擾	根據地點而定
影子搖晃	不會造成問題
海中噪音與振動	海上風力特有

⑦ 維修與各種對策

海上風力發電產業中，因為選定地點環境的特殊性，造成暴風雨時的交通困難。因此維修的實施方法會嚴重影響產業核算成本(運作費、發電成本)。與設置在陸地的風車相比，因為海上風車的運作、保養的成本比重較大，若進出風車的頻率高便會增加運作費用，故最小限度的進出頻率是降低運作費用的關鍵因素。

11.1.2 海上風力發電的未來

〔1〕歐洲的風能蘊藏量

丹麥的 Risoe 研究所在 1989 年製成海上風況圖，提供了關於歐洲海上風能蘊藏量的初期情報，此海上風況圖限定距離海岸 10km 以上的海域範圍。另一方面，歐洲風能蘊藏量的相關正式研究由 Matthies 進行[1]中。

以海上風能分佈圖為基礎估算海上風能潛在蘊藏量（風車的可能設置容量：$6MW/km^2$），估計 EC 全體的海上風能潛在蘊藏量為 3028TWh/年，這相當於 1994 年當時 EC 總電力需求量（1845TWh/年）的約 1.6 倍規模。

國別中，如表 11.3 所示，以英國的 986TWh/年最多，佔 EC 全體的 1/3。接著是丹麥的 550TWh/年，法國的 477TWh/年，德國的 237TWh/年。另外，報告指出瑞典的海上風力潛在蘊藏量為 139TWh/年，與西班牙相同。

表 11.3　歐洲各國的海上風能潛在蘊藏量

國　名	潛在蘊藏量〔TWh/年〕*	電力需求量 (1994)〔TWh/年〕
英國	986	321
丹麥	550	32
法國	477	355
德國	237	432
愛爾蘭	183	13
義大利	154	235
西班牙	140	137
荷蘭	136	75
希臘	92	34
葡萄牙	49	25
比利時	24	63
EC 合計	3028	1846

註*　距沿岸 30km 的海上，水深 40m 為止的海域，
並且以風速 10m/s 為前提估算。
假設輪轂高 60m，$1km^2$ 設置 6MW

〔2〕歐洲的海上風力發電開發目標

以丹麥和德國為主要國家，正著手數百～數千 MW 規模的風能產業計畫。另外，初期設置在海上的風力發電裝置，除了將陸地用風車追加外部設備的防腐處理及防止含有鹽分的空氣流入控制系統以外，也考慮了海上的強風。近年來，各風車製造商積極開發海上專用的風車，不久的將來，海上專用的猛獁型風車將會登場。

海上專用風車與陸地用相比，額定風速、回轉數都較高，另外，風車塔相對的也設計的較低矮。葉片數主要為 3 片，但因為 2 片葉片重量輕，並且容易搬運，故可望成為海上規格。2 葉風車隨高速旋轉有噪音問題，從景觀上的觀點來看，在陸地上較不受人喜愛，但在海上就沒有這些問題，另外，雖然和 3 片葉片相比空氣動力的效率減少了 1～2%，但輕量化和容易搬運等可有效減少發電成本。

再者，風車的設置方法上，雖然大都是在淺海海域的海底設置著底方式

的支撐結構，但在深海海域的地方，必須以漂浮的方式進行海上風力發電。

11.1.3 日本發展海上風力的可能性

關於日本的海上風力發電蘊藏量，有多數研究正進行中。作者以距離沿岸1km至3km的海域為對象作為估算條件，假設設置500kW風力發電機時可得936～2809億kWh/年左右[1]，假設設置2000kW風力發電機時，可高達1342～4027億kWh/年[2]。另一方面，藤井提出的蘊藏量估計值，以距離沿岸1～3km的海域為對象增大為2550～7650億kWh/年[3]。另外，Leutz及Ackermann估算至水深50m為止一半面積的海域可得7080億kWh/年[4]。蘊藏量的估算值各不相同，係因為前提不同的緣故，即使以小的估算數值（936億kWh/年）為基準，其潛在蘊藏量也是依據NEDO風況圖所得的陸地風力蘊藏量（0.34億kWh/年：藍圖2的10D×3D事例）的約2750倍，顯示海上風力發電的潛力極大。

除此之外，也有千代田Dames and Moore股份有限公司及CRC Solutions股份有限公司等的調查結果，如表11.4表示。

在這樣的背景之下，社團法人日本海洋開發產業協會、財團法人沿岸開發技術研究中心、或是社團法人日本電機工業協會等數個團體，正努力進行日本海上風力發電的可行性研究及提出技術性課題、基礎工程方法的檢討等[5)～7)]

11.1.4 浮動型海上風力發電系統

〔1〕「浮動型」系統中所要求的條件

「浮動型」系統中需要克服的課題很多，將其統整之後有：

- 如何抑制波浪、強風下的搖擺與傾斜
- 如何有效率的建設、設置巨大構造
- 如何減少進出、維修
- 如何符合經濟性的創造整體系統等項

也就是說，要如何處理這些條件，左右了系統的優劣。

表 11.4　日本的海上風力發電蘊藏量

<table>
<tr><th colspan="4">潛在蘊藏量〔萬 kW（億 kWh）〕</th><th>估算方法</th><th>估算條件</th><th>出自</th></tr>
<tr><td colspan="4">20485（2809）（沿岸 3km 的範圍）
6825（936）（沿岸 1km 的範圍）</td><td>燈塔等的風況觀測資料</td><td>・可裝設風車的海岸線：東京灣、伊勢灣、瀨護內海、島嶼區、港灣、航路以外的海岸線中，約 80%可以設置(6556km)。
・對象風車：額定輸出 500kW，輪轂高 40m，轉子直徑 40m
・風車的陣列：3D×10D（D 為轉子直徑）
・去除沖繩縣的蘊藏量。</td><td>長井　浩、牛山　泉、上野康雄（1997）：日本におけるオフショア風力発電の可能性，第 19 回日本風力エネルギーシンポジウム，1997.11</td></tr>
<tr><td colspan="4">7400000（1502790）
（200 海里經濟海域內的範圍）
37800（7650）（沿岸 3km 的範圍）
12600（2550）（沿岸 1km 的範圍）</td><td>衛星微波儀所得的海上風況資料（1°網格：約 90km×約 110km）</td><td>・對象風車：額定輸出 500kW，輪轂高 40m，轉子直徑 40m。
・風車的陣列：3D×10D（D 為轉子直徑）</td><td>藤井朋樹（1999）：An estimation of the protentail of offshore wind power in Japan by satellite date 太陽/風能演講論文集, 1999.11</td></tr>
<tr><td colspan="4">25290（4027）（沿岸 3km 的範圍）
8427（1342）（沿岸 1km 的範圍）</td><td>燈塔等的風況觀測資料</td><td>・可裝設風車的海岸線：東京灣、伊勢灣、瀨護內海、島嶼區、港灣、航路以外的海岸線中，約 80%可以設置(6556km)。
・對象風車：額定輸出 2 000kW，輪轂高 60m，轉子直徑 72m
・風車的陣列：3D × 10D（D 為轉子直徑）
・去除沖繩縣的蘊藏量。</td><td>長井　浩、牛山　泉（2000）：日本沿岸のオフショア風力発電の可能性，日本太陽エネルギー学会，日本風力エネルギー協会，共同研究発表会，2001.11</td></tr>
<tr><td colspan="4">31487（7080）
（水深 50m 一半面積的海域）</td><td>由衛星微波儀所得的海上風況資料（1°網格：約 90km×約 110km)</td><td>・對象海域：水深 50m 以下海域面積的 50％可設置
・對象風車：額定輸出 3 000kW，輪轂高 125m（max），轉子直徑 90m
・風車的陣列：10D×10D（D 為轉子直徑）</td><td>Leutz.R.,T.Ackermann. A.Suzuki and T.Kashiwagi(ps)：Offshore wind energy potentials of Japan and South Korea.</td></tr>
<tr><td rowspan="12">年平均月速 [m/s]</td><td rowspan="3">5 以上</td><td>0～10m 深</td><td>2300(530)</td><td rowspan="12">GPV、燈塔等的風況觀測資料</td><td rowspan="12">・可裝設風車的海岸線：水深 20m 以下的海域（東京灣、伊勢灣、瀨護內海、島嶼區、港灣、航路除外）
・自然公園：自然公園指定區域的前方海域除外。
・港灣、河口、航路的海域：除去這些海域面積水深 10m 以下的可利用海域面積的 15％。
・漁業：不考慮漁業所佔的面積。
・對象風車：額定輸出 1 650kW，輪轂高 60m，轉子直徑 66m
・風車的陣列：5D×10D（D 為轉子直徑）</td><td rowspan="12">千代田 Dames and Moore 股份有限公司（2000）</td></tr>
<tr><td>0～20m 深</td><td>5400(1230)</td></tr>
<tr><td>0～30m 深</td><td>8800(2000)</td></tr>
<tr><td rowspan="3">6 以上</td><td>0～10m 深</td><td>1800(460)</td></tr>
<tr><td>0～20m 深</td><td>4100(1000)</td></tr>
<tr><td>0～30m 深</td><td>6600(1700)</td></tr>
<tr><td rowspan="3">7 以上</td><td>0～10m 深</td><td>1100(330)</td></tr>
<tr><td>0～20m 深</td><td>2400(740)</td></tr>
<tr><td>0～30m 深</td><td>4000(1200)</td></tr>
<tr><td rowspan="3">8 以上</td><td>0～10m 深</td><td>540(190)</td></tr>
<tr><td>0～20m 深</td><td>1100(390)</td></tr>
<tr><td>0～30m 深</td><td>1600(370)</td></tr>
<tr><td rowspan="8">年平均月速 [m/s]</td><td rowspan="2">5 以上</td><td>0～20m 深</td><td>11335</td><td rowspan="8">氣象解析模組 LOCAL™（CFD）</td><td rowspan="8">・可裝設風車的海岸線：滿足各風速條件的海上可開發面積的 10％面積可建設。
・風車的佔有面積：$0.0615km^2$
・對象風車：額定輸出 2000kW</td><td rowspan="8">CRC Solutions 股份有限公司（2004）</td></tr>
<tr><td>20～300m 深</td><td>144201</td></tr>
<tr><td rowspan="2">6 以上</td><td>0～20m 深</td><td>5724</td></tr>
<tr><td>20～300m 深</td><td>129064</td></tr>
<tr><td rowspan="2">7 以上</td><td>0～20m 深</td><td>1764</td></tr>
<tr><td>20～300m 深</td><td>77724</td></tr>
<tr><td rowspan="2">8 以上</td><td>0～20m 深</td><td>181</td></tr>
<tr><td>20～300m 深</td><td>16420</td></tr>
</table>

〔**2**〕各種浮動型海上風力發電系統

日本對海上風力發電的期待也相當高，提出了數個可滿足上述條件，有前景的「浮動型」系統，並且積極進行其研究。這些「浮動型」系統的設置海域水深適用於沿岸地區水深（約 20～300m）。另外，從復原性的觀點來看，系統的容許傾斜角度基準，額定時（風速 14m/s 左右）及風車葉片停止時（風速 25m/s）為 3 度以下，暴風時（風速 50m/s，陣風 80m/s）為 7～10 度左右。

圖 11.2（b）是只要選定適當的海域便可期待優異動搖性能的機型，因為構造非常簡單，可期待減少建設成本。圖 11.3（a）是在三角形的浮台上設置 3 座風力發電機，為穩定度強的設計，圖 11.4（a）是在箱形樑結構浮台上搭載 5 座縱軸型風力發電機，以增加發電量及內建船塢的一體化結構謀求減少建設成本。雖可藉由搭載數座風力發電機追求高經濟性，但是要如何建造、設置這巨大結構，以及如何避免風車之間相互的空氣動力干涉是其課題。

11.1.5　日本海上風力發電的未來

雖然已知日本海上風力發電的潛在可能量極大，但是首先必須實施海上的風況調查，準確估計風能應用可能量。另外，因為日本缺乏廣範圍的淺海沿岸，水深急速加深，增高基礎施工費用，愈往海洋發展電源線愈長成本愈高，故在海上將海水電解製造氫，檢討將其液化之後吸附至金屬上，運送至陸地作為燃料電池的燃料使用的經濟性。漁業權的問題及各種法規限制等有許多課題尚待檢討為日本現狀。但是，如同歐洲國家，作為國家計畫之一來建立長期規劃，推動技術的開發是一個國家不可或缺的課題。

11.2　開發中國家的風能利用

筆者至今曾到印尼、中國、尼泊爾、菲律賓、越南、蒙古等亞洲諸國，提供風車抽水、發電或是使用水槌．幫浦抽水等的技術支援。另外，筆者的研究室 OB 的出井努先生將這些技術活用在尚比亞、埃及、秘魯、蒙古等地的技術支援上。這種根據經驗，適合當地社會的環境、條件，提供最有效適合當地需求的技術概念，即為「適當技術」（Appropriate technology），在此介紹以此概念為基礎利用風能的事例[9]。

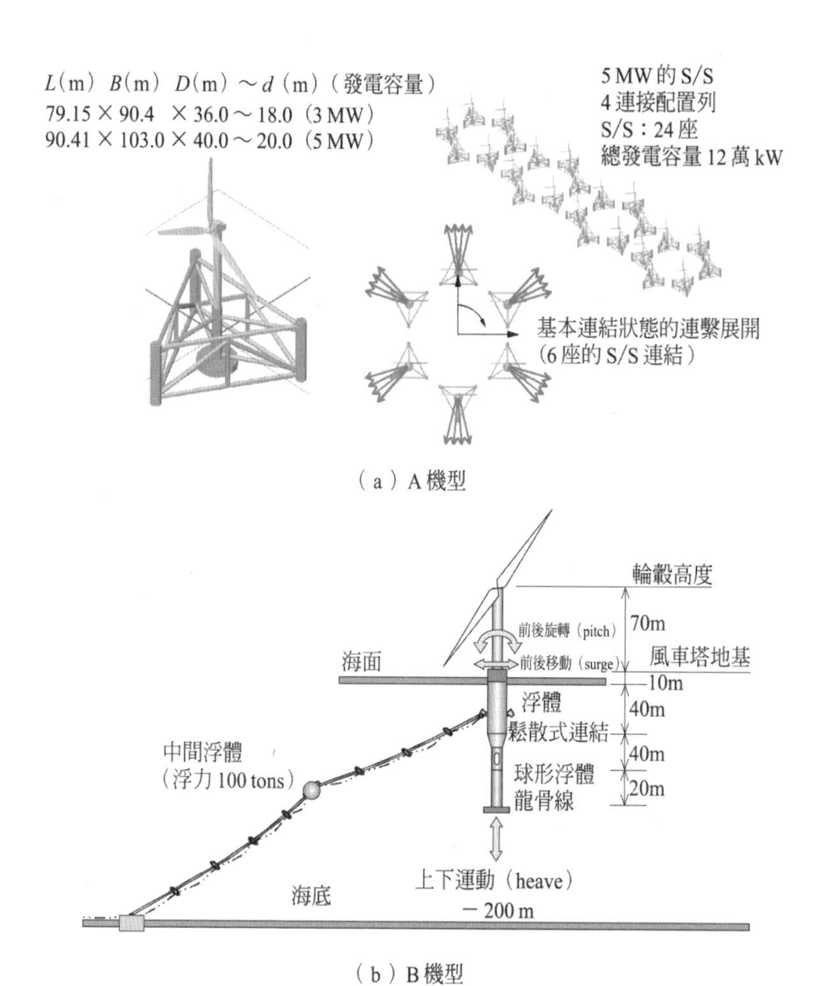

（a）A 機型

（b）B 機型

圖 11.2

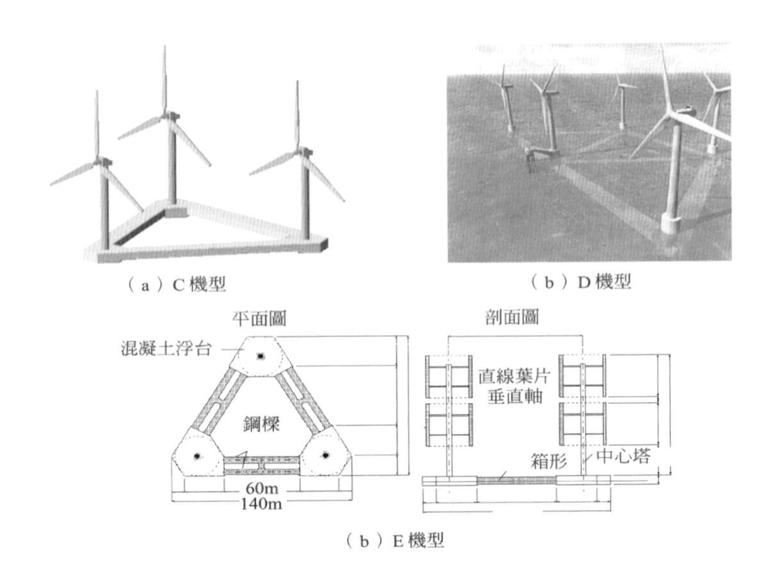

（a）C 機型　（b）D 機型

（b）E 機型

圖 11.3

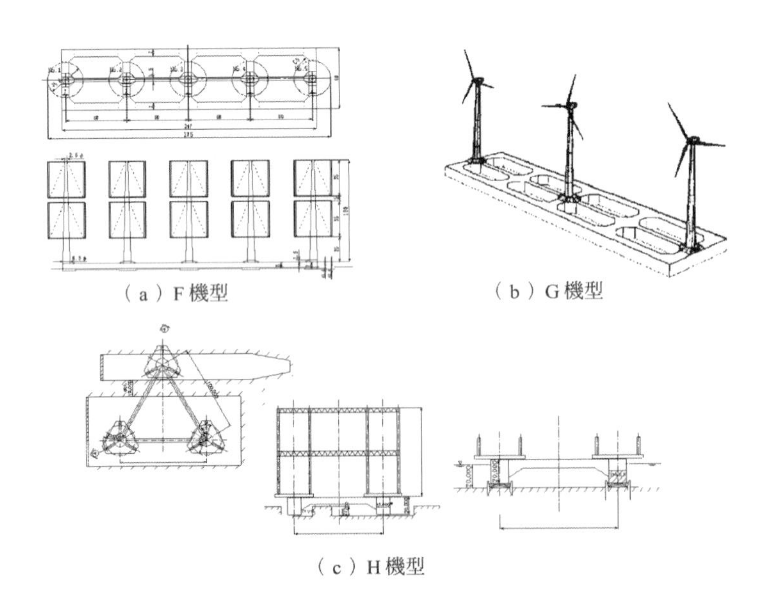

（a）F 機型　（b）G 機型

（c）H 機型

圖 11.4

11.2.1　何謂適當技術

從筆者至今對開發中國家的技術支援的經驗中，適合其地區社會的環境、條件，提供最有效因應其地區需求的技術，即可說是「適當技術」。也就是說，必須想出適合開發中國家具體狀況並可活用的技術，將其轉移並扎根於其國家。但是，需要技術協助的國家，各自實際的狀況也千差萬別，在某國某地區成功的技術直接使用在別的國家上也不一定能夠成功。

例如，計畫使用風車幫浦抽水時，要組合哪種風車與幫浦，根據當地的風況與降雨量、河川與地下水層等的水源狀況，該地區的技術水準及可取得的風車及幫浦的材料、或是居民的習慣與價值觀等會產生極大的差異。如此，「適當技術」這種技術不是普遍存在的，不可能會有適用在開發中國家某處即可全國通用的適當技術。也就是說，適當技術與傳統技術或近代技術，小規模或大規模等沒有關係。技術的本質在於是否適合當地居民需求的特別狀況。

為了讓從先進國轉移的技術能活用在需要援助的地區，不辜負適當技術的名號，必須確認實地的需求，選用適合的技術、硬體的使用方法、保養、維修，以及包含人才培育的軟體。確立所有條件後，雖然可以僅用硬體和手冊即可傳達這劃一的近代技術，但因為適當技術的多樣性、當地的合適度和接受度問題有千百萬種，作為一門學問確立體系近乎不可能，因此，首先必須收集具體的實驗失敗事例。

11.2.2　適當技術的實例

近年來，NGO 相當積極進行對開發中國家的技術協助，外務省和經濟產業省等政府機關、公共團體中的 JICA（國際協力機構）及 AICAF（國際農林產業協力協會）等從以前就開始實行技術協助。與筆者相關的有 JICA 的 AIATC（筑波國際農業研修中心），對農業機械設計課程和農業機械化課程裡來自開發中國家的研修生進行「風力利用入門」及「風車設計入門」的集中課程。有一名來自印尼的研修生，歸國後與筆者一起在印尼．爪哇島中部實施風力抽水的 2 年計畫，並得到成果。

以下是與筆者相關，具體對開發中國家提供技術協助計畫的一部分。筆者至今對已故中田正一博士所創立「風的學校」的抽水風車提供技術協助、對 ICAJapan 的技術協助、透過 CEF（綠色能源討論會）將 WISH（風力、太陽能整合）系統與水槌．幫浦引入尼泊爾，協助曾野綾子代表的 JOMAS（海外日僑傳教者活動援助後援會）等。另外，筆者的小型風車設計書也翻譯成中文及土耳其文出版，也與中國、內蒙古自治區的風力發電機工廠進行技術指導及交流。

另外，筆者的研究室中，青年海外協力小組 OB 是由社會人士進入研究所就讀，進行開發中國家的適當技術研究，中國、台灣、斯里蘭卡、蒙古等的留學生利用生物能開發史特靈引擎，研究簡易型風力發電，開發風力抽水幫浦、水槌．幫浦等。

〔1〕印尼的風力抽水計畫[10)]

此計畫是 1988 年開始的 2 年計畫，在印尼．爪哇島中部，筆者與加札馬達大學的 T. Pruwadi 教授的團隊共同進行，如圖 11.5 所示，以地中海的克里特島上自古開始使用的布製帆型風車為模組。另外，這種抽水系統使用繩索循環式幫浦，其原理是可追溯至「天工開物」的古老方法。但是，此風車與繩索循環式幫浦的整合性相當優異，如圖 11.6 所示，在風速 4～5m/s 時，可得約 50l/min 的抽水量，實際運用在農田的灌溉上，此計畫是由日立國際獎學財團提供資金援助進行。

此帆型抽水風車於 1996 年在日本的 NGO 團體 ICAJapan 與 ICAPeru 的協力之下，設置在秘魯利馬南方約 200km 的卡內提市，以供始用。此抽水風車的設置是由青年海外協力團隊 OB 中在修畢足利工業大學研究院課程的出井努先生指導完成。另外，使用的幫浦是一般往復運動活塞幫浦。

圖 11.5 印尼．爪哇島的帆型抽水風車（牛山攝影）

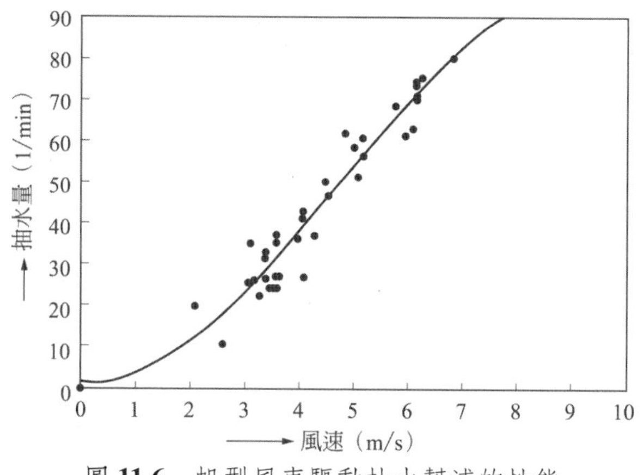

圖 11.6　帆型風車驅動抽水幫浦的性能

〔**2**〕**秘魯的風力抽水計畫**[11)]

在筆者的研究室中，除了上述在印尼使用的水平軸帆型風車以外，也著手開發垂直軸帆型方式抽水風車。這是從自古在中國天津附近的鹽田所利用垂直軸風車抽水得到靈感，是利用帆在下風處因為風壓產生的彎曲阻力的全新構想的風車。關於此風車，藉由模型的風洞實驗，改變帆的形狀與葉片數（1～5 片），得知最佳葉片數為 4 片，根據此數據製作了如圖 11.7 的實驗機，與膜片幫浦組合進行風洞實驗，其抽水性能如圖 11.8 所示，與使用同一尺寸的垂直軸桶形風車驅動比較，可知對同一風速能夠得到較大的抽水量。並且，重量輕及低成本為其特徵。

此抽水風車也由前述的出井努先生在秘魯等地設置，並廣受喜愛。另外，在當地運用適當技術，使用中古汽車零件作為風車部份零件。

〔**3**〕**風的學校的抽水風車**

風的學校是作為 JICA 的農業指導者，為年過 80 歲仍舊為開發中國家指導農業及挖井的已故中田正一博士所創立的團體，教育海外青年協力團隊等希望從事開發中國家的農業開發的青年們。在此使用的挖井技術是從千葉縣傳統的「上總掘」得到靈感，配合開發中國家簡化後的方法。這個團體以菲律賓及墨西哥等國為中心，在各國進行挖井的行動，抽水系統在筆者的指導之下採用帆型風車與活塞幫浦的組合。

圖 11.7　秘魯的垂直軸帆型抽水風車（出井努先生提供）

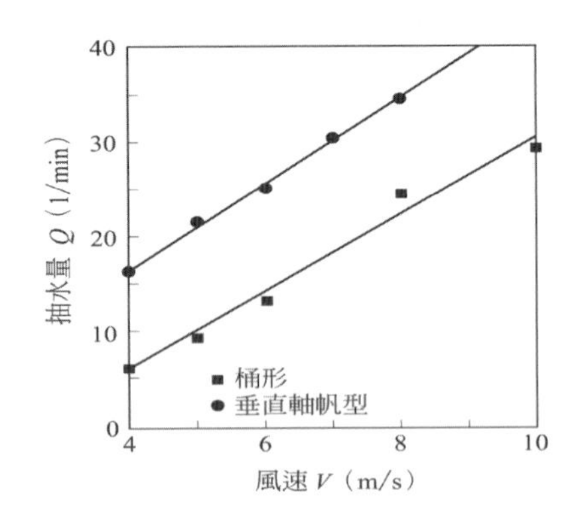

圖 11.8　垂直軸抽水風車的抽水性能

〔4〕利用交流發電機的風力發電機[12)]

開發中國家想要製作風力發電機時，最大的問題是如何取得發電機。由適當技術觀點來看，低成本、到處皆可能取得的發電機是汽車用的交流發電機。在筆者的研究室中，嘗試將此運用在風力發電上，但是有 2 個問題必須解決。1 個是交流發電機的常用轉速比風車轉子高出許多，因此必須要加速。另 1 個是交流發電機的激磁必須因應風速（或是轉速）進行。前者的問題可使用傳動帶與滑輪、附齒距的傳動皮帶，或是加速齒輪等較簡單的改善方法，後者則必須下不同的工夫。

交流發電機的激磁開關的控制，有①檢測轉速或②檢測電力來起動關閉其開關，③使用風壓開關等方法。在筆者的研究室中，開發了交流發電機在設定轉速時開關激磁的激磁電流控制迴路，但其構造複雜，可說是創新科技。相對於此，利用離心力的方法是，風車在無負載的狀態下開始旋轉，接著轉速上升時離心力會使板葉尖端的電刷與集電環接觸開始激磁。這是與 J.瓦特利用離心力的調速機相同的構思，信賴度相當高。另外，也想出結合霍耳效應與功率電晶體使用風壓開關的方式，使用激磁用感應器的方式等方法。

11.2.3　環境教育的教材

本節中介紹了筆者所經歷，在開發中國家實際派上用場的適當技術，適用的風力抽水及風力發電的實例。其中有很多是經由技術史觀點評估的事例，實在是很有意思。為了技術協助能發揮實際效力，進行開發中國家適當技術的正式研究、實踐是不可或缺的。另外，在此介紹的風力利用系統，都適合作為高中、大學程度的環境教育用教材。

其中一個範例，是自古以來作為玩具使用的「紙風車」，作為動力用之後則成為「紙風車型風車」。此風車在筆者的研究室由根本一行先生進行風洞實驗，其結果為 4 片葉片的形狀可發揮優異的性能，如圖 11.9，根據裁剪葉片的一部分，如圖 11.10 所示，得知可使用在低速用至高速用的廣範圍葉尖周速比中[13)]。雖然此風車為實驗機型，但因為可由 1 片不鏽鋼板簡單的製造，而可作為開發中國家的適當技術利用。

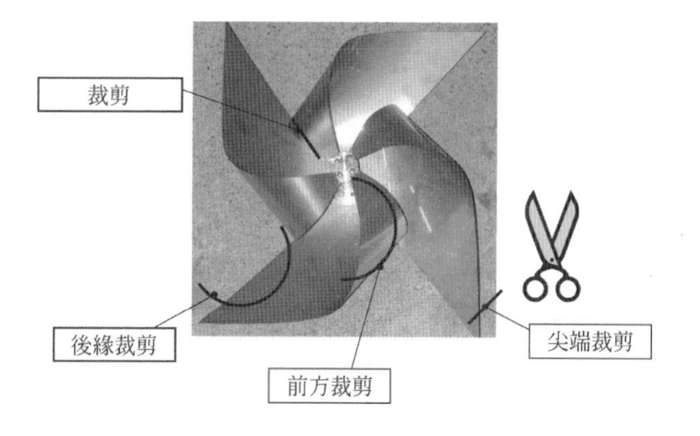

圖 11.9　紙風車型風車的裁剪[13)]

日本的NGO團體認為以庶民等級進行開發中國家的援助，為極為有效的工具。另外，足利工業大學綜合研究中心也在進行抽水系統－水槌．幫浦及木質生質能．瓦斯發電系統的開發與實證實驗。

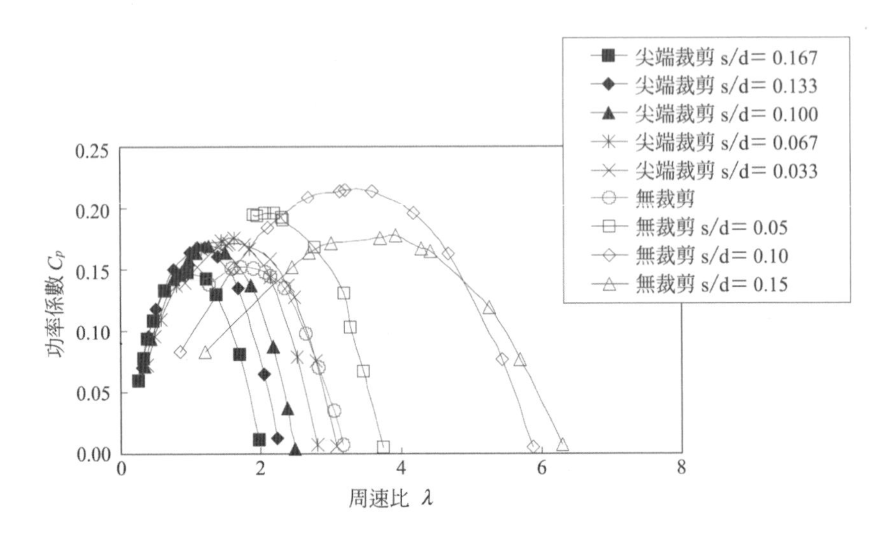

圖 11.10 紙風車型風車的性能曲線[13)]

11.3 超越"Wind Force 12"

對於世界的永續發展而言，氣候變動是一個很大的課題。作為此課題的對策，我們現在應做的事情之一，即是從根本改革往後數十年的能源系統，以可再生能源代替化石燃料，大幅提高能源效率。風力發電的技術在1970年代2次的石油危機後，開始正式的開發，經過20年以上的技術革新，1座風機的輸出達到20年前的20倍以上，也出現轉子直徑超過100m的機型。

11.3.1 「Wind Force 12」的概要[14)]

「Wind Force12」是「2020年為止以風力供應全球電力需求的12％」的意思，是歐洲風能協會（EWEC）的目標。然後，為了得知實際上是否可實現，從技術、經濟、資源方面，主要根據以下的情報進行檢討。

- 世界風力資源量與其地理的分布
- 估計需要的發電量，並且檢討電力網是否可以接納其電力

- 風能市場的現狀及未來的成長率
- 使用「學習曲線理論」與其他新式技術比較

這是 1999 年發表的「Wind Force 10」的修正版在 2005 年 5 月發表的內容。其檢討結果並非預測值，而是實用可能性調查（feasibility study），是否會實踐，則與各國政府如何下決定有關。

〔1〕世界的風力資源與電力需求

根據各種研究，可知世界上風力資源龐大，並且分散在所有國家與地區。技術上可利用的風力資源估計有 53000TWh/年（TWh 為兆瓦特小時，等於 10 億 Wh）。此為 2020 年預測的全球電力需求的 2 倍。也就是說，風力發電中，不需要將資源不足這點視為限制因素。

若要進行某國的詳細檢討，與全面性的檢討相比，較傾向於鎖定各項風力發電資源。例如在德國，聯邦經濟省所進行的詳細研究中，關於 OECD 諸國全體，在 1993 年進行的研究中，得到存有 5 倍德國推算資源量的風力資源的結果。不論如何，歐洲全體至 2020 年為止以風力發電供給電力需求的 20% 以上的可能性相當高。尤其是將開始實際運作的離岸風力發電市場納入考慮的話，可說是非常有可能達成。

未來的電力需求預測由國際能源機構（IEA）等定期進行。IEA 的「世界能源展望 2002」中，預測 2020 年全球的電力消費量為一年 25578TWh。也就是說，為了要以風力發電供給全球發電量的 12%，2020 年必須以風力發電進行 3000TWh/年等級的發電。

要將風力發電所產生的大量電力與配電網整合，不會發生特別大的問題。在丹麥西部的強風時期，有成功將瞬間風力發電的 50% 傳送到配電網的例子。「Wind Force 12 報告書」中，雖做較保守的假設，以 20% 為市場浸透率的上限，但這還是容易達成的數值。

〔2〕風力發電佔世界電力的 12%

從現在的趨勢判斷，到 2008 年為止的期間，風力發電的設備容量會以每年 25% 增加。這是此研究期間中最高的，根據此結果，2008 年末的設備容量可望達 133746MW。

假設 2009 年至 2014 年成長率會降至每年 20%，估計 2013 年的設備容量為 462253MW。假設之後的成長率為 15%，2018 年更降至 10%。

2020 年末為止，風力發電的設備容量，在世界全體將達到近 120 萬 MW。

若將此換算成輸出，年輸出為 3000TWh，此相當於全球電力需求的 12％。

2020 年以後，每年的設備設置速度固定為 151490MW。其結果在 2040 年時，世界全體的風力發電設備容量達到 3100GW，可供應全球電力消費的約 22％。

各地區也進行 12％藍圖的檢討。認為 OECD 諸國，尤其是歐洲與北美為領先，但以中國為首的其他地區也設置相當數量的風力發電。在此檢討當中，將風力發電產業的實績及風能領域中過去的實績納入考慮，選擇檢討範圍。圖 11.11 為 Wind Force 12 開發藍圖的地區分布。主要的假設如下所示。

① 年成長率

年 20～25％的成長率對重工業而言為相當高的數值。但是，在建立風力發電產業的時期，也實現了比此數值更高的成長率。過去 5 年內的風力發電機設置容量的年成長率平均逼近 36％。年成長率在 2013 年之後降至 15％，2018 年更減少至 10％。在歐洲正著手進行的離岸風力發電市場擁有重大的意義，為了在開發中國家裡普及風力發電，必須確立能夠支撐新興市場的政治結構。

② 進展率

根據學習曲線理論，可得到每當設置風車數倍增加時可減少約 20％成本的關係式。在本檢討中，至 2010 年為止將進展率設為 0.85。之後為 0.90，並在 2026 年降至 1.0。

③ 風力發電機的大型化

新設風力發電機的平均尺寸，估計從現在的 1000kW（1MW）到 2008 年為 1.3MW，2013 年成為 1.5MW。風力發電機大型化後，需要的風車數量便會減少。

④ 與其他技術的比較

大規模水力發電或核能等能源技術在相對短暫的時間中得到相當的市場佔有成果。世界市場的普及率，現在核能為 16％，大規模水力為 19％。風力發電在現今已經確立了成為主要發電技術可能性的產業地位。達到 12％的風力發電目標的期間，可說是擁有與核能發電及大規模水力發電同等的實績。

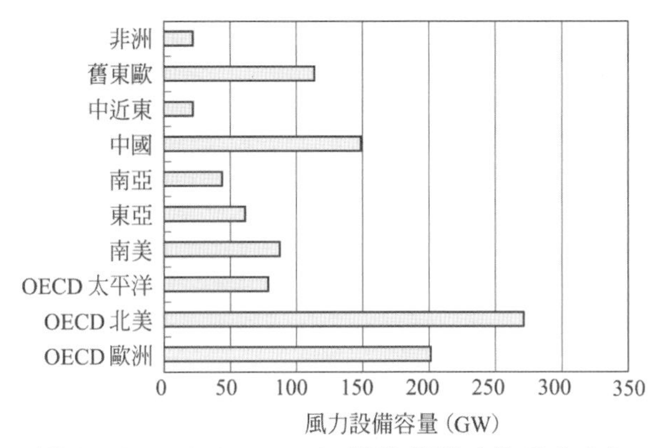

圖 11.11　Wind Force 12 開發藍圖（地區分布）

〔**3**〕投資、成本、僱用

上述的風力發電設備設置所必要的年投資額，由 2003 年的 72 億歐元（約 9676 億日圓）開始增加，在 2020 年為 752 億歐元（約 10 兆 16 億日圓）達到高峰。為了在 2020 年風力發電總量達到約 1200GW，必要的投資總額達 6740 億歐元（約 89 兆 6420 億日圓）。這是相當鉅額的投資，但發電部門在 1990 年代便已每年投資 1580 ~ 1860 億歐元（約 21 兆 140 億 ~ 24 兆 7 380 億日圓）。

因機器製造成本等大幅降低的緣故，單位電力〔kWh〕的風力發電成本已經相當低廉。在此檢討中，以 2002 年現在的「最新」風力發電機在最佳狀況時為基準值，採用了設備容量 1kW 約為 823 歐元（約 11 萬日圓），單位發電電力約為 3.38 歐元分（約 5.2 日圓）/kWh 的數值。

使用上述關於進展率的假設，考慮平均的風力發電機尺寸和改善其設備利用率的結果，估計在 2010 年，設備容量 1kW 約為 623 歐元（約 8 萬 2900 日圓），單位發電電力約為 0.0293 歐元（約 3.9 日圓）/kWh。在 2020 年，設備容量 1kW 約為 497 歐元（約 6 萬 6100 日圓），單位發電電力約為 0.0234 歐元（約 3.1 日圓）/kWh，應該可以實現減少 2002 年的 40%。如此，今後對於其他的發電技術，風力發電的魅力相對的提高。

僱用效果也是在思考 12% 風力發電藍圖的成本與有利條件時應該納入考慮的重要事項。根據此藍圖，2020 年以製造、設置為首，各種領域中總計有 179 萬個僱用機會。關於僱用效果，也在各地區進行檢討。

〔4〕環境上的優點

風力發電所擁有的環境上的最大優點是削減排出至地球大氣圈內的二氧化碳量。二氧化碳與地球氣候變動所帶來毀滅性的影響息息相關，為造成溫室效果的主要氣體。

藉由切換至風力發電，預計可削減 600 噸/GWh 的二氧化碳，根據本藍圖估計每年的二氧化碳削減量， 2020 年為 18 億 1300 萬噸，2040 年為 48 億 6000 萬噸的結果。累積削減量至 2020 年為止為 109 億 2100 萬噸，2040 年達到 859 億 1100 萬噸。

若將環境破壞等外部成本換算成貨幣價值納入燃料成本計算，其他的發電燃料成本大幅上升，因此風力發電相對有利。

11.3.2 風能的未來[15)]

風力發電已經成為平價的能源，並且在今後的發電成本也會持續降低。風力的情況與石油不同，沒有像是石油輸出國組織（OPEC）主導市場價格的機構。另外，與價格變動幅度大的天然氣等不同，風力的價格持續下降。

風力的另一個魅力是其廣泛分布的特性。全球的石油由中東地區掌握，控制各國的石油量，但風力幾乎可以由全球的所有國家自行負擔。風力發電佔全體發電需求的比例，在 2004 年現在以丹麥的 18％為世界第一。風力發電的累積設置容量由德國的1400 萬 kW 拔得頭籌，德國以在 2010 年達到 1250 萬 kW 為目標，但在 2003 年便已達成此目標。對於試圖在 2020 年前削減 40％碳排出量的德國而言，風力的急速成長成為達成此目的的主角。

丹麥等人口密度高的諸國，陸地上缺少風力發電用的土地，海上風力發電為剩下的用地。現在風力是擁有未來性的急速成長產業。另外，以風力所得的平價電力，即使用在電解水製造氫上也具有其經濟性。氫最適合作為高效率燃料電池的燃料。另外，將來也可使用在驅動汽車、供給建築物電力與冷暖器，使燃料電池廣泛運用。再者，若將風能轉換為氫，也可以儲藏，也可以使用管線，或使其液化裝載於船上等有效率的運送。若有風力產業相關的技術性知識與製造經驗，比較容易擴大此產業的規模。

預測今後減少造成氣候暖化的二氧化碳排出量的呼聲會高漲，在那種情況之下，風力與氫很有可能直接取代煤與石油。另外，將汽車用引擎從汽油變更為氫時，若可以使用平價的轉換裝置改造引擎，燃料便有可能由汽油轉變為氫。

全球的化石燃料中，煤消費量在 1996 年達到頂點，之後至 2004 年減少了 2％左右，煤產業正走向消滅一途。對石油的投資也不能說有未來性，因為，全球的石油生產量不太可能大幅超越現在的水準。但是，化石燃料當中最環保，影響氣候變動最小的天然氣生產，今後持續擴大的可能性很大，但根據殼牌石油，天然氣也會在 2030 年達到高峰，之後步向衰退期。此時應該已經發展出氫能產業的基礎了。

20 世紀的世界依賴石油生存，其結果，能源經濟漸漸拓展為全球規模並密切相連。但是，現在老字號石油公司的殼牌石油漸漸將重心移至殼牌太陽能及殼牌風力等的可再生能源，世界正朝向風力與風力發電產生氫以及太陽能電池發展。能源經濟的潮流根據此產生逆轉，從大規模集中轉向小規模局部的發展。

風力與氫，不單只是地球經濟的能源部門，而是想要改變地球經濟的二大本質。

參考文獻

＜第1章＞

1) 牛山　泉：エネルギー工学と社会，pp. 12-24, 放送大学出版（1998）
2) 森　俊介：地球環境と資源問題，pp. 61-64, 岩波書店（1992）
3) 茅　陽一：エネルギーアナリシス，電力新報社（1981）
4) 押田勇雄：エネルギー工学概論，オーム社（1983）

＜第2章＞

1) Suzanne Beedell：Windmills, David & Charles（1975）
2) John Vince：Power before Steam, John Murray（1985）
3) 佐貫亦男：風車物語，メカニックマガジン，KK ワールドフォトプレス（1983.3）
4) Wind and Watermill Section newsletter, No.31, S.P.A.B. in London（April 1987）
5) Karl Handschuh：Windkraft gestern und heute, Oekobuch（1991）
6) Using Wind for Clean Energy, The British Wind Energy Association（1990）
7) D.E. Spera（ed）: Wind Turbine Technology, p.36, ASME Press（1994）
8) E. Rogier：Les pionniers de electricite eolienne, Systemes Solaires, janvierfevier, No. 129（1999）
9) Mindre danske vindmoeller 1860-1980, Danmarks Windkrafthistoriske Samling（2001）
10) J.Thrndahl：Danske Elproducerende Vindmoeller, 1892-1962, Fra Poul la Cours idealmoelle til Johaneese Juuls Gedsermoelle, Elmuseet（1996）
11) F.L. Smidth Co.: Instruction for FLS-Aeromotor, Internal Memo 7050, April（1942）
12) N.I. Meyer：Some Danish Experiences with Wind Energy Systems, Proc. of Advanced Wind Energy Systems Workshop, Stockholm, Aug. 29（1974）
13) J. Juul：Wind Machines, Proc. of Wind and Solar Energy, New Delhi Symposium, Paris UNESCO（1956）

14) 内村鑑三：デンマルク国の話，岩波書店（1946）
15) 中島峰広：わが国における風車灌漑の地理学的研究，地理学評論，57巻（Ser. A）5号（1984）
16) I.Ushiyama, et al.：Reconstruction of Water-Pumping Windmill at Konda Area in Tsukuba, Transaction of The International Molinological Society（2002）
17) 本岡玉樹：満州国における風力利用の研究（第1報），大陸科学院研究報告，pp.85-107，1936年8月
18) 本岡玉樹：満州における風力の利用，大陸科学院研究報告，第2巻第8号，pp.315-345，1938年11月
19) 小川久門：風車工学，山海堂（1944）
20) 岡本竹雄：ホロンバイルの残照，創栄出版社（1997）
21) 本岡玉樹：風車と風力発電，オーム社（1949）
22) 牛山　泉：さわやかエネルギー風車入門，三省堂（1991）
23) I. Ushiyama：Historical Development of Wind Power in Japan，Wind Engineering，Vol.15，No.2，pp75-93（1991）

＜第 **3** 章＞

1) NEDO 新エネルギー･産業技術総合開発機構：風力発電導入ガイドブック（2001）
2) 竹内清秀：風の気象学，pp.144-154，東京大学出版会（2001）
3) 福田　寿：風力発電機位置決定方法および発電量予測手法に基づく風況評価，資源･素材学会秋季大会講演集，資源開発編，pp.197-200（2003）

＜第 **4** 章＞

1) 竹内清秀：風の気象学，pp.16-121，東京大学出版会（2001）
2) NEDO 新エネルギー･産業技術総合開発機構：風力発電導入ガイドブック（2001）
3) NEDO 新エネルギー･産業技術総合開発機構：風力発電導入ガイドブック（2005）

＜第 **5** 章＞

1) 本間琢也：風力エネルギー読本，オーム社（1979）
2) 牛山　泉，長井　浩：サボニウス風車の最適設計形状に関する研究，日本機械学会論文集（B 編），52 巻 480 号，pp.2973－2982（1986）
3) 牛山　泉，一色尚次，柴　国鐘：クロスフロー形風車の設計形状とその性能評価，太陽エネルギー，Vol.20，No.4，pp.36-41
4) C.Brothers：HAWTs and VAWTs-Myths and Facts, Atlantic Wind Test Site Inc., Prince Edward Island, Canada, May（1997）
5) I.Paraschivoiu：Wind Turbine Design with Emphasis on Darrieus Concept, Polytechnic International Press, pp.377-381（2002）
6) R.Gasch and Twele：Wind Power plants, James & James, pp.29-39（2002）
7) 牛山　泉，柴　国鐘：水平軸風車の推力に関する基礎実験，日本機械学会論文集（B 編），56 巻 523 号，pp.773－779　（1990）
8) 牛山　泉，三野正洋：小型風車ハンドブック，pp.83-36, パワー社（1980）
9) 東　昭：風力利用の力学（第 7 回），風力エネルギー，pp.3-4（1998）
10) 佐藤義久：都市型風力発電システムの実用化研究，大同工業大学紀要，第 40 巻，pp.87-97　（2004．12）

＜第 6 章＞

1) A.Betz：Wind-Energie und ihre Ausnutzung durch Windmuehlen, Vandenhoeck & Ruprech, Goettingen　（1926）
2) G. Schmitz：Theorie und Entwurf von Windraedern optimaler Leistung, Wiss.Zeitschrift der Universitaet Rostock, 5. Jahrgang（1955/1956）
3) A. Betz：Einfuehrung in die Theorie der Stroemungsmaschinen, Verlag G. Brauen, Karlsruhe（1959）
4) R. Gasch and J. Twele：Wind Power Plants, James & James（2002）
5) H. Tokuyama, I. Ushiyama, and K. Seki：The Experimental Determination of Optimum Design Configuration for Micro Wind Turbines at Low Wind Speeds, Wind Engineering, Vol.26, pp. 39-49（2002）
6) Y. Nemoto and I.Ushiyama：Re-evaluation of Yamada Wind urbines, Proc. of TIMS, pp. 124-127（2004）
7) E. Hau：Windkraftanlagen, Springer-Verlag（1996）

8)　NEDO 新エネルギー・産業技術総合開発機構：風力発電導入ガイドブック（2005）

9)　永尾　徹：実現が待たれる日本式風力発電，ターボ機械，第 32 巻 11 号，pp. 55-60（2004. 11）

10)　牛山　泉：技術的側面から見た風力発電の現状と課題，日本エネルギー学会誌，Vol.83, No.1, pp. 53-56（2004）

11)　NEDO 新エネルギー・産業技術総合開発機構：平成 16 年度　風力発電の利用率向上に関する研究調査委員会報告（2004）

12)　永尾，加藤，吉田：わが国における風力発電の信頼性・安全設計への考察，第 30 回日科技連信頼性・保全性シンポジウム，pp. 275-280（2000.12）

13)　石原，山口，藤野：2003 年台風 14 号による風力発電設備の被害とシミュレーションによる強風の推定，土木学会誌（2003.11）

14)　小垣，松宮，小川：J クラス風モデル開発構想，第 25 回記念風力エネルギー利用シンポジウム，pp. 221-224（2003.11）

15)　NEDO：平成 15 年度　風力発電の技術的課題に対するアクションプランの検討課題報告書，p.70（2004.3）

16)　久保典男：風力発電システムの落雷対策，日本風力発電協会，p.10（2004）

＜第 **7** 章＞

1)　R. Gasch and J. Twele：Wind Power Plants, James & James, pp. 319-331（2002）

＜第 **8** 章＞

1)　牛山，三野：小型風車ハンドブック，パワー社（1981）

2)　牛山　泉：風車工学入門，森北出版（2002）

3)　街づくりにおける風力発電の利用に関する研究委員会編：街づくりにおける風力発電の利用に関する研究報告書，電気設備学会（2001）

4)　市販小型風力発電機の紹介，風力エネルギー，Vol.27，No.1（2003）

5)　伊藤瞭介：小型風車の國際展望，ターボ機械，第 32 巻第 12 号 pp.36-41（2004.12）

6)　嶋田隆一（監），佐藤義久：電力システム工学，丸善（2001）

7) NEDO 新エネルギー・産業技術総合開発機構：風力発電導入ガイドブック，pp.44-45（2005）

8) 資源エネルギー庁新エネルギー対策課：風力発電系統連系対策委員会資料（2004）

9) R. Gasch and J. Twele：Wind Power Plants, James & James, pp. 233-253（2002）

10) M. M. Sherman：The Design and Construction of Low-Cost Wind-Powered Water Pumping System，Proc. Of Expert Working Group on the Use of Solar and Wind Energy , Energy resources development series，No.16, United Nations，p.77（1976）

＜第 **9** 章＞

1) 牛山　泉（監修），日本自然エネルギー（編著）：風力発電マニュアル 2003，エネルギーフォーラム（2003）

2) 藤沢良樹：風力発電事業の立ち上げと運営，新エネルギー開発シンポジウム 2004 講演論文集，〔山口大学工学部〕（2004.12）

3) 飯田哲也：日本におけるグリーン電力の取り組みと世界の趨勢，港湾，pp.36-38（2004.11）

＜第 **10** 章＞

1) NEDO 新エネルギー・産業技術総合開発機構：風力発電のための環境影響評価マニュアル（2003）

2) 魚崎耕平：風力発電に伴う環境影響とアセスメント，風力エネルギー，Vol・28, No.3, pp.4-9（2004）

3) 環境省自然環境局：国立・国定公園における風力発電施設設置のあり方に関する基本的考え方（2004）

4) 財団法人　日本野鳥の会：風力発電の鳥類に与える影響に関する評価，9-15，財団法人　日本野鳥の会，東京（2004）

5) http://www.awea.org/pubs/documents/Outlook2004.pdf

6) http://www.audubon.org/chapter/ny/ny/wind_power.html

7) http://www.rspb.org.uk/policy/windfarms/index.asp

8) http://www.bewa.com/pdf/wfd.pdf

9) http://www.wbsj.org/info/index.html

10) http://www.city.wakkanai.hokkaido.jp/

＜第 11 章＞

1) 長井　浩，牛山　泉：日本におけるオフショア風力発電の可能性，風力エネルギー，Vol. 22 No, 1 （1998）

2) 長井　浩，牛山　泉：日本沿岸のオフショア風力発電の可能性，日本太陽エネルギー学会・日本風力エネルギー協会合同研究発表会（2000.11）

3) 藤井朋樹：An Estimation of the Potential of Offshore Wind Power in Japan by Satellite Data, 日本太陽エネルギー学会・日本風力エネルギー協会合同研究発表会（1999.11）

4) R.Leutz, T.Ackermann, A. Suzuki, and T.Kashiwagi：Offshore Wind Energy Potentials of Japan and South Korea, proc. of ISOPE（2002）

5) （社）海洋産業研究会：平成 10 年度沿岸域における新エネルギー開発プロジェクトの実現化研究報告書，(1999.3)

6) （財）沿岸開発技術研究センター：洋上風力発電基礎工法の技術（設計・施工）マニュアル（2000.11）

7) （社）日本電機工業会：平成 12 年度離島用風力発電システム等技術開発（離島地域等における洋上風力発電システムの技術課題および今後の方向性に関する調査）(2001.3)

8) 村上，牛山：洋上風力発電，日本造船学会，第 877 号（2004.1）

9) I.Ushiyama, Y.Nakajo, Y.Nemoto and T.Dei：technical Assistance to Developing Countries through Appropriate Technology.

10) I.Ushiyama and T.Pruwadi：Development of a Simplified Wind-powered Water Pumping System in Indonesia, Wind Engineering, Vol.16,No.1, pp. 1-9（1992）

11) 牛山　泉：技術史の再評価に基づく開発途上国援助技術，技術史教育学会誌，2 巻，1 号（2001）

12) I.Ushiyama and N.Ishiguro：On the Excitation Methods of An Automotive Alternator Derivative Type Small-Scale Wind Drive Generator, Renewable Energy,Vol.5,part I, Elsevier Science Ltd.,pp.650-652（1994）

13) Y. Nemoto and I. Ushiyama：Experimental Study of a Pinwheel-Type Wind

Turbine, Wind Engineering, Vol.27, No.4, pp.227-236

14) Wind Force 12 － A Blue Print to Achieve 12％ of The World's Electricity from The Wind Power by 2020 －, European Wind Energy Association（2003）

15) レスター・ブラウン，地球を読む；次世代のエネルギー，読売新聞，2003年8月10日付

索　引

五筆劃

六筆劃

七筆劃

八筆劃

九筆劃

十筆劃

十一筆劃

十二筆劃

十三筆劃

十四筆劃

十五筆劃

十六筆劃

十七筆劃

十八筆劃以上

＜作者簡歷＞

牛山　泉(うしやま・いずみ)

長野縣出身

1971 年　上智大學理工研究所機械工程專攻博士課程修畢

足利工業大學機械工程學系專任講師

1974 年　取得工學博士學位（於上智大學）

足利工業大學機械工程學系副教授

1985 年　足利工業大學機械工程學系教授

1989 年　放送大學客座教授(兼任)

1998 年　足利工業大學綜合研究中心・所長(兼任)

中國・浙江工業大學客座教授(兼任)

2003 年　足利工業大學研究所機械工程研究科教授

至今。

現在擔任上智大學理工學院、慶應義塾大學理工學院、鶴崗工業高等專門學校、國際協力事業團筑波國際研修中心等的兼任講師。

國家圖書館出版品預行編目資料

基礎風力能源 / 牛山泉著；基礎風力能源翻譯編輯小組翻譯編輯. -- 初版. --澎湖縣馬公市：澎湖科大, 2009. 06
面； 公分
參考書目：面
含索引
ISBN 978-986-01-8458-7（平裝）

1. 風力發電 2. 風車

448.165 98008018

基礎風力能源

作　　者：牛山　泉
審 定 者：林　輝政
翻譯編輯：基礎風力能源翻譯編輯小組
蔡宜澂、林冠緯、林　潔、曾雅秀
出 版 者：國立澎湖科技大學
地　　址：澎湖縣馬公市六合路 300 號
電　　話：(06)-9264115-1125
傳　　真：(06)-9264265
網　　址：http://www.npu.edu.tw
初版一刷 / 2009 年 6 月
定價 / 300 元
Original Japanese edition
Furyoku Enerugy no Kiso
By Izumi Ushiyama